SAMMLUNG GÖSCHEN BAND 1179/1179a

DIFFERENTIALGEOMETRIE

von

DR. PHIL. KARL STRUBECKER
o. Professor der Mathematik an der Technischen Hochschule Karlsruhe

II

THEORIE DER FLÄCHENMETRIK

Mit 14 Figuren

WALTER DE GRUYTER & CO.
vormals G. J. Göschen'sche Verlagshandlung · J. Guttentag, Verlagsbuchhandlung · Georg Reimer · Karl J. Trübner · Veit & Comp.
BERLIN 1958

Satz: Walter de Gruyter & Co., Berlin W 35. — Druck: Paul Funk, Berlin W 35.
Printed in Germany

Inhalt

Seite

C. Theorie der Abbildung von Flächen

D. Geodätische Krümmung. Geodätische Linien. Absoluter Parallelismus

Literaturverzeichnis

Neben der in Band I dieser Differentialgeometrie angeführten deutschen Literatur befassen sich mit dem Gegenstande des vorliegenden Bandes II noch die folgenden deutsch geschriebenen Werke:

1. Heinrich Behnke, Vorlesungen über Differentialgeometrie, 2. Aufl., Münster in Westfalen 1949.
2. Adalbert Duschek-August Hochrainer, Grundzüge der Tensorrechnung in analytischer Darstellung, I. Teil: Tensoralgebra, 2. Aufl., Wien 1948; II. Teil: Tensoranalysis, Wien 1950.
3. Carl Friedrich Gauß, Disquisitiones generales circa superficies curvas, Comm. soc. sci. Gottingensis rec. class. math. 6, Göttingen 1828 = Gauß, Ges. Werke Band VIII; Deutsch von A. Wangerin, Ostwalds Klassiker der exakten Wissenschaften Nr. 5, Leipzig 1889.
4. Wolfgang Haack, Elementare Differentialgeometrie, Basel und Stuttgart 1955.
5. Viktor und Karl Kommerell, Theorie der Raumkurven und krummen Flächen II (Kurven auf Flächen. Spezielle Flächen. Theorie der Strahlsysteme), 4. Aufl., Berlin und Leipzig 1931.
6. Tullio Levi-Civita, Der absolute Differentialkalkül, Deutsche Ausgabe von Adalbert Duschek, Berlin 1928.
7. Alfred Lotze, Vektor- und Affinor-Analysis, München 1950.
8. Georg Scheffers, Anwendung der Differential- und Integralrechnung auf Geometrie, Band II (Einführung in die Theorie der Flächen), 3. Aufl., Berlin und Leipzig 1922.
9. Georg Scheffers-Karl Strubecker, Wie findet und zeichnet man Gradnetze von Land- und Sternkarten? 2. Aufl., Stuttgart 1956.
10. Jan Arnoldus Schouten-Dirk Jan Struik, Einführung in die neueren Methoden der Differentialgeometrie, Band I (von Schouten) Algebra und Übertragungslehre, Groningen-Batavia 1935; Band II (von Struik) Geometrie, Groningen-Batavia 1938.

Ferner sei auf die folgenden englisch, französisch und italienisch geschriebenen Werke verwiesen:

11. Luigi Bianchi, Lezioni di geometria differenziale, 3. Aufl., Band I/1 und I/2 Bologna 1927; Band II/1 Pisa 1923, II/2 Bologna 1924.
12. Georges Bouligand, Les principes de l'analyse géométrique, Band I/II, Paris 1949.
13. Élie Cartan, Les systèmes différentiels extérieurs et leurs applications géométriques, Paris 1945.
14. Élie Cartan, Leçons sur la géométrie des espaces de Riemann, 2. Aufl., Paris 1946.
15. Gaston Darboux, Leçons sur la théorie générale des surfaces, 4 Bände, 2. Aufl., Paris 1915.
16. Luther Pfahler Eisenhart, An introduction to differential geometry, with use of the tensor calculus, 2. Aufl., Princeton 1947.

17. Andrew Russell Forsyth, Lectures on the differential geometry of curves and surfaces, Cambridge 1912.
18. William C. Graustein, Elementary differential geometry, New York 1935.
19. Gaston Julia, Eléments de géométrie infinitesimale, Paris 1936.
20. Ernest Preston Lane, Metric differential geometry of curves and surfaces, Chicago 1940.
21. Jan Arnoldus Schouten, Ricci-Calculus, Berlin-Göttingen-Heidelberg 1954.
22. Dirk Jan Struik, Lectures on classical differential geometry, Cambridge (Massachusetts) 1950.
23. O. Veblen - J. H. C. Whitehead, The foundations of differential geometry, Cambridge Tracts Nr. 29, 2. Abdruck, 1953.
24. C. E. Weatherburn, Differential geometry of three dimensions I/II, Cambridge 1927/1930.
25. C. E. Weatherburn, An introduction to Riemannian geometry and the tensor calculus, Cambridge 1950.

Formelverweise: Es gelten sinngemäß die schon in Band I erklärten und angewandten Verweise. Insbesondere bedeutet (III. 5) das Kapitel 5 des (vorliegenden) Abschnittes III.

Die Verweise auf Abschnitt I (Theorie der ebenen Kurven) und Abschnitt II (Theorie der Raumkurven) beziehen sich auf:

Karl Strubecker, Differentialgeometrie, Band I: Kurventheorie der Ebene und des Raumes, Sammlung Göschen Band 1113/1113 a, Berlin 1955.

Das Werk wird abgeschlossen durch:

Karl Strubecker, Differentialgeometrie, Band III: Theorie der Flächenkrümmung, Sammlung Göschen Band 1180/1180 a, Berlin 1958.

III. Theorie der Flächenmetrik

Einleitung

Die Flächentheorie zerfällt in zwei Teile. Die innere Geometrie der Flächen untersucht die bloß von ihrer Metrik abhängigen Eigenschaften, d. h. jene differentiellen Eigenschaften der Flächen, die nur von ihren inneren Maßverhältnissen abhängen, welche durch geodätische Messungen in der Flächenhaut feststellbar sind. Die äußere Geometrie der Flächen zieht auch noch den Umgebungsraum heran, in den die Flächenhaut in bestimmter Weise eingebettet ist, und untersucht die von der Art dieser Einbettung abhängigen Krümmungseigenschaften der Flächen.

In diesem ersten Teilband der Flächentheorie soll hauptsächlich die elementare metrische Geometrie der Flächen (einschließlich der Theorie der Abbildungen von Flächen aufeinander) dargestellt werden. Die Elemente der Krümmungstheorie bilden den Hauptgegenstand des anschließenden zweiten Teilbandes der Flächentheorie.

A. Flächenmetrik

1. Gaußsche Darstellung der Flächen im dreidimensionalen euklidischen Raum. Die Differentialgeometrie bedient sich zur analytischen Beschreibung zweidimensionaler Flächen (genauer: Flächenstücke Φ) im dreidimensionalen euklidischen Raume der von Carl Friedrich Gauß (1827) eingeführten Parameterdarstellung.

Wir haben in (I. 2) die Begriffe der Jordankurve und der glatten Kurve kennengelernt. Das zweidimensionale Gegenstück dazu ist der Begriff der Jordanfläche und der glatten Fläche.

Unter einem abgeschlossenen Jordanschen Flächenstück (oder einer Jordanfläche Φ) versteht man das umkehrbar eindeutige und stetige Abbild eines abgeschlossenen ebenen Bereiches $\mathfrak{B}$, den wir stets als einfach zusammenhängend voraussetzen. Dieser Bereich $\mathfrak{B}$ kann z. B. das Rechteck $\mathfrak{R}$ $(a \leqq u \leqq b,\ c \leqq v \leqq d)$ der auf cartesische Koordinaten u, v bezogenen (u, v)-Ebene $\pi(u, v)$ sein, die wir als Parameterebene π bezeichnen. Die cartesischen Koordinaten x, y, z der Punkte $P(x, y, z)$ der (abgeschlossenen) Jordanfläche Φ sind dann in dem gemeinsamen Definitionsbereich $\mathfrak{R}$ der (u, v)-Ebene π erklärte, reelle, eindeutige und stetige Funktionen der beiden Parameter u, v

$$(1.1) \qquad x = x(u, v),\ y = y(u, v),\ z = z(u, v),$$

welche die Eigenschaft besitzen, daß verschiedenen Parameterpaaren $(u, v) \neq (u', v')$ stets verschiedene Raumpunkte $P(x, y, z) \neq P'(x', y', z')$ entsprechen. Die Gleichungen (1.1) nennt man eine Gaußsche Parameterdarstellung der Jordanfläche Φ mit den Gaußschen Parametern u, v (Bild 1).

Beispiel 1: Die Formeln

$$(1.2) \qquad x = a_{11}u + a_{12}v, \quad y = a_{21}u + a_{22}v, \quad z = 0$$

bilden für $A = a_{11}a_{22} - a_{12}a_{21} \neq 0$ jeden Bereich $\mathfrak{B}$ der (u, v)-Ebene umkehrbar eindeutig und stetig auf einen dazu affinen Bereich Φ der Ebene $z = 0$ ab; sie sind daher eine Gaußsche Parameterdarstellung der (x, y)-Ebene. Durch die Formeln (2) werden für die Punkte $P(x, y)$ der (x, y)-Ebene lediglich affine (schiefwinkelige) Koordinaten (u, v) eingeführt. Die Funktionen (2) sind nämlich eindeutig und stetig; wegen $A \neq 0$ sind sie auch eindeutig nach den Gaußschen Parametern (affinen Koordinaten) u und v auflösbar mit dem Ergebnis:

$$(1.3) \qquad u = \frac{a_{22}}{A}x - \frac{a_{12}}{A}y, \quad v = -\frac{a_{21}}{A}x + \frac{a_{11}}{A}y.$$

Jeder (einfach zusammenhängende) Bereich Φ der Ebene $z = 0$ ist damit eine Jordanfläche.

Beispiel 2: Die Formeln

(1. 4) $$x = u,\ y = v,\ z = uv$$

bilden jeden Bereich $\mathfrak{B}$ der (u, v)-Ebene umkehrbar eindeutig und stetig auf einen Bereich Φ von Punkten $P(x, y, z)$ des hyperbolischen Paraboloids $z = xy$ ab, der eine Jordanfläche ist. Das Paraboloid als Ganzes ist, weil es nicht abgeschlossen, sondern offen ist, ebenso wie die unbegrenzte Ebene (2), eine offene Jordansche Fläche.

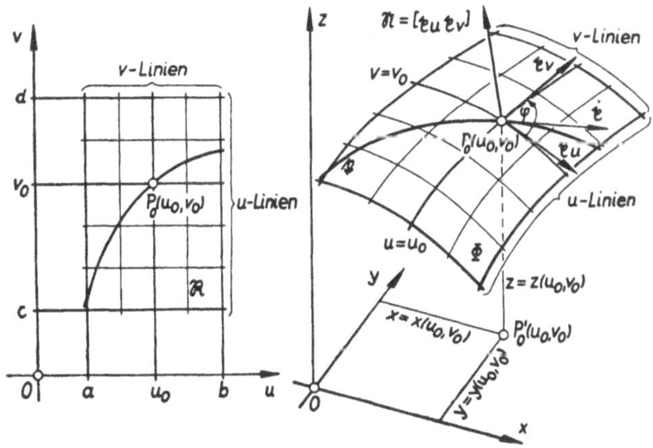

Bild 1. Fläche Φ mit u-Linien und v-Linien eines Gaußschen Parameternetzes mit ihrem Parameterbereich (Rechteck $\mathfrak{R}$) in der (u, v)-Ebene

Beispiel 3: Die Formeln (Bild 2)

(1. 5) $$x = r\cos u \cos v,\ y = r \sin u \cos v,\ z = r \sin v$$

bilden das halboffene Rechteck $\mathfrak{R}'$ $(0 \leqq u < 2\pi,\ -\pi/2 < v < +\pi/2)$ der (u, v)-Ebene umkehrbar eindeutig und stetig auf die im Nord- und Südpol punktierte Kugel

(1. 6) $$x^2 + y^2 + z^2 = r^2$$

ab, jeden abgeschlossenen Teilbereich von $\mathfrak{R}'$ also auf einen Bereich der Kugel, der den Nord- und Südpol nicht enthält und den Nullmeridian $u = 0$ nirgends überschreitet. Jedes solche abgeschlossene Stück der Kugel ist daher ein Jordansches Flächenstück.

Die Gaußschen Parameter (u, v) in (5) sind die geographischen Koordinaten auf der Kugel; u ist die geographische Länge und v die geographische Breite des Kugelpunktes $P(x, y, z)$.

Die weggelassenen Randpunkte des Rechtecks $\mathfrak{R}'$ mit den Parametern $(u = 2\pi, v = \text{beliebig})$ liefern dieselben Kugelpunkte $P(r\cos v, 0, r\sin v)$ wie die beibehaltenen Randpunkte $(u = 0, v = \text{beliebig})$, nämlich die Punkte P des Nullmeridians. Dem Nordpol $N(0,0, +1)$ und Südpol $S(0,0, -1)$ entsprechen je unendlich viele Randpunkte des (halboffenen) Parameterrechtecks $\mathfrak{R}'$, nämlich die Punkte $(u = \text{beliebig}, v = +\pi/2)$ und $(u = \text{beliebig}, v = -\pi/2)$. Nord- und Südpol heißen daher singuläre Punkte des gewählten Gaußschen Parametersystems der geographischen Koordinaten. Die Kugelfläche als Ganzes ist trotzdem eine überall reguläre geschlossene Jordansche Fläche.

Allgemein heißt jede Fläche, die sich topologisch, d. h. stetig und umkehrbar eindeutig auf die Kugel abbilden läßt, eine geschlossene Jordanfläche vom topologischen Typus der Kugel.

Der Begriff der Jordanfläche muß für die Zwecke der Differentialgeometrie noch weiter eingeschränkt werden. Um die Methoden der Differentialgeometrie auf Jordanflächen anwenden zu können, muß man in dem Bereiche $\mathfrak{B}(u, v)$ stetige Differenzierbarkeit der Funktionen (1) voraussetzen, d. h. man muß die Existenz und Stetigkeit der folgenden sechs partiellen Ableitungen verlangen:

$$(1.7) \qquad \left\| \begin{matrix} x_u(u, v), & y_u(u, v), & z_u(u, v) \\ x_v(u, v), & y_v(u, v), & z_v(u, v) \end{matrix} \right\| .$$

Ein solches Jordansches Flächenstück Φ, dessen Gaußsche Parameterfunktionen (1) in $\mathfrak{B}(u, v)$ einmal stetig differenzierbar sind, heißt ein einmal stetig differenzierbares oder ein glattes Flächenstück (eine **glatte Fläche**). Die Ebene (2), das Paraboloid (4), die Kugel (5) sind Beispiele von solchen (offenen bzw. geschlossenen) glatten Flächen.

Bemerkung 1: Mehrfach differenzierbare und analytische Flächen. Neben den glatten Flächen, bei denen die drei Funktionen (1) nach u und v einmal stetig differenzierbar sind, hat man in der Differentialgeometrie auch zwei- oder mehrfach stetig ableitbare Flächen zu studieren; z. B. erfordert das

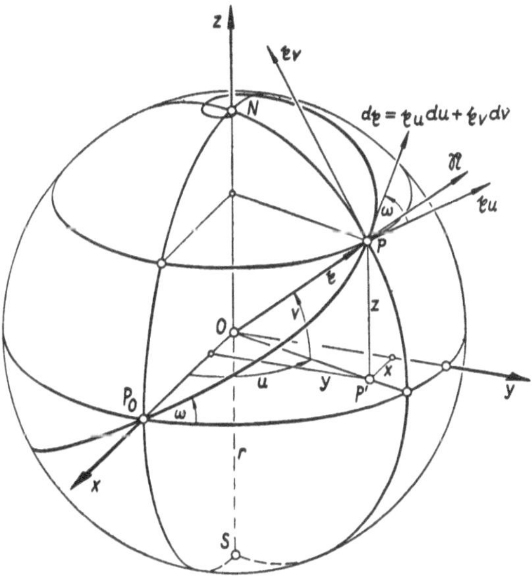

Bild 2. Kugel mit Parallelkreisen (u-Linien) und Meridianen (v-Linien) als Gaußschen Parameterlinien (geographische Koordinaten u, v). Loxodrome der Kugel

Studium der Flächenkrümmung die Existenz und Stetigkeit der zweiten Ableitungen der Funktionen (1). Ein zweimal stetig differenzierbares Flächenstück wird daher auch als stetig gekrümmt bezeichnet.

Oft setzt man die Funktionen (1) sogar als analytisch voraus, indem man annimmt, sie seien in der Umgebung der Stelle (u_0, v_0) in Potenzreihen nach $u - u_0$ und $v - v_0$ mit gemeinsamem Konvergenzbereich $\mathfrak{B}$ entwickelbar. Die Fläche heißt dann analytisch. Analytische Flächenstücke sind in $\mathfrak{B}$ beliebig oft stetig ableitbar.

Bemerkung 2: Komplexe analytische Flächen. Werden in der Gaußschen Parameterdarstellung (1) einer Fläche Φ komplexe Variable u, v und komplexe analytische Funktionen $x(u, v)$, $y(u, v)$, $z(u, v)$ als Koordinaten zugelassen, so erhält man ein **komplexes analytisches Flächenstück** (auf dem dann, bei Zählung reeller Parameter, ∞^4 komplexe Punkte liegen).

Sind die drei Funktionen (1) reell analytisch, so kann man sie nach den Prinzipien der Funktionentheorie analytisch ins Komplexe fortsetzen. Man erhält dann eine komplexe analytische Fläche, welche einen (für reelle Werte u, v entstehenden) reellen analytischen Flächenzug enthält, den wir kurz als eine **reelle analytische Fläche** bezeichnen. Das trifft z. B. bei reellen algebraischen Flächen zu, wie bei der Ebene (2) oder der Kugel (5).

Wir fassen die cartesischen Koordinaten (x, y, z) in (1) zu dem Ortsvektor $\mathfrak{x}$ des Flächenpunktes $P(x, y, z)$ zusammen, der dann ebenfalls von den Parametern u und v abhängt, und schreiben die Fläche vektoriell in der Gestalt

$$\mathfrak{x} = \mathfrak{x}(u, v) = x(u, v)\mathfrak{e}_1 + y(u, v)\mathfrak{e}_2 + z(u, v)\mathfrak{e}_3, \tag{1.8}$$

wobei $\mathfrak{e}_1, \mathfrak{e}_2, \mathfrak{e}_3$ die Einheitsvektoren der Koordinatenachsen des (rechtshändigen) cartesischen Koordinatensystems sind.

Bemerkung 3: Es ist oft zweckmäßig, die Koordinaten (x, y, z) mit (x_1, x_2, x_3) zu bezeichnen; die Gaußsche Flächendarstellung (8) lautet dann

$$\mathfrak{x} = \mathfrak{x}(u, v) = \sum_{i=1}^{3} x_i(u, v)\mathfrak{e}_i. \tag{1.9}$$

Erteilt man (Bild 1) dem Parameter v einen festen Wert $v = v_0 =$ fest, so stellt (8) bei variablem u eine auf der Fläche Φ liegende Raumkurve (eine **u-Linie** der Fläche) dar, vorausgesetzt, daß der entstehende Vektor $\mathfrak{x}(u, v_0)$ nicht konstant ist. Ebenso entsteht für $u = u_0 =$ fest, aber $v =$ variabel eine **v-Linie** auf der Fläche, vorausgesetzt, daß $\mathfrak{x}(u_0, v)$ nicht konstant ist. Diese beiden **Parameterlinien** kreuzen sich in einem bestimmten Punkte P_0 des

Flächenstückes Φ, der eindeutig durch die beiden festen Parameterwerte u_0, v_0 bestimmt wird, und dessen Ortsvektor $\mathfrak{x}(u_0, v_0)$ ist. Wir bezeichnen dann (u_0, v_0) als die beiden **Gaußschen Parameter** oder **Gaußschen Koordinaten** des Flächenpunktes P_0.

Ähnlich wie das Rechteck $\mathfrak{R}$ der (u, v)-Ebene π netzförmig von den Geraden $u = u_0 = \text{const}$ (v-Linien) und $v = v_0 = \text{const}$ (u-Linien) überdeckt wird, so wird auch im Raume das Flächenstück Φ von den (i. a. krummen) Linien $u = u_0 = \text{const}$ (v-Linien) und $v = v_0 = \text{const}$ (u-Linien) netzförmig überzogen. Die Gaußschen Parameterlinien $u = \text{const}$, $v = \text{const}$ überdecken also das Flächenstück mit einem i. a. krummlinigen Koordinatennetz. Die Parameter (u, v) heißen daher auch krummlinige Koordinaten auf der Fläche.

2. Zulässige Parameter. Reguläre Parameternetze. Drei den Ortsvektor

$$(2.1)\qquad \mathfrak{x} = \mathfrak{x}(u, v) \begin{cases} x = x(u, v), \\ y = y(u, v), \\ z = z(u, v) \end{cases}$$

bestimmende, in einem Bereich $\mathfrak{B}(u, v)$ um die Stelle (u, v) eindeutige und stetig ableitbare Koordinatenfunktionen, $x(u, v)$, $y(u, v)$, $z(u, v)$, von denen wir in Zukunft annehmen wollen, daß sie an allen Stellen (u, v) des Parameterbereiches nach u und v einmal stetig differenzierbar seien, liefern nicht immer eine (glatte) Fläche; es kann u. U. auch bloß eine (glatte) Raumkurve oder ein Punkt entstehen. Entscheidend dafür ist der Rang r der Funktionalmatrix

$$(2.2)\qquad \mathfrak{M} = \frac{\partial(x, y, z)}{\partial(u, v)} = \begin{Vmatrix} \dfrac{\partial x}{\partial u} & \dfrac{\partial y}{\partial u} & \dfrac{\partial z}{\partial u} \\[2ex] \dfrac{\partial x}{\partial v} & \dfrac{\partial y}{\partial v} & \dfrac{\partial z}{\partial v} \end{Vmatrix} = \begin{Vmatrix} x_u & y_u & z_u \\ x_v & y_v & z_v \end{Vmatrix}$$

in der Umgebung $\mathfrak{B}(u, v)$ der Stelle (u, v).

Drei Fälle sind möglich:

1. **Rang $r = 0$.** Dann sind in $\mathfrak{M}$ alle sechs Matrizenelemente Null, d. h. x, y, z sind Konstanten und (1) stellt einen festen **Punkt** $P(x, y, z)$ dar.
2. **Rang $r = 1$.** Dann verschwinden zwar nicht alle Glieder, aber alle zweireihigen Unterdeterminanten der Matrix $\mathfrak{M}$, d. h. es verschwinden die drei Funktionaldeterminanten

$$(2.3)\qquad \frac{\partial(y, z)}{\partial(u, v)} = 0, \quad \frac{\partial(z, x)}{\partial(u, v)} = 0, \quad \frac{\partial(x, y)}{\partial(u, v)} = 0,$$

wobei aus je zwei dieser Gleichungen (3) die dritte folgt. Nach den Lehren der Analysis bestehen dann zwischen den drei Funktionen (1) drei Beziehungen der Gestalt

$$(2.4)\qquad f_1(y, z) = 0, \quad f_2(z, x) = 0, \quad f_3(x, y) = 0,$$

wobei gleichfalls aus je zwei der Gleichungen (4) die dritte folgt. Daher ist das von (1) dargestellte Raumgebilde der Schnitt von irgend zwei der drei achsenparallelen Zylinder (4), also eine bestimmte (glatte) **Raumkurve.**
3. **Rang $r = 2$.** Dann ist wenigstens eine der drei Funktionaldeterminanten in (3) nicht Null, z. B. $\frac{\partial(x, y)}{\partial(u, v)} \neq 0$.

Nach dem Fundamentalsatz über implizite Funktionen ist dann das System der beiden ersten Gleichungen in (1) in einer gewissen Umgebung $\mathfrak{B}(u, v)$ der Stelle (u, v) nach u und v eindeutig auflösbar, also

$$(2.5)\qquad u = u(x, y), \quad v = v(x, y),$$

und die Funktionen (5) sind stetig nach x und y ableitbar. Nach der dritten Gleichung von (1) ist dann z eine in dieser Umgebung $\mathfrak{B}(u, v)$ eindeutige und einmal stetig ableitbare Funktion von x und y:

$$(2.6)\qquad z = z(u, v) = z[u(x, y), v(x, y)] = f(x, y),$$

d. h. die Darstellung (1) oder (1. 1) liefert in diesem Falle in $\mathfrak{B}(u, v)$ eine (glatte) **Fläche Φ.**

Daraus folgt

Satz 1: *Notwendig und hinreichend dafür, daß die in dem Bereiche $\mathfrak{B}(u, v)$ stetig ableitbaren Funktionen (1) die Gaußsche Parameterdarstellung einer glatten Fläche liefern, ist, daß die Funktionalmatrix (2) in $\mathfrak{B}(u, v)$ den Rang $r = 2$ hat.*

Man schreibt dann:

$$(2.7)\qquad \mathfrak{M} = \frac{\partial(x, y, z)}{\partial(u, v)} = \begin{Vmatrix} x_u & y_u & z_u \\ x_v & y_v & z_v \end{Vmatrix} \neq \mathfrak{O}.$$

Bemerkung 1: Man nennt (6) eine explizite Darstellung der Fläche Φ. Auf diese Darstellungsart haben Euler und die Mathematiker vor Gauß die analytische Beschreibung und Differentialgeometrie der Flächen gegründet.

Daneben gibt es noch die implizite Darstellung

$$(2.8)\qquad F(x, y, z) = 0$$

der Fläche Φ, die man aus der Gaußschen Darstellung in (1. 1) erhält, indem man aus den drei Gleichungen von (1. 1) die beiden Parameter u und v eliminiert.

Bemerkung 2: Man kann auch umgekehrt aus der Eulerschen expliziten Darstellung $z = z(x, y)$ einer glatten Fläche Φ eine Gaußsche Parameterdarstellung gewinnen, indem man

$$(2.9)\qquad x = u, \quad y = v, \quad z = z(u, v)$$

setzt. Tatsächlich hat dann die Funktionalmatrix

$$(2.10)\qquad \mathfrak{M} = \frac{\partial(x, y, z)}{\partial(u, v)} = \begin{Vmatrix} 1 & 0 & z_u \\ 0 & 1 & z_v \end{Vmatrix}$$

stets den Rang 2.

Durch den Punkt $P(u, v)$ der Fläche $\mathfrak{x} = \mathfrak{x}(u, v)$ mit den Gaußschen Parametern u, v geht eine u-Linie (u = variabel, v = fest) und eine v-Linie (u = fest, v = variabel). *Die Tangentenvektoren $\mathfrak{x}_u$ und $\mathfrak{x}_v$ dieser Parameterlinien im Punkte $P(u, v)$ der Fläche* (1) *erhält man nach* (II. 2. 2) *durch Ableiten des Ortsvektors $\mathfrak{x} = \mathfrak{x}(u, v)$ nach dem Kurvenparameter u bzw. v, d. h. es ist*

$$(2.11)\qquad \begin{aligned} \mathfrak{x}_u &= x_u(u, v)\mathfrak{e}_1 + y_u(u, v)\mathfrak{e}_2 + z_u(u, v)\mathfrak{e}_3, \\ \mathfrak{x}_v &= x_v(u, v)\mathfrak{e}_1 + y_v(u, v)\mathfrak{e}_2 + z_v(u, v)\mathfrak{e}_3. \end{aligned}$$

Diese beiden Tangentenvektoren sind genau die Zeilenvektoren der Funktionalmatrix $\mathfrak{M}$ in (2). Ihr Außenprodukt ist der Vektor

$$(2.12)\quad [\mathfrak{x}_u, \mathfrak{x}_v] = \frac{\partial(y,z)}{\partial(u,v)}\,\mathfrak{e}_1 + \frac{\partial(z,x)}{\partial(u,v)}\,\mathfrak{e}_2 + \frac{\partial(x,y)}{\partial(u,v)}\,\mathfrak{e}_3,$$

dessen Koordinaten die drei Unterdeterminanten zweiter Ordnung der Matrix $\mathfrak{M}$ sind.

Die Voraussetzung (7) besagt dann, daß in keinem Punkte $P(u, v)$ des Flächenstücks Φ das Außenprodukt (12) der beiden Tangentenvektoren $\mathfrak{x}_u(u, v)$ und $\mathfrak{x}_v(u, v)$ verschwinden darf:

$$(2.13)\quad [\mathfrak{x}_u, \mathfrak{x}_v] \neq \mathfrak{o}.$$

Dann ist gewiß auch $\mathfrak{x}_u \neq \mathfrak{o}$ und $\mathfrak{x}_v \neq \mathfrak{o}$, d. h. u und v sind dann auf den Parameterlinien der Fläche im Sinne von (II. 2) zulässige Parameter; darüber hinaus sind aber die Tangentenvektoren $\mathfrak{x}_u$ und $\mathfrak{x}_v$ der Parameterlinien wegen (13) auch nicht proportional, d. h. die beiden Parameterlinien berühren sich nicht, sondern schneiden sich in jedem Flächenpunkte $P(u, v)$ unter einem Winkel φ, der weder 0 noch π ist.

Wir nennen Gaußsche Parameter u, v, die auf der Fläche Φ der Bedingung (7) oder (13) genügen, **zulässige Parameter.** Die u-Linien und die v-Linien bilden dann auf dem glatten Flächenstück Φ ein **reguläres Parameternetz,** dessen viereckige (i. a. krummlinige) Maschen keine verschwindenden oder gestreckten Winkel aufweisen (dessen Seiten sich nicht berühren).

Zusammenfassend gilt also (Bild 1):

Satz 2: *Ein Flächenstück Φ der Gaußschen Darstellung $\mathfrak{x} = \mathfrak{x}(u, v)$ ist glatt, wenn es durch zulässige, d. h. solche Gaußsche Parameter (u, v) beschrieben werden kann, in deren Definitionsbereich $\mathfrak{B}(u, v)$ überall $\mathfrak{x}(u, v)$ nach u und v stetig ableitbar und*

$$(2.14)\quad [\mathfrak{x}_u, \mathfrak{x}_v] \neq \mathfrak{o}$$

ist. Durch jeden Punkt $P_0(u_0, v_0)$ von Φ läuft dann genau eine *u-Linie* ($v = v_0$) *und genau eine v-Linie* ($u = u_0$). *Diese Parameterlinien überziehen das Flächenstück* Φ *mit einem regulären Parameternetz, dessen Netzmaschen vier weder verschwindende noch gestreckte Winkel aufweisen. Die Punkte* $P(u,v)$ *eines durch zulässige Parameter darstellbaren glatten Flächenstücks* Φ *heißen reguläre Flächenpunkte.*

3. Einführung neuer zulässiger Gaußscher Koordinaten. Eine glatte Fläche Φ (gemeint ist damit stets ein glattes Flächenstück Φ) mit abgeschlossenem Parameterbereich $\mathfrak{B}(u, v)$ vom Ortsvektor

$$\mathfrak{x} = \mathfrak{x}(u, v) \tag{3.1}$$

mit

$$[\mathfrak{x}_u(u, v), \mathfrak{x}_v(u, v)] \neq \mathfrak{o} \tag{3.2}$$

sei auf die zulässigen (alten) Gaußschen Parameter (u, v) bezogen. Neue zulässige Gaußsche Parameter $(\bar{u}, \bar{v})$ hängen dann mit den alten (u, v) durch stetig ableitbare Gleichungen

$$\bar{u} = \bar{u}(u, v), \quad \bar{v} = \bar{v}(u, v) \tag{3.3}$$

zusammen, die (wegen der eindeutigen Beschreibung der Flächenpunkte P sowohl durch die alten als auch die neuen Parameter) eindeutig nach (u, v) auflösbar sein sollen. Nach dem Fundamentalsatz über implizite Funktionensysteme ist dafür notwendig und hinreichend das Nichtverschwinden der Funktionaldeterminante

$$\bar{D} = \frac{\partial(\bar{u}, \bar{v})}{\partial(u, v)} = \begin{vmatrix} \bar{u}_u & \bar{u}_v \\ \bar{v}_u & \bar{v}_v \end{vmatrix} \neq 0. \tag{3.4}$$

Die (im Kleinen eindeutige und stetig ableitbare) Auflösung (Umkehrung) von (3) lautet dann:

$$u = u(\bar{u}, \bar{v}), \quad v = v(\bar{u}, \bar{v}), \tag{3.5}$$

wobei ebenfalls die Funktionaldeterminante

$$D = \frac{\partial (u, v)}{\partial (\bar{u}, \bar{v})} = \frac{1}{\dfrac{\partial (\bar{u}, \bar{v})}{\partial (u, v)}} = \frac{1}{\bar{D}} \neq 0 \tag{3.6}$$

ist. Die Gaußsche Darstellung der Fläche Φ lautet dann in den neuen Parametern $(\bar{u}, \bar{v})$ nach (1) und (5)

$$\mathfrak{x} = \mathfrak{x}(u, v) = \mathfrak{x}[u(\bar{u}, \bar{v}),\ v(\bar{u}, \bar{v})] = \mathfrak{x}(\bar{u}, \bar{v}). \tag{3.7}$$

Die neuen Parameterlinien, nämlich die $\bar{u}$-Linien ($\bar{u}$ = variabel, $\bar{v}$ = fest) und die $\bar{v}$-Linien ($\bar{u}$ = fest, $\bar{v}$ = variabel), bilden dabei auf der Fläche Φ wegen der Voraussetzung (4) wieder ein reguläres Parameternetz. Die Tangentenvektoren $\mathfrak{x}_{\bar{u}}(\bar{u}, \bar{v})$ und $\mathfrak{x}_{\bar{v}}(\bar{u}, \bar{v})$ der neuen Parameterlinien sind nämlich

$$\mathfrak{x}_{\bar{u}} = \mathfrak{x}_u \cdot u_{\bar{u}} + \mathfrak{x}_v \cdot v_{\bar{u}}, \quad \mathfrak{x}_{\bar{v}} = \mathfrak{x}_u \cdot u_{\bar{v}} + \mathfrak{x}_v \cdot v_{\bar{v}}, \tag{3.8}$$

und ihr Außenprodukt ist dabei wegen (2) und (6)

$$[\mathfrak{x}_{\bar{u}}, \mathfrak{x}_{\bar{v}}] = \frac{\partial (u, v)}{\partial (\bar{u}, \bar{v})} \cdot [\mathfrak{x}_u, \mathfrak{x}_v] \neq \mathfrak{o}. \tag{3.9}$$

Bemerkung 1: Je nachdem dabei die (in u und v stetige) Funktionaldeterminante

$$\frac{\partial(u, v)}{\partial(\bar{u}, \bar{v})} > 0 \quad \text{oder} \quad \frac{\partial(u, v)}{\partial(\bar{u}, \bar{v})} < 0 \tag{3.10}$$

ist, haben die Vektorenpaare $(\mathfrak{x}_u, \mathfrak{x}_v)$ und $(\mathfrak{x}_{\bar{u}}, \mathfrak{x}_{\bar{v}})$ auf der Fläche Φ denselben oder verschiedenen Sinn; entsprechend sind die Gaußschen Koordinatensysteme (u, v) und $(\bar{u}, \bar{v})$ dann auf der Fläche Φ gleich oder entgegengesetzt orientiert.

Bemerkung 2: Aus den vorstehenden Überlegungen folgt, daß die zulässigen Parameteränderungen (3) der Eigenschaft (4) eine Gruppe bilden. Bei der Zusammensetzung zweier (regulärer) Parameteränderungen $(u, v) \,||\, (\bar{u}, \bar{v})$ und $(\bar{u}, \bar{v}) \,||\, (\bar{\bar{u}}, \bar{\bar{v}})$ multiplizieren sich ihre Funktionaldeterminanten:

$$\frac{\partial(\bar{u}, \bar{v})}{\partial(u, v)} \cdot \frac{\partial(\bar{\bar{u}}, \bar{\bar{v}})}{\partial(\bar{u}, \bar{v})} = \frac{\partial(\bar{\bar{u}}, \bar{\bar{v}})}{\partial(u, v)}. \tag{3.11}$$

Bemerkung 3: Der Sonderfall einer neuen Bezifferung der Parameterskalen entsteht, wenn in den Formeln (3) der

Parameter $\bar{u}$ nur von u und der Parameter $\bar{v}$ nur von v abhängt, also

(3. 12) $$\bar{u} = \bar{u}(u), \; \bar{v} = \bar{v}(v),$$

gilt, und dabei

(3. 13) $$\frac{\partial(\bar{u}, \bar{v})}{\partial(u, v)} = \frac{d\bar{u}(u)}{du} \cdot \frac{d\bar{v}(v)}{dv} \neq 0$$

ist. Das Netz der Parameterlinien bleibt dann als Ganzes ungeändert, nur die Bezifferungen der Parameterlinien (die Parameterskalen) ändern sich. Die alten Skalenwerte u und v werden dabei durch die neuen Werte $\bar{u}$ und $\bar{v}$ ersetzt.

4. Flächenkurven. Flächentangenten. Tangentenebene. Wählt man auf der glatten Fläche Φ mit dem Ortsvektor

(4. 1) $$\mathfrak{x} = \mathfrak{x}(u, v) = x(u, v)\,\mathfrak{e}_1 + y(u, v)\,\mathfrak{e}_2 + z(u, v)\,\mathfrak{e}_3$$

die Parameter u und v als stetig ableitbare Funktionen eines Parameters t, indem man setzt

(4. 2) $$u = u(t), \quad v = v(t),$$

so bilden die entstehenden Punkte $P(u(t), v(t))$ eine Flächenkurve k mit dem Ortsvektor

(4. 3) $$\mathfrak{x} = \mathfrak{x}(u(t), v(t)) = \mathfrak{x}(t).$$

Als Tangentenvektor dieser Flächenkurve k erhält man nach (II. 2. 2) durch Ableiten von $\mathfrak{x}(t)$ nach dem Parameter t den Vektor

(4. 4) $$\frac{d\mathfrak{x}(t)}{dt} = \mathfrak{x}_u \frac{du(t)}{dt} + \mathfrak{x}_v \frac{dv(t)}{dt}$$

oder

(4. 5) $$\dot{\mathfrak{x}}(t) = \mathfrak{x}_u \cdot \dot{u}(t) + \mathfrak{x}_v \cdot \dot{v}(t).$$

Wegen (2. 13) ist $\dot{\mathfrak{x}}(t)$ kein Nullvektor und daher t ein zulässiger Kurvenparameter auf der Flächenkurve k, wenn (und nur wenn)

(4. 6) $$\big(\dot{u}(t), \dot{v}(t)\big) \neq (0, 0)$$

ist. Die Kurve (3) ist dann eine **glatte Flächenkurve.**

Wegen der in (I. 4. Bem. 1) erwähnten Invarianz des ersten Differentials gegen Parameteränderungen schreibt man die Formel (4) gern statt in Ableitungen in Differentialen, indem man mit $dt \neq 0$ multipliziert; der Tangentenvektor von k nimmt dann die Gestalt

$$(4.7) \qquad d\mathfrak{x} = \mathfrak{x}_u\, du + \mathfrak{x}_v\, dv$$

an. Zur Festlegung der Tangentenrichtung genügt es sogar, die Differentiale du und dv nur als Verhältnisgrößen $(du:dv)$ zu erklären, die wegen (6) nicht gleichzeitig verschwinden dürfen:

$$(4.8) \qquad (du:dv) \neq (0:0).$$

Jedes homogene Wertepaar (du, dv) oder jedes Werteverhältnis $(du:dv)$ kennzeichnet eine eindeutig bestimmte Tangentenrichtung (7) der Fläche im Punkte $P(u, v)$. Insbesondere liefern die Verhältnisse

$$(4.9) \qquad (du:dv) = (1:0) \text{ bzw. } (du:dv) = (0:1)$$

die Tangentenrichtungen $\mathfrak{x}_u(u, v)du$ an die u-Linie bzw. $\mathfrak{x}_v(u, v)dv$ an die v-Linie im Punkte $P(u, v)$. Die Längen dieser Tangentenvektoren $d\mathfrak{x}$ hängen dabei natürlich von der (willkürlichen) Wahl der homogenen Größen du und dv selbst ab.

Aus den Darstellungen (4), (5), (7) folgt, daß der Tangentenvektor $\dot{\mathfrak{x}}(t) = \frac{d\mathfrak{x}(t)}{dt}$ oder $d\mathfrak{x} = \dot{\mathfrak{x}}dt$ der durch den Punkt $P(u, v)$ der glatten Fläche (1) gehenden Flächenkurve $\mathfrak{x}(t)$ eine (nichttriviale) lineare Kombination der Tangentenvektoren $\mathfrak{x}_u$ und $\mathfrak{x}_v$ der Parameterlinien ist und daher mit ihnen in einer Ebene liegt, die wir als die **Tangentenebene** τ der Fläche Φ im Punkte $P(u, v)$ bezeichnen.

Bemerkung 1: Ist dann $\mathfrak{X} = (X, Y, Z)$ der Ortsvektor eines laufenden Punktes (X, Y, Z) der Tangentenebene τ, so sind die drei Tangentenvektoren $\mathfrak{X} - \mathfrak{x}(u, v)$, $\mathfrak{x}_u(u, v)$ und $\mathfrak{x}_v(u, v)$ komplanar, und man erhält als Gleichung der Tangentenebene τ der Fläche $\mathfrak{x} = \mathfrak{x}(u, v)$ im Punkte $P(u, v)$

$$(4.10)\qquad [\mathfrak{X}-\mathfrak{x}, \mathfrak{x}_u, \mathfrak{x}_v] = 0 \text{ oder } (\mathfrak{X}-\mathfrak{x})[\mathfrak{x}_u, \mathfrak{x}_v] = 0,$$

d. h. ausführlich

$$(4.11)\qquad \begin{vmatrix} X - x(u,v) & x_u(u,v) & x_v(u,v) \\ Y - y(u,v) & y_u(u,v) & y_v(u,v) \\ Z - z(u,v) & z_u(u,v) & z_v(u,v) \end{vmatrix} = 0.$$

Bemerkung 2: Eine Gleichung der Gestalt

$$(4.12)\qquad f(u,v) = c = \text{konst.}$$

zwischen den Gaußschen Parametern u und v liefert im Parameterbereich $\mathfrak{B}(u,v)$ der (u,v)-Ebene eine Kurve. Wegen der umkehrbar eindeutigen Abbildung, die zwischen der Parameterebene $\pi(u,v)$ und der Fläche $\mathfrak{x}(u,v)$ besteht, beschreibt die Gleichung (12) zwischen den Parametern (u,v) auch auf der Fläche eine Kurve, die stetig ableitbar, d. h. mit stetiger Tangente versehen ist, wenn die Funktion $f(u,v)$ stetige Ableitungen $f_u(u,v)$ und $f_v(u,v)$ hat. Jene Stellen (u,v) von (12), an denen f_u und f_v gleichzeitig verschwinden, heißen singuläre Punkte der Kurve (12) und sollen aus der Betrachtung ausgeschlossen werden.

Da längs der Flächenkurve (12) neben $f(u,v) \equiv c$ auch

$$(4.13)\qquad df(u,v) \equiv f_u(u,v)\,du + f_v(u,v)\,dv \equiv 0$$

ist, gilt für die Tangentenrichtung dieser Flächenkurve

$$(4.14)\qquad du : dv = f_v(u,v) : -f_u(u,v).$$

5. Normalenvektor der Fläche. Die metrischen Fundamentalgrößen *E, F, G* und *W*. Punkte mit isotropen Flächennormalen und isotropen Tangentenebenen. Nach (4.10) steht der wegen (2.13) nicht verschwindende Vektor

$$(5.1)\qquad \mathfrak{N} = \mathfrak{N}(u,v) = [\mathfrak{x}_u, \mathfrak{x}_v] \neq \mathfrak{o}$$

auf der Tangentenebene τ und damit auf allen Flächentangenten $\mathfrak{X} - \mathfrak{x} = \alpha\mathfrak{x}_u + \beta\mathfrak{x}_v$ des regulären Flächenpunktes $P(u,v)$ normal. $\mathfrak{N}$ ist daher ein Normalenvektor der Fläche Φ im Punkte $P(u,v)$.

Der Normalenvektor $\mathfrak{N} = [\mathfrak{x}_u, \mathfrak{x}_v]$ der Fläche bildet in reellen Flächenpunkten P zusammen mit den beiden reellen Parameterrichtungen $\mathfrak{x}_u$ und $\mathfrak{x}_v$ ein positives Dreibein; denn wegen (1) hat das Spatprodukt $[\mathfrak{x}_u\mathfrak{x}_v\mathfrak{N}]$ einen positiven Wert:

$$(5.2)\qquad [\mathfrak{x}_u\mathfrak{x}_v\mathfrak{N}] = [\mathfrak{x}_u\mathfrak{x}_v]\cdot[\mathfrak{x}_u\mathfrak{x}_v] = [\mathfrak{x}_u\mathfrak{x}_v]^2 = \mathfrak{N}^2 > 0.$$

Nach der Identität von Lagrange (II. 1. 22) erhält man für das Längenquadrat $\mathfrak{N}^2$ des Normalenvektors (1) ausführlicher

$$(5.3)\qquad \mathfrak{N}^2 = [\mathfrak{x}_u\mathfrak{x}_v]^2 = \mathfrak{x}_u^2\mathfrak{x}_v^2 - (\mathfrak{x}_u\mathfrak{x}_v)^2 = EG - F^2 = W^2.$$

Dabei haben wir mit Gauß (1827) gesetzt:

$$(5.4)\qquad \boxed{\begin{aligned} E &= E(u,v) = \mathfrak{x}_u^2(u,v) &&= x_u^2 + y_u^2 + z_u^2,\\ F &= F(u,v) = \mathfrak{x}_u(u,v)\cdot\mathfrak{x}_v(u,v) &&= x_u x_v + y_u y_v + z_u z_v,\\ G &= G(u,v) = \mathfrak{x}_v^2(u,v) &&= x_v^2 + y_v^2 + z_v^2 \end{aligned}}$$

und

$$(5.5)\qquad \boxed{W^2 = EG - F^2, \text{ d. h. } W = W(u,v) = \sqrt{EG - F^2}.}$$

Die nur vom Flächenpunkte $P(u, v)$ abhängigen Größen $E(u, v)$, $F(u, v)$, $G(u, v)$ heißen die **Gaußschen Fundamentalgrößen 1. Art** der Flächentheorie. Sie beherrschen, wie sich zeigen wird, die **Metrik** der Fläche und heißen daher auch die **metrischen Fundamentalgrößen** der Fläche $\mathfrak{x}(u, v)$.

Die Größen

$$(5.6)\qquad E = \mathfrak{x}_u^2 = |\,\mathfrak{x}_u\,|^2 \text{ und } G = \mathfrak{x}_v^2 = |\,\mathfrak{x}_v\,|^2$$

sind identisch mit den Längenquadraten der Tangentenvektoren $\mathfrak{x}_u$ und $\mathfrak{x}_v$ der Parameterlinien. Daher ist für reelle Flächen und reelle reguläre Parameternetze stets

$$(5.7)\qquad E(u,v) > 0 \quad\text{und}\quad G(u,v) > 0.$$

Bemerkung 1: Auf komplexen analytischen Flächen kann jedoch auch

(5.8) $$E(u, v) = \mathfrak{x}_u^2(u, v) = 0 \text{ bzw. } G(u, v) = \mathfrak{x}_v^2(u, v) = 0$$

sein. Das ist dann und nur dann der Fall, wenn im Punkte $P(u, v)$ die Parameterrichtungen $\mathfrak{x}_u$ bzw. $\mathfrak{x}_v$ isotrop sind. Ist überall auf der Fläche

(5.9) $$E(u, v) \equiv 0 \text{ bzw. } G(u, v) \equiv 0,$$

so sind alle Parameterlinien der Fläche isotrop. Die Fläche ist dann auf isotrope Parameter (u, v) bezogen.

Schließen die (nichtisotropen) Parameterrichtungen $\mathfrak{x}_u, \mathfrak{x}_v$ miteinander den Winkel φ ein, so ist nach (II. 1. 19) und (6)

(5.10) $$F = (\mathfrak{x}_u \cdot \mathfrak{x}_v) = |\mathfrak{x}_u| \cdot |\mathfrak{x}_v| \cdot \cos\varphi = \sqrt{EG} \cos\varphi.$$

Folglich ist im Punkte $P(u, v)$ dann und nur dann

(5.11) $$F = F(u, v) = 0, \text{ wenn } \cos\varphi = 0, \text{ d. h. } \varphi = \pm\pi/2$$

ist; insbesondere kennzeichnet

(5.12) $$F(u, v) = (\mathfrak{x}_u \mathfrak{x}_v) \equiv 0 \quad \{u, v\}$$

die orthogonalen Parameternetze der Fläche.

Für reelle Flächen und reelle reguläre Parameternetze gilt ferner nach (2) und (3)

(5.13) $$W^2 = EG - F^2 = [\mathfrak{x}_u \mathfrak{x}_v]^2 = \mathfrak{N}^2 > 0.$$

Für reelle analytische Flächen, die auf konjugiert-komplexe Parameter (u, v) bezogen sind, kann auch $W^2 = \mathfrak{N}^2 < 0$ sein.

Für komplexe analytische Flächen und komplexe Parameternetze kann jedoch, trotz $\mathfrak{N} = [\mathfrak{x}_u \mathfrak{x}_v] \neq \mathfrak{o}$, in einzelnen Punkten $P(u, v)$ oder überall auf der Fläche Φ

(5.14) $$W^2 = EG - F^2 = \mathfrak{N}^2 = 0 \text{ bzw. } \equiv 0$$

sein. Der Normalenvektor $\mathfrak{N} \neq \mathfrak{o}$ der Fläche ist dann in diesen besonderen Punkten $P(u, v)$ oder überall auf der

Fläche isotrop und weist nach einem Punkte des Ponceletschen absoluten Kegelschnitts (II. 1). In solchen Punkten $P(u, v)$ liegt dann der Normalenvektor $\mathfrak{N} = [\mathfrak{x}_u, \mathfrak{x}_v]$ wegen

$$\mathfrak{N}^2 = [\mathfrak{x}_u \mathfrak{x}_v]^2 = [[\mathfrak{x}_u \mathfrak{x}_v], \mathfrak{x}_u, \mathfrak{x}_v] = [\mathfrak{N}, \mathfrak{x}_u, \mathfrak{x}_v] = 0$$

in der Tangentenebene (4. 10) der Fläche; die Tangentenebene τ in P ist dann selbst isotrop, d. h. sie berührt den Ponceletschen absoluten Kegelschnitt.

Zusammenfassend gilt also

Satz 1: *In dem regulären Punkte $P(u, v)$ einer analytischen Fläche $\mathfrak{x} = \mathfrak{x}(u, v)$ ist dann und nur dann*

$$W^2 = EG - F^2 = [\mathfrak{x}_u, \mathfrak{x}_v]^2 = 0, \tag{5.15}$$

wenn sein Normalenvektor $\mathfrak{N} = [\mathfrak{x}_u, \mathfrak{x}_v] \neq \mathfrak{o}$ isotrop ist. In einem solchen (komplexen) Flächenpunkte $P(u, v)$ ist auch die Tangentenebene τ der Fläche isotrop (und umgekehrt) und die Flächennormale $\mathfrak{N}$ liegt in der Tangentenebene τ.

Wir schließen nunmehr Punkte mit isotropen Flächennormalen und isotropen Tangentenebenen (die ohnehin nur auf komplexen Flächen auftreten können) aus und betrachten also zunächst nur reguläre Flächenpunkte $P(u, v)$ mit

$$\boxed{\mathfrak{N}^2 = [\mathfrak{x}_u \mathfrak{x}_v]^2 = EG - F^2 = W^2 \neq 0.} \tag{5.16}$$

Unter der Annahme (16) kann man die Länge des Normalenvektors zu 1 normieren, indem man den Vektor $\mathfrak{N}$ durch den Vektor

$$\boxed{\mathfrak{n} = \frac{\mathfrak{N}}{|\mathfrak{N}|} = \frac{[\mathfrak{x}_u \mathfrak{x}_v]}{W} = \frac{[\mathfrak{x}_u \mathfrak{x}_v]}{\sqrt{EG - F^2}} \quad \text{mit } |\mathfrak{n}| = 1} \tag{5.17}$$

ersetzt. Wir werden fortan immer diesen normierten Normalenvektor $\mathfrak{n}$ benützen und kurz als den **Normalenvektor** $\mathfrak{n}$ der Fläche bezeichnen. Die Orientierung von $\mathfrak{n}$ hängt nach (17) von der Wahl des Vorzeichens der Wurzel W ab.

Bemerkung 2: Aus

(5. 18) $$\mathfrak{n}^2 = 1$$

und (2) folgt nach (16)

(5. 19) $$[\mathfrak{x}_u, \mathfrak{x}_v, \mathfrak{n}] = [\mathfrak{x}_u \mathfrak{x}_v]\mathfrak{n} = \mathfrak{N} \cdot \mathfrak{n} = \frac{\mathfrak{N} \cdot \mathfrak{N}}{W} = \frac{W^2}{W} = W \neq 0.$$

6. Linienelement und Metrik einer Fläche. Isotrope Flächenkurven. Auf der glatten Fläche $\mathfrak{x} = \mathfrak{x}(u, v)$ sei wieder durch die stetig nach t ableitbaren Funktionen

(6. 1) $$u = u(t), \quad v = v(t)$$

eine glatte Flächenkurve k gegeben, deren Ortsvektor dann

(6. 2) $$\mathfrak{x} = \mathfrak{x}(u(t), v(t)) = \mathfrak{x}(t)$$

ist, und deren in t stetiger Tangentenvektor lautet

(6. 3) $$\frac{d\mathfrak{x}(t)}{dt} = \mathfrak{x}_u \frac{du(t)}{dt} + \mathfrak{x}_v \frac{dv(t)}{dt} = \mathfrak{x}_u \dot{u}(t) + \mathfrak{x}_v \dot{v}(t) = \dot{\mathfrak{x}}(t)$$

oder, differentiell geschrieben,

(6. 4) $$d\mathfrak{x} = \mathfrak{x}_u du + \mathfrak{x}_v dv.$$

Als Längenquadrat dieses Tangentenvektors $\dot{\mathfrak{x}}(t)$ bzw. $d\mathfrak{x}(t)$ erhält man nach (5. 4)

(6. 5) $$\begin{aligned}\dot{\mathfrak{x}}^2(t) = (\mathfrak{x}_u \dot{u} + \mathfrak{x}_v \dot{v})^2 &= \mathfrak{x}_u^2 \dot{u}^2 + 2(\mathfrak{x}_u \mathfrak{x}_v)\, \dot{u}\dot{v} + \mathfrak{x}_v^2 \dot{v}^2 \\ &= E\dot{u}^2 + 2F\dot{u}\dot{v} + G\dot{v}^2\end{aligned}$$

bzw.

(6. 6) $$(d\mathfrak{x})^2 = (\mathfrak{x}_u du + \mathfrak{x}_v dv)^2 = E du^2 + 2F du\, dv + G dv^2.$$

Für die **Bogenlänge** s **der Kurve** $\mathfrak{x}(t)$ zwischen den Punkten P_0 und P mit den Parametern t_0 und t ergibt die Formel (II. 2. 3) das Integral

$$(6.7)\qquad s = \int_{t_0}^{t} \sqrt{\dot{\mathfrak{x}}^2(t)}\,dt = \int_{t_0}^{t} \sqrt{E\dot{u}^2 + 2F\dot{u}\dot{v} + G\dot{v}^2}\,dt = s(t).$$

Wegen $d\mathfrak{x} = \dot{\mathfrak{x}}(t)\,dt$ sowie $du = \dot{u}(t)\,dt$ und $dv = \dot{v}(t)\,dt$ kann man dafür schreiben

$$(6.8)\qquad s = \int_{P_0}^{P} \sqrt{d\mathfrak{x}^2} = \int_{P_0}^{P} \sqrt{E\,du^2 + 2F\,du dv + G\,dv^2}\,.$$

Differenziert man das Integral (7) nach der oberen Grenze t, so erhält man

$$(6.9)\qquad \frac{ds}{dt} = \sqrt{E\,\dot{u}^2 + 2F\,\dot{u}\dot{v} + G\,\dot{v}^2}\,.$$

Daraus folgt weiter für das **Quadrat des Bogenelementes** ds (das Linienelementquadrat) der Flächenkurve $\mathfrak{x}(t)$ die Formel

$$(6.10)\qquad ds^2 = E(u,v)\,du^2 + 2F(u,v)\,du dv + G(u,v)\,dv^2 = d\mathfrak{x}^2.$$

Dieses Bogenelementquadrat ist nach (6) identisch mit dem Längenquadrat des Tangentendifferentials $d\mathfrak{x}$ und eindeutig festgelegt durch den Flächenpunkt $P(u, v)$ und durch die Tangentenrichtung (du, dv).

In jedem festen Flächenpunkt $P(u, v)$ ist das Linienelementquadrat (10) der Fläche eine quadratische Differentialform, die nach (5. 7) und (5. 13) für reelle Flächen $\mathfrak{x}(u, v)$ und reelle Parameter (u, v) wegen $E > 0$, $G > 0$ und $EG - F^2 = W^2 > 0$ positiv definit ist.

Zusammenfassend gilt somit

Satz 1: *Die **Längenmetrik** einer Fläche $\mathfrak{x} = \mathfrak{x}(u, v)$ wird von der quadratischen Differentialform ihres Bogenelementquadrates beherrscht, die man als die **erste** oder **metrische Grundform** der Fläche bezeichnet und in der Form*

$$(6.11)\qquad \boxed{I = ds^2 = E(u,v)\,du^2 + 2F(u,v)\,du dv + G(u,v)\,dv^2}$$

schreibt. Dabei hängen die metrischen Fundamentalgrößen E, F, G nur vom Flächenpunkte $P(u, v)$ ab, während die Richtung des Linienelementes ds durch das Verhältnis der Differentiale $(du:dv)$ festgelegt ist. Ist die Fläche reell und auf reelle Parameter (u, v) bezogen, so ist die metrische Grundform (11) positiv-definit.

Bemerkung 1: Als Sonderfall von (11) erhält man für das Linienelement ds_1 der u-Linien ($v = \text{const}$, $dv = 0$) bzw. für das Linienelement ds_2 der v-Linien ($u = \text{const}$, $du = 0$)

$$ds_1 = \underset{+}{\sqrt{E(u, v)}}\, du \quad \text{und} \quad ds_2 = \underset{+}{\sqrt{G(u, v)}}\, dv. \tag{6.12}$$

Sind im Flächenpunkte $P(u, v)$ durch die beiden Verhältnisse $(du_1 : dv_1)$ und $(du_2 : dv_2)$ zwei Tangentenrichtungen

$$d\mathfrak{x}_1 = \mathfrak{x}_u du_1 + \mathfrak{x}_v dv_1 \quad \text{und} \quad d\mathfrak{x}_2 = \mathfrak{x}_u du_2 + \mathfrak{x}_v dv_2 \tag{6.13}$$

mit den Bogenelementen $ds_1 = |d\mathfrak{x}_1|$ und $ds_2 = |d\mathfrak{x}_2|$ gegeben, so schließen sie miteinander einen **Winkel** ψ ein, für dessen Kosinus man aus (II. 1. 19) die folgende Formel erhält

$$\cos\psi = \frac{(d\mathfrak{x}_1 \cdot d\mathfrak{x}_2)}{|d\mathfrak{x}_1| \cdot |d\mathfrak{x}_2|} = \frac{(\mathfrak{x}_u du_1 + \mathfrak{x}_v dv_1)(\mathfrak{x}_u du_2 + \mathfrak{x}_v dv_2)}{ds_1 \cdot ds_2}$$
$$= \frac{\mathfrak{x}_u^2 du_1 du_2 + (\mathfrak{x}_u \mathfrak{x}_v)(du_1 dv_2 + du_2 dv_1) + \mathfrak{x}_v^2 dv_1 dv_2}{ds_1 \cdot ds_2}$$

oder, mit den Bezeichnungen (5. 4),

$$\cos\psi = \frac{E du_1 du_2 + F(du_1 dv_2 + du_2 dv_1) + G dv_1 dv_2}{\underset{+}{\sqrt{E du_1^2 + 2F du_1 dv_1 + G dv_1^2}} \cdot \underset{+}{\sqrt{E du_2^2 + 2F du_2 dv_2 + G dv_2^2}}}. \tag{6.14}$$

Im Zähler von (14) steht die sogenannte Polarform der quadratischen Differentialform (10) des Bogenelementquadrates.

Es folgt, daß auch die **Winkelmetrik** der Fläche von den drei metrischen Fundamentalgrößen E, F, G, beherrscht wird.

Bemerkung 2: Die beiden Flächenrichtungen $(du:dv)$ und $(du_n:dv_n)$ sind dann und nur dann zueinander normal, wenn

$$E du du_n + F(du dv_n + dv du_n) + G dv dv_n = 0 \tag{6.15}$$

ist. Zur Flächenrichtung $du:dv$ gehört daher die normale Flächenrichtung

$$du_n : dv_n = -(F du + G dv):(E du + F dv). \tag{6.16}$$

Sind ds und $ds_n = dn$ die Bogenelemente dieser Richtungen $(du:dv)$ und $(du_n:dv_n)$, so bestehen genauer zwischen den Koordinaten der orthogonalen Tangentenvektoren

$$\frac{d\mathfrak{x}}{ds} = \mathfrak{x}_u \frac{du}{ds} + \mathfrak{x}_v \frac{dv}{ds} \quad \text{und} \quad \frac{d\mathfrak{x}}{dn} = \mathfrak{x}_u \frac{du_n}{dn} + \mathfrak{x}_v \frac{dv_n}{dn} \tag{6.17}$$

der Fläche die Beziehungen

$$\begin{aligned} \frac{du_n}{dn} &= -\frac{1}{W}\left(F\frac{du}{ds} + G\frac{dv}{ds}\right) \Bigg| \frac{du}{ds} = +\frac{1}{W}\left(F\frac{du_n}{dn} + G\frac{dv_n}{dn}\right), \\ \frac{dv_n}{dn} &= +\frac{1}{W}\left(E\frac{du}{ds} + F\frac{dv}{ds}\right) \Bigg| \frac{dv}{ds} = -\frac{1}{W}\left(E\frac{du_n}{dn} + F\frac{dv_n}{dn}\right). \end{aligned} \tag{6.18}$$

Diese beiden Tangentenvektoren $\mathfrak{t} = d\mathfrak{x}/ds$ und $\mathfrak{s} = |\,\mathfrak{t} = d\mathfrak{x}/dn$ bilden dabei zusammen mit dem Normalenvektor $\mathfrak{n} = \frac{[\mathfrak{x}_u \mathfrak{x}_v]}{W}$ der Fläche ein positives Tripel orthogonaler Einheitsvektoren, d. h. für einen in $\mathfrak{n}$ stehenden Beobachter entsteht $d\mathfrak{x}/dn$ aus $d\mathfrak{x}/ds$ durch eine rechtwinkelige Linksschwenkung.

Bemerkung 3: Insbesondere ergibt sich aus (14) für den Winkel φ der beiden Parameterrichtungen $(du_1:dv_1) = (1:0)$ und $(du_2:dv_2) = (0:1)$ die schon aus (5. 10) bekannte Formel

$$\cos\varphi = \frac{F}{\underset{+}{\sqrt{EG}}}. \tag{6.19}$$

Bemerkung 4: Für orthogonale Parameterlinien $(\varphi = \pm\pi/2)$ ist notwendig und hinreichend

$$F(u, v) \equiv 0 \quad \{u, v\}, \tag{6.20}$$

wie schon aus (5. 12) bekannt ist.

Um schließlich auch den **Flächeninhalt** O des Flächenstückes $\mathfrak{B}$ der Fläche $\mathfrak{x} = \mathfrak{x}(u, v)$ auszumessen, zerlegt man $\mathfrak{B}$ durch die Parameterlinien, welche zu den Werten $u, u + du$, $v, v + dv$ gehören, in viereckige Parametermaschen, deren Ecken die folgenden Ortsvektoren haben:

$$
\begin{aligned}
(6.21) \qquad \mathfrak{x}(u, v) &= \mathfrak{x}(u, v)\\
\mathfrak{x}(u + du, v) &= \mathfrak{x}(u, v) + \mathfrak{x}_u(u, v)\,du + \cdots,\\
\mathfrak{x}(u, v + dv) &= \mathfrak{x}(u, v) + \mathfrak{x}_v(u, v)\,dv + \cdots,\\
\mathfrak{x}(u + du, v + dv) &= \mathfrak{x}(u, v) + \mathfrak{x}_u(u, v)\,du + \mathfrak{x}_v(u, v)\,dv + \cdots
\end{aligned}
$$

Beschränkt man sich wegen des folgenden Grenzübergangs $du \to 0$, $dv \to 0$ zum Riemannschen Integral der Oberfläche in (21) auf Differentiale erster Ordnung, so kann man diese Parametermaschen als Parallelogramme auffassen, deren beide Gegenseitenpaare die Richtung der Vektoren

$$
\begin{aligned}
\mathfrak{x}(u + du, v) - \mathfrak{x}(u, v) &= \mathfrak{x}(u + du, v + dv) - \mathfrak{x}(u, v + dv)\\
&= \mathfrak{x}_u(u, v)\,du\\
\mathfrak{x}(u, v + dv) - \mathfrak{x}(u, v) &= \mathfrak{x}(u + du, v + dv) - \mathfrak{x}(u + du, v)\\
&= \mathfrak{x}_v(u, v)\,dv
\end{aligned}
$$

haben und deren Inhalt dO (wenn $du \cdot dv > 0$ ist) die Größe

$$(6.22) \quad dO = |[\mathfrak{x}_u du, \mathfrak{x}_v dv]| = |\mathfrak{N}(u, v)|\,du\,dv = \underset{+}{\sqrt{EG - F^2}}\,du\,dv$$

hat.

Man nennt dO das **Oberflächenelement** unserer Fläche. Es bedeutet geometrisch den Flächeninhalt jenes Parallelogramms, das in der Tangentenebene τ des Punktes $P(u, v)$ von den Tangentenvektoren $\mathfrak{x}_u(u, v)du$ und $\mathfrak{x}_v(u, v)dv$ der Parameterlinien aufgespannt wird.

Durch Integration der Oberflächenelemente dO über den Parameterbereich $\mathfrak{B}(u, v)$ des Flächenstückes erhält man schließlich seinen **Flächeninhalt**

$$(6.23)\quad \begin{aligned} O = \iint\limits_{\mathfrak{B}(u,v)} |[\mathfrak{x}_u\mathfrak{x}_v]| \cdot du\,dv &= \iint\limits_{\mathfrak{B}(u,v)+} \sqrt{EG - F^2}\,du\,dv \\ &= \iint\limits_{\mathfrak{B}(u,v)} W\,du\,dv, \end{aligned}$$

der damit ebenfalls durch die metrischen Fundamentalgrößen E, F, G dargestellt ist.

Zusammenfassend folgt

Satz 2: *Die Kenntnis der drei metrischen Fundamentalgrößen E, F, G gestattet, alle Fragen zu beantworten, die sich auf die Metrik der glatten Fläche $\mathfrak{x} = \mathfrak{x}(u,v)$ beziehen (Länge einer Flächenkurve, Winkel zweier Flächenrichtungen, Inhalt eines Flächenstücks).*

Daraus folgt weiter der grundlegende

Satz 3: *Zwei Flächenstücke $\mathfrak{x} = \mathfrak{x}(u,v)$ und $\bar{\mathfrak{x}} = \bar{\mathfrak{x}}(\bar{u},\bar{v})$, die durch Punkte $P(u,v)$ und $\bar{P}(\bar{u},\bar{v})$ mit gleichen Parametern $\bar{u} = u$, $\bar{v} = v$ so aufeinander abgebildet sind, daß ihre Gaußschen Fundamentalgrößen übereinstimmen:*

$$(6.24)\quad \bar{E}(\bar{u},\bar{v}) \equiv E(u,v),\ \bar{F}(\bar{u},\bar{v}) \equiv F(u,v),\ \bar{G}(\bar{u},\bar{v}) \equiv G(u,v),$$

stimmen auch in allen ihren metrischen Verhältnissen überein, sie sind zueinander isometrisch.

Alle Flächenkurven $k\ \{u = u(t),\ v = v(t)\}$ auf $\mathfrak{x}(u,v)$ und ihre Bildkurven $\bar{k}$ auf $\bar{\mathfrak{x}}(\bar{u},\bar{v})$ haben dann dieselben Längen ($\bar{s} = s$), weil auch $d\bar{u} = du$ und $d\bar{v} = dv$, also $d\bar{s} = ds$ ist. Ebenso sind auf diesen Flächen entsprechende Winkel gleich groß ($\bar{\psi} = \psi$), desgleichen die Inhalte entsprechender Flächenstücke ($\bar{O} = O$). Man sagt daher, die Beziehung zwischen den beiden Flächen $\mathfrak{x}(u,v)$ und $\bar{\mathfrak{x}}(\bar{u},\bar{v})$ sei 1. längentreu ($\bar{s} = s$), 2. winkeltreu ($\bar{\psi} = \psi$) und 3. flächentreu ($\bar{O} = O$).

Die Winkeltreue und Flächentreue sind dabei eine unmittelbare Folge der Längentreue, d. h. eine Folge der Gleichungen (24) *der Isometrie.*

Ist die Fläche $\mathfrak{x}(u, v)$ analytisch und damit auch für komplexe Werte der Parameter u, v erklärt und differenzierbar, so liegen auf ihr zwei Scharen von isotropen Flächenkurven (ametrische Kurven) mit $s \equiv 0$, also $ds^2 \equiv 0$, die sich als Lösungen der Differentialgleichung

$$(6.25)\qquad I = ds^2 = E\,du^2 + 2F\,du\,dv + G\,dv^2 = 0$$

ergeben und voneinander verschieden sind, wenn, wie angenommen, die Diskriminante $W^2 = EG - F^2 \neq 0$ ist.

Dann gibt es in jedem Flächenpunkte $P(u, v)$ zwei stets verschiedene isotrope Tangentenrichtungen $(du_1 : dv_1) \neq (du_2 : dv_2)$, für die man durch Auflösen der quadratischen Gleichung (25) findet

$$(6.26)\qquad du : dv = (-F \pm iW) : E = G : (-F \mp iW).$$

Die Integration dieser beiden Differentialgleichungen, die man auch in der Gestalt

$$(6.27)\qquad \begin{cases} E\,du + (F \mp iW)\,dv = 0 \text{ (falls } E \neq 0 \text{ ist) oder} \\ (F \pm iW)\,du + G\,dv = 0 \text{ (falls } G \neq 0 \text{ ist)} \end{cases}$$

schreiben kann, liefert Beziehungen der Gestalt

$$(6.28)\qquad f_1(u, v) = c_1 \text{ und } f_2(u, v) = c_2,$$

in denen c_1 und c_2 willkürliche (komplexe) Integrationskonstanten sind.

Es gibt also auf der analytischen Fläche insgesamt nach (4. Bem. 2) zwei Scharen von isotropen Flächenkurven, die wegen $W \neq 0$ ein überall auf der Fläche reguläres Netz [mit getrennten Netzrichtungen (6. 26)] bilden, das Netz der isotropen oder ametrischen Flächenkurven.

Bemerkung 5: Isotrope Parameter. Auf einem regulären analytischen Flächenstück $\mathfrak{x} = \mathfrak{x}(u, v)$ mit $W \neq 0$ kann man die beiden Scharen der isotropen Linien als reguläres Parameternetz verwenden. Weil in diesem isotropen Parameternetz die Tangentenvektoren $\mathfrak{x}_u$ und $\mathfrak{x}_v$ der Parameterlinien stets **isotrop** sind, gilt wegen (5. 9)

$$(6.29)\quad \begin{cases} \mathfrak{x}_u^2(u,v) = E(u,v) \equiv 0, \quad \mathfrak{x}_v^2(u,v) = G(u,v) \equiv 0, \\ W(u,v) = \sqrt{EG - F^2} = i \cdot F(u,v) \not\equiv 0. \end{cases}$$

Das **Bogenelementquadrat** der Fläche hat dann die einfache Form

$$(6.30)\qquad ds^2 = 2F(u,v)\,du\,dv.$$

Ihr **Oberflächenelement** ist

$$(6.31)\qquad dO = i \cdot F(u,v)\,du\,dv.$$

Während in (30) bei der Berechnung der Länge s einer (analytischen) Flächenkurve u und v (analytische) Funktionen eines komplexen Parameters t sind, beschreiben sie in (31) bei der Berechnung der Oberfläche O als unabhängige Parameter das auszumessende Flächenstück $\mathfrak{B}(u,v)$.

7. Metrisch singuläre Flächen ($W^2 = EG - F^2 \equiv 0$).

Es gibt komplexe analytische Flächen $\mathfrak{x} = \mathfrak{x}(u,v)$ mit

$$(7.1)\qquad W^2 = EG - F^2 \equiv 0 \quad \{u,v\}.$$

Die metrische Grundform dieser Flächen ist ein vollständiges Quadrat

$$(7.2)\qquad ds^2 = I = (\sqrt{E}\,du + \sqrt{G}\,dv)^2,$$

wobei für die Wurzeln $\sqrt{E} \cdot \sqrt{G} = F$ gilt. Es gibt dann in allen Punkten $P(u,v)$ der Fläche **nur eine einzige isotrope Richtung**, die durch

$$(7.3)\quad ds = \sqrt{E}\,du + \sqrt{G}\,dv = 0, \text{ d.h. } du : dv = -\sqrt{G} : \sqrt{E}$$

gekennzeichnet ist. Flächen mit $W^2 = EG - F^2 \equiv 0$ heißen **metrisch singuläre Flächen.**

Alle **Normalenvektoren** $\mathfrak{N} = [\mathfrak{x}_u \mathfrak{x}_v] \not\equiv \mathfrak{o}$ dieser metrisch singulären Flächen sind wegen $\mathfrak{N}^2 = [\mathfrak{x}_u \mathfrak{x}_v]^2 = EG - F^2 \equiv 0$ **isotrop**; folglich sind nach (5. Satz 1) auch alle ihre **Tangentenebenen isotrop**, d. h. Berührebenen des Ponceletschen absoluten Kegelschnittes. Daraus folgt

Satz 1: *Die durch $W^2 = EG - F^2 \equiv 0$ gekennzeichneten metrisch singulären Flächen sind entweder 1. isotrope Ebenen oder 2. isotrope Kegel oder 3. isotrope Torsen, d. h. Tangentenflächen krummer isotroper Raumkurven.*

Beweis: Da es in jedem Punkte $P(u, v)$ einer solchen Fläche $\mathfrak{x}(u, v)$ nach (3) nur eine einzige isotrope Tangentenrichtung

$$du : dv = -\sqrt{G} : \sqrt{E} = -F : E = G : -F \tag{7.4}$$

gibt, trägt die Fläche nur eine einzige, sie in regulären Punkten ($\mathfrak{N} \neq \mathfrak{o}$) schlicht überdeckende Schar von isotropen Flächenkurven

$$E\,du + F\,dv = 0 \text{ oder } F\,du + G\,dv = 0, \tag{7.5}$$

welche wir als v-Linien ($u = \text{const}$) wählen können. Die Schar der u-Linien ($v = \text{const}$) kann dazu noch beliebig so gewählt werden, daß insgesamt ein reguläres Parameternetz ($\mathfrak{N} = [\mathfrak{x}_u \mathfrak{x}_v] \neq \mathfrak{o}$) entsteht.

Weil die v-Linien ($du = 0$) isotrop sind und verschwindendes Bogenelement $ds \equiv 0$ haben, ist nach (6.12) überall auf der Fläche

$$G = (\mathfrak{x}_v \mathfrak{x}_v) \equiv 0 \qquad \{u, v\}. \tag{7.6}$$

Wegen $F^2 = EG$ ist dann auch

$$F = (\mathfrak{x}_u \mathfrak{x}_v) \equiv 0 \qquad \{u, v\}. \tag{7.7}$$

Da wegen $\mathfrak{N} = [\mathfrak{x}_u \mathfrak{x}_v] \neq \mathfrak{o}$ sicher $\mathfrak{x}_u \neq \mathfrak{o}$ und $\mathfrak{x}_v \neq \mathfrak{o}$ ist, folgt aus (6), daß $\mathfrak{x}_v \perp \mathfrak{x}_v$, und aus (7), daß $\mathfrak{x}_v \perp \mathfrak{x}_u$ ist. Also gilt insgesamt auf unseren Flächen

$$\mathfrak{N} = [\mathfrak{x}_u \mathfrak{x}_v] = \lambda \mathfrak{x}_v, \tag{7.8}$$

wobei wegen $\mathfrak{N} = [\mathfrak{x}_u \mathfrak{x}_v] \neq \mathfrak{o}$ stets $\lambda = \lambda(u, v) \neq 0$ ist. Nach (8) ist der isotrope Normalenvektor $\mathfrak{N}(u, v)$ der Fläche im Punkte $P(u, v)$ zugleich Tangentenvektor der (isotropen) v-Linie.

Aus (8) folgt zunächst

Satz 2: *Die isotropen v-Linien ($u = \text{const}$) der metrisch singulären Fläche $\mathfrak{x}(u, v)$ sind geradlinig, d. h. sie sind isotrope gerade Linien.*

Ferner folgt

Satz 3: *Eine metrisch singuläre Fläche $\mathfrak{x}(u, v)$ wird längs jeder ihrer isotropen geradlinigen v-Linien* ($u = \text{const}$) *von derselben isotropen Tangentenebene $\tau(u)$ berührt.*

Zum Beweise von Satz 2 ist nach der metrischen Klassifikation der Raumkurven in (II. 7) nur noch zu zeigen, daß für die isotropen v-Linien ($u = \text{const}$) unserer Fläche

$$[\mathfrak{x}_v \mathfrak{x}_{vv}] \equiv \mathfrak{o} \quad \{v\} \tag{7. 9}$$

ist. Dazu bemerken wir zunächst, daß aus der für alle u und v gültigen Identität $\mathfrak{x}_v^2 \equiv 0$ in (6) durch Ableiten nach u und v die neuen Identitäten

$$(\mathfrak{x}_v \mathfrak{x}_{uv}) \equiv 0 \quad \text{und} \quad (\mathfrak{x}_v \mathfrak{x}_{vv}) \equiv 0 \qquad \{u, v\} \tag{7. 10}$$

entstehen. Ebenso folgt aus der für alle u und v gültigen Identität $(\mathfrak{x}_u \mathfrak{x}_v) \equiv 0$ in (7) durch Ableiten nach v die neue Identität $(\mathfrak{x}_{uv} \mathfrak{x}_v) + (\mathfrak{x}_u \mathfrak{x}_{vv}) \equiv 0$, oder wegen (10)

$$(\mathfrak{x}_u \mathfrak{x}_{vv}) \equiv 0 \qquad \{u, v\}. \tag{7. 11}$$

Aus (8), (10) und (11) findet man nach dem Graßmannschen Entwicklungssatz (II. 1. 35)

$$\lambda[\mathfrak{x}_v \mathfrak{x}_{vv}] = [[\mathfrak{x}_u \mathfrak{x}_v] \mathfrak{x}_{vv}] = (\mathfrak{x}_u \mathfrak{x}_{vv}) \mathfrak{x}_v - (\mathfrak{x}_v \mathfrak{x}_{vv}) \mathfrak{x}_u \equiv \mathfrak{o},$$

woraus wegen $\lambda(u, v) \not\equiv 0$ tatsächlich (9) folgt.

Jede Fläche $\mathfrak{x}(u, v)$ mit $W^2 = EG - F^2 \equiv 0$ trägt daher tatsächlich als einzige Schar isotroper Kurven eine **Schar isotroper Geraden.**

Zum Beweise von Satz 3 zeigen wir, daß der Normalenvektor $\mathfrak{N}(u, v) \not\equiv \mathfrak{o}$ der Fläche in den Punkten der isotropen v-Linie (für $u = \text{const}$) feste Richtung hat. Nach (8) ist nun der Normalenvektor $\mathfrak{N}(u, v)$ parallel zu dem Tangentenvektor $\mathfrak{x}_v(u, v)$ der v-Linie; deren Richtung ist aber tatsächlich für festes u fest. Das folgt geometrisch daraus, daß die v-Linie ($u = \text{const}$) geradlinig ist; analytisch folgt es aus der für alle v-Linien ($u = \text{const}$) gültigen Identität (9). Damit ist auch der Satz 3 bewiesen.

Weil somit bei festem u der Normalenvektor $\mathfrak{N}$ und der Vektor $\mathfrak{N}_v$ gleichgerichtet sind, ist

$$[\mathfrak{N} \mathfrak{N}_v] \equiv \mathfrak{o} \quad \{v\}, \tag{7. 12}$$

oder ausführlich, nach der Regel des doppelten Faktors (II. 1. 38),

$$\begin{aligned}[\mathfrak{N}\,\mathfrak{N}_v] &= [[\mathfrak{x}_u\mathfrak{x}_v],\,[\mathfrak{x}_{uv}\mathfrak{x}_v] + [\mathfrak{x}_u\mathfrak{x}_{vv}]] \\ &= [[\mathfrak{x}_u\mathfrak{x}_v],\,[\mathfrak{x}_{uv}\mathfrak{x}_v]] + [[\mathfrak{x}_u\mathfrak{x}_v],\,[\mathfrak{x}_u\mathfrak{x}_{vv}]] \\ &= -\,[\mathfrak{x}_u\,\mathfrak{x}_v\,\mathfrak{x}_{uv}]\,\mathfrak{x}_v + [\mathfrak{x}_u\mathfrak{x}_v\mathfrak{x}_{vv}]\,\mathfrak{x}_u \equiv \mathfrak{o}\,.\end{aligned}$$

Wegen der linearen Unabhängigkeit der Vektoren $\mathfrak{x}_u$ und $\mathfrak{x}_v$, d. h. wegen $\mathfrak{N} = [\mathfrak{x}_u\mathfrak{x}_v] \neq \mathfrak{o}$, folgen daraus für alle u und v die Identitäten

$$(7.\,13)\qquad [\mathfrak{x}_u\mathfrak{x}_v\mathfrak{x}_{uv}] \equiv 0 \quad \text{und} \quad [\mathfrak{x}_u\mathfrak{x}_v\mathfrak{x}_{vv}] \equiv 0 \qquad \{u, v\}\,.$$

Die (isotrope) Tangentenebene τ der Fläche $\mathfrak{x}(u, v)$ im Punkte $P(u, v)$ hat nach (8) den (isotropen) Vektor $\mathfrak{x}_v(u, v)$ als Normalenvektor; ihre Gleichung lautet daher

$$(7.\,14)\qquad \mathfrak{x}_v(\mathfrak{X} - \mathfrak{x}) = 0\,.$$

$\mathfrak{X}$ ist dabei der Ortsvektor eines in τ laufenden Punktes. Die Tangentenebene τ ändert sich nach Satz 3 nicht, wenn man bei festem u den Wert von v ändert. Um die Gesamtheit aller Tangentenebenen τ der Fläche zu erhalten, genügt es daher, den Parameter u zu variieren.

Dann sind drei Fälle möglich:

Fall 1: Alle isotropen Tangentenebenen $\tau(u)$ der Fläche $\mathfrak{x}(u, v)$ sind miteinander identisch. Die Fläche $\mathfrak{x}(u, v)$ ist dann eine **feste isotrope Ebene.**

Kennzeichnend dafür ist, daß die Vektoren $\mathfrak{N} = [\mathfrak{x}_u\mathfrak{x}_v]$ und $\mathfrak{N}_u = [\mathfrak{x}_{uu}\mathfrak{x}_v] + [\mathfrak{x}_u\mathfrak{x}_{uv}]$ dieselbe Richtung haben, d. h. daß

$$(7.\,15)\qquad [\mathfrak{N}\,\mathfrak{N}_u] \equiv \mathfrak{o} \qquad \{u, v\}$$

ist. Nach der Regel des doppelten Faktors (II. 1. 38) bedeutet dies:

$$\begin{aligned}[\mathfrak{N}\,\mathfrak{N}_u] &= [[\mathfrak{x}_u\mathfrak{x}_v],\,[\mathfrak{x}_{uu}\mathfrak{x}_v] + [\mathfrak{x}_u\mathfrak{x}_{uv}]] \\ &= [[\mathfrak{x}_u\mathfrak{x}_v]\,[\mathfrak{x}_{uu}\mathfrak{x}_v]] + [[\mathfrak{x}_u\mathfrak{x}_v]\,[\mathfrak{x}_u\mathfrak{x}_{uv}]] \\ &= -\,[\mathfrak{x}_u\,\mathfrak{x}_v\,\mathfrak{x}_{uu}]\mathfrak{x}_v + [\mathfrak{x}_u\mathfrak{x}_v\mathfrak{x}_{uv}]\mathfrak{x}_u \equiv \mathfrak{o}\,.\end{aligned}$$

Wegen der linearen Unabhängigkeit von $\mathfrak{x}_u$ und $\mathfrak{x}_v$ folgt daraus

$$[\mathfrak{x}_u\mathfrak{x}_v\mathfrak{x}_{uu}] \equiv 0 \quad \text{und} \quad [\mathfrak{x}_u\mathfrak{x}_v\mathfrak{x}_{uv}] \equiv 0\,.$$

Weil nach (13) die zweite Gleichung für Flächen mit $W \equiv 0$ ohnehin stets erfüllt ist, bleibt schließlich nur die (notwendige und hinreichende) Bedingung

$$[\mathfrak{x}_u \mathfrak{x}_v \mathfrak{x}_{uu}] \equiv 0 \quad \{u, v\} \tag{7.16}$$

als Kennzeichen des 1. Falles einer **festen isotropen Ebene** $\mathfrak{x}(u, v)$, deren (untereinander parallele) isotrope Geraden als v-Linien gewählt sind.

Lautet die Gleichung der isotropen Ebene z. B.

$$y + iz = 0, \tag{7.17}$$

so folgt $dy + idz \equiv 0$ und $dy^2 + dz^2 = (dy + idz)(dy - idz) \equiv 0$. Das Bogenelement $ds = \sqrt{dx^2 + dy^2 + dz^2}$ der isotropen Ebene (17) hat daher die rationale Gestalt

$$ds = dx. \tag{7.18}$$

In den übrigen Fällen sind die isotropen Tangentenebenen $\tau(u)$, welche die metrisch singuläre Fläche $\mathfrak{x}(u, v)$ mit $W \equiv 0$ längs ihrer isotropen geraden v-Linien ($u = \text{const}$) berühren, voneinander verschieden, und es gilt als Gegensatz zu (16)

$$[\mathfrak{x}_u \mathfrak{x}_v \mathfrak{x}_{uu}] \not\equiv 0. \tag{7.19}$$

Satz 1 behauptet, daß die metrisch singuläre Fläche $\mathfrak{x}(u, v)$ dann entweder (Fall 2) ein isotroper Kegel oder (Fall 3) eine isotrope Torse (Tangentenfläche einer krummen isotropen Raumkurve) ist.

Beweis: Ist zunächst

$$\mathfrak{y} = \mathfrak{y}(u) \tag{7.20}$$

eine beliebige krummlinige, nicht isotrope Flächenkurve (Leitlinie), so kann man sie als Parameterlinie $v = 0$ (u-Linie) wählen und unter u ihren Bogen verstehen, also $\mathfrak{y}'^2(u) \equiv 1$ annehmen. Sind dann mit $\varkappa(u) \not\equiv 0$ nach (II. 4)

$$\mathfrak{t} = \mathfrak{y}'(u), \quad \mathfrak{h} = \frac{1}{\varkappa}\mathfrak{y}'', \quad \mathfrak{b} = \frac{1}{\varkappa}[\mathfrak{y}'\mathfrak{y}''] \tag{7.21}$$

die Vektoren ihres begleitenden Dreibeins, so gelten nach (II. 6. 14) die **Frenetschen Formeln**

$$\mathfrak{t}' = \varkappa\mathfrak{h}, \quad \mathfrak{h}' = -\varkappa\mathfrak{t} + \tau\mathfrak{b}, \quad \mathfrak{b}' = -\tau\mathfrak{h}. \tag{7.22}$$

Ist dann

$$\mathfrak{z} = \mathfrak{z}(u) \quad \text{mit} \quad \mathfrak{z}^2(u) \equiv 0 \tag{7.23}$$

der Vektor der durch den Kurvenpunkt u von $\mathfrak{y}(u)$ laufenden geradlinigen isotropen v-Linie, so kann die metrisch singuläre Fläche $\mathfrak{x}(u, v)$ in der Form

$$\mathfrak{x} = \mathfrak{x}(u, v) = \mathfrak{y}(u) + v\mathfrak{z}(u) \tag{7.24}$$

geschrieben werden. Die Linie $v = 0$ deckt sich mit der Leitlinie (20) der Fläche. Weil dabei der isotrope Vektor $\mathfrak{x}_v = \mathfrak{z}(u)$ die Richtung der Flächennormalen $\mathfrak{N}(u, v)$ haben soll, also auf dem Tangentenvektor $\mathfrak{t} = \mathfrak{y}'(u)$ der Leitlinie (20) normal steht, d. h. $(\mathfrak{y}'\mathfrak{z}) = (\mathfrak{t}\mathfrak{z}) \equiv 0$ ist, liegt er in der Normalebene ν der Linie (20) und kann daher in der Form

$$\mathfrak{z}(u) = \mathfrak{h}(u) \pm i\mathfrak{b}(u) \tag{7.25}$$

geschrieben werden. Die Regelfläche $\mathfrak{x}(u, v)$ mit isotropen geraden Erzeugenden und $W \equiv 0$ lautet daher im Falle (19) schließlich

$$\mathfrak{x} = \mathfrak{x}(u, v) = \mathfrak{y}(u) + v(\mathfrak{h}(u) \pm i\mathfrak{b}(u)). \tag{7.26}$$

Bemerkung 1: Entsprechend den beiden Vorzeichen von i in den Formeln (25) und (26) gibt es durch die Leitlinie (20) zwei verschiedene Flächen $\mathfrak{x}(u, v)$ mit $W \equiv 0$. Es genügt bei der weiteren Rechnung, die zu dem positiven Vorzeichen von i gehörende Fläche zu betrachten.

Man findet dann aus (26) wegen $\mathfrak{h}' + i\mathfrak{b}' = -\varkappa\mathfrak{t} - i\tau(\mathfrak{h} + i\mathfrak{b})$ die abgeleiteten Vektoren

$$\begin{aligned}
\mathfrak{x}_u &= \mathfrak{t} + v(\mathfrak{h}' + i\mathfrak{b}') = (1 - \varkappa v)\mathfrak{t} - i\tau v(\mathfrak{h} + i\mathfrak{b}),\\
\mathfrak{x}_v &= \mathfrak{h} + i\mathfrak{b},\\
\mathfrak{x}_{uu} &= v(i\varkappa\tau - \varkappa')\mathfrak{t} + (1 - \varkappa v)\varkappa\mathfrak{h} - v(i\tau' + \tau^2)(\mathfrak{h} + i\mathfrak{b}),\\
\mathfrak{x}_{uv} &= -\varkappa\mathfrak{t} - i\tau(\mathfrak{h} + i\mathfrak{b}),\\
\mathfrak{x}_{vv} &= \mathfrak{o},
\end{aligned} \tag{7.27}$$

und den isotropen Normalenvektor

$$\mathfrak{N} = [\mathfrak{x}_u \mathfrak{x}_v] = -i(1 - \varkappa v)(\mathfrak{h} + i\mathfrak{b}) \neq \mathfrak{o}. \tag{7.28}$$

Also sind die metrischen Fundamentalgrößen der Fläche (26)

$$E = \mathfrak{x}_u^2 = (1 - \varkappa v)^2,\quad F = (\mathfrak{x}_u\mathfrak{x}_v) \equiv 0,\quad G = \mathfrak{x}_v^2 \equiv 0. \tag{7.29}$$

Somit ist tatsächlich $W^2 = EG - F^2 \equiv 0$ und wegen $\varkappa(u) \not\equiv 0$

$$[\mathfrak{x}_u\mathfrak{x}_v\mathfrak{x}_{uu}] = -i\varkappa(1 - \varkappa v)^2 \not\equiv 0, \text{ jedoch } [\mathfrak{x}_u\mathfrak{x}_v\mathfrak{x}_{uv}] \equiv 0. \tag{7.30}$$

Zwischen den Vektoren $\mathfrak{x}_u, \mathfrak{x}_v, \mathfrak{x}_{uv}$ besteht also eine lineare Abhängigkeit, nämlich

$$\varkappa\mathfrak{x}_u + i\tau\mathfrak{x}_v + (1 - \varkappa v)\mathfrak{x}_{uv} \equiv \mathfrak{o}. \tag{7.31}$$

Das Netz der Parameterlinien ist wegen (28) auf der Fläche (26) überall regulär, außer in jenen Punkten $P(u, v)$, in denen

$$1 - \varkappa v = 0, \text{ d. h. } v = \frac{1}{\varkappa(u)} = r(u) \tag{7.32}$$

ist. $r = r(u) = 1/\varkappa(u)$ ist dabei nach (II. 14) der Schmiegkreisradius der Leitkurve $\mathfrak{y}(u)$. In diesen Punkten

$$\mathfrak{X} = \mathfrak{y}(u) + r(u) \cdot (\mathfrak{h}(u) + i\mathfrak{b}(u)) \tag{7.33}$$

der metrisch singulären Fläche (26) berühren sich wegen $\mathfrak{N} = [\mathfrak{x}_u \mathfrak{x}_v] = \mathfrak{o}$ die Parameterlinien der beiden Scharen. Die Formel (33) stellt also das **Hüllgebilde** der auf der Fläche (24) liegenden isotropen Geradenschar dar.

Dieses Hüllgebilde (33) ist im

Fall 2: ein fester Punkt, wenn

$$\mathfrak{X}_u \equiv \mathfrak{o} \qquad \{u\} \tag{7.34}$$

ist. Die Fläche (24) ist dann der **isotrope Kegel** (Nullkugel, Kugel vom Radius $R = 0$) mit dem festen Punkte $\mathfrak{X}$ als Scheitel. Da aus (33) folgt

$$\mathfrak{X}_u = (r' - ir\tau)(\mathfrak{h} + i\mathfrak{b}), \tag{7.35}$$

tritt dieser Fall dann ein, wenn

$$r' - ir\tau \equiv 0 \qquad \{u\} \tag{7.36}$$

gilt, oder auch (im Hinblick auf Bemerkung 1) dann, wenn $r' + ir\tau \equiv 0$ $\{u\}$ ist, zusammengenommen also dann und nur dann, wenn

$$r'^2 + r^2\tau^2 \equiv 0 \qquad \{u\} \tag{7.37}$$

gilt.

Ist dann die Leitlinie (20) kein Kreis ($r' \neq 0$, $\tau \neq 0$), so ist sie nach (II. 14. 14) tatsächlich eine doppeltgekrümmte Kurve auf einer Nullkugel, nämlich eine nichtebene sphärische Kurve auf einer Kugel vom Radiusquadrat

$$R^2 = \frac{r'^2 + r^2\tau^2}{\tau^2} = 0. \tag{7.38}$$

Ist dagegen im **Fall 3:**

$$\mathfrak{X}_u \not\equiv \mathfrak{o}, \text{ d. h. } r'^2 + r^2\tau^2 \not\equiv 0, \tag{7.39}$$

so ist das Hüllgebilde (33) der isotropen geraden v-Linien der metrisch singulären Fläche (26) eine krumme isotrope Raumkurve und die Fläche (26) selbst ist ihre Tangentenfläche, d. h. eine **isotrope Torse.**

Tatsächlich stimmt dann nach (35) die Tangentenrichtung $\mathfrak{X}_u$ der Gratlinie (33) mit der Richtung $\mathfrak{z}(u)$ der isotropen Erzeugenden (25) der Fläche (26) überein.

Das Bogenelement des isotropen Kegels beziehungsweise der isotropen Torse, die man durch die gegebene Raumkurve $\mathfrak{x} = \mathfrak{x}(u)$ mit dem Bogen u und der Krümmung $\varkappa = \varkappa(u) \not\equiv 0$ legen kann, hat nach (29) die rationale Gestalt

$$ds = (1 - v\varkappa(u))du, \tag{7. 40}$$

die wegen $\varkappa(u) \not\equiv 0$ von der Gestalt $ds = dx$ des Bogens der isotropen Ebene (7. 17) verschieden ist.

Zusammenfassend ist damit in Erweiterung des Satzes 1 bewiesen:

Satz 4: *Es gibt dreierlei Arten von metrisch singulären Flächen $\mathfrak{x} = \mathfrak{x}(u, v)$ mit $W^2 = EG - F^2 \equiv 0$, d. h. mit nur einer Schar isotroper Flächenkurven. Es sind dies 1. die isotropen Ebenen (Tangentenebenen des Ponceletschen absoluten Kegelschnitts), 2. die isotropen Kegel, 3. die isotropen Torsen.*

Die isotropen Kurven jeder solchen Fläche sind stets geradlinig, nämlich 1. die parallelen isotropen Geraden der isotropen Ebene, 2. die geraden isotropen Mantellinien des isotropen Kegels, 3. die isotropen Tangenten der krummen isotropen Gratlinie der isotropen Torse. Längs jeder dieser isotropen Geraden besitzt die Fläche eine feste isotrope Tangentenebene. Auch die Flächennormalen sind isotrop; sie stimmen mit der isotropen Berührungsgeraden der jeweiligen Tangentenebene überein.

Wir schließen in Zukunft diese metrisch singulären Flächen mit $W^2 \equiv 0$ aus der Betrachtung aus und setzen stets

$$\boxed{W^2 = EG - F^2 \not\equiv 0} \tag{7. 41}$$

voraus. Der Normalenvektor $\mathfrak{N}(u, v) = [\mathfrak{x}_u \mathfrak{x}_v] \neq \mathfrak{o}$ dieser **metrisch regulären Flächen** ist dann wegen $\mathfrak{N}^2 = [\mathfrak{x}_u \mathfrak{x}_v]^2 = EG - F^2 = W^2 \neq 0$ nur in Ausnahmepunkten isotrop.

8. Invarianzeigenschaften von *E, F, G, W* und *ds*². Die elementare Flächentheorie befaßt sich mit solchen differentiellen Eigenschaften der Fläche $\mathfrak{x} = \mathfrak{x}(u, v)$, die

1. unabhängig sind von der speziellen Lage der Fläche im Raum und die
2. auch unabhängig sind von der speziellen Parameterwahl.

Änderungen der Lage der Fläche im Raum werden analytisch beschrieben durch die aus (II. 1) bekannten orthogonalen Transformationen der cartesischen Koordinaten $\mathfrak{x} = (x, y, z)$ der Flächenpunkte. Diese Transformationen bilden eine sechsgliedrige stetige Gruppe und werden durch die Formeln (II. 1. 1) mit den Orthogonalitätsrelationen (II. 1. 2) und (II. 1. 3) beschrieben.

Änderungen der Parameterdarstellung $\mathfrak{x} = \mathfrak{x}(u, v)$ der Fläche werden analytisch beschrieben durch die regulären Parametertransformationen

$$(8.1) \quad \bar{u} = \bar{u}(u, v), \ \bar{v} = \bar{v}(u, v) \mid u = u(\bar{u}, \bar{v}), \ v = v(\bar{u}, \bar{v})$$

mit nichtverschwindenden Funktionaldeterminanten

$$(8.2) \quad \bar{D} = \frac{\partial(\bar{u}, \bar{v})}{\partial(u, v)} = \frac{1}{\dfrac{\partial(u, v)}{\partial(\bar{u}, \bar{v})}} = \frac{1}{D} \neq 0 \text{ und } D = \frac{1}{\bar{D}} \neq 0.$$

Diese Parametertransformationen bilden eine stetige Gruppe mit unendlich vielen Parametern.

Elementare differentialgeometrische Eigenschaften einer Fläche $\mathfrak{x} = \mathfrak{x}(u, v)$ sind also solche lokale (differentielle) Eigenschaften der Fläche, die unveränderlich (invariant) sind sowohl gegenüber der Gruppe der orthogonalen Transformationen der

Flächenkoordinaten (x, y, z) *als auch gegenüber der Gruppe der regulären Transformationen der Flächenparameter* (u, v).

Differentielle Eigenschaften der Fläche $\mathfrak{x} = \mathfrak{x}(u, v)$ lassen sich daher durch solche Funktionen J der Ableitungen des Ortsvektors $\mathfrak{x}(u, v)$ nach den Parametern u und v

$$J = J(\mathfrak{x}_u, \mathfrak{x}_v;\ \mathfrak{x}_{uu}, \mathfrak{x}_{uv}, \mathfrak{x}_{vv};\ \mathfrak{x}_{uuu}, \mathfrak{x}_{uuv}, \mathfrak{x}_{uvv}, \mathfrak{x}_{vvv};\ \ldots) \tag{8.3}$$

beschreiben, welche bewegungs- und parameterinvariant sind.

Geht die Funktion J durch orthogonale Koordinatentransformation in die Funktion J^* und durch reguläre Parametertransformation in $\bar{J}$ über, so soll also

$$J^* = J \text{ und } \bar{J} = J \tag{8.4}$$

sein.

Man nennt eine solche Größe J eine (absolute) **orthogonale Differentialinvariante** k**-ter Ordnung**, wenn in ihr Ableitungen bis zur k-ten Ordnung auftreten. Wegen der Bewegungsinvarianz kommen dabei in J nur **Innenprodukte** von je zweien **und Außenprodukte** von je dreien der in (3) angeschriebenen Vektoren vor.

Bemerkung 1: Die eben erklärten **absoluten** orthogonalen Differentialinvarianten J sind ein Sonderfall der **relativen** orthogonalen Differentialinvarianten. Darunter versteht man solche orthogonale Invarianten J der Gestalt (3), welche sich bei einer regulären Parametertransformation (1) mit einer Potenz der Transformationsdeterminante $D = \dfrac{\partial(u, v)}{\partial(\bar{u}, \bar{v})}$ multiplizieren, für die also gilt:

$$\bar{J} = D^p \cdot J. \tag{8.5}$$

Den Exponenten p nennt man das **Gewicht** der relativen Differentialinvariante J. Für $p = 0$ erhält man eine **absolute** Invariante.

Führt man durch die reguläre Parametertransformation (1) neue Parameter $(\bar{u}, \bar{v})$ ein, so nimmt der Ortsvektor $\mathfrak{x} = \mathfrak{x}(u, v)$ der Fläche die Gestalt an

(8. 6) $\mathfrak{x} = \mathfrak{x}(u, v) = \mathfrak{x}(u(\bar{u}, \bar{v}), v(\bar{u}, \bar{v})) = \bar{\mathfrak{x}}(\bar{u}, \bar{v}) = \bar{\mathfrak{x}}.$

Es gelten dann für die Tangentenvektoren $\bar{\mathfrak{x}}_{\bar{u}}$ und $\bar{\mathfrak{x}}_{\bar{v}}$ der neuen Parameterlinien die Transformationsformeln

(8. 7) $$\bar{\mathfrak{x}}_{\bar{u}} = \mathfrak{x}_u u_{\bar{u}} + \mathfrak{x}_v v_{\bar{u}}, \quad \bar{\mathfrak{x}}_{\bar{v}} = \mathfrak{x}_u u_{\bar{v}} + \mathfrak{x}_v v_{\bar{v}},$$

und für die neuen metrischen Fundamentalgrößen $\bar{E}, \bar{F}, \bar{G}$ gilt nach (5. 4)

(8. 8) $$\begin{aligned} \bar{E} &= (\bar{\mathfrak{x}}_{\bar{u}}\bar{\mathfrak{x}}_{\bar{u}}) = E u_{\bar{u}}^2 + 2F u_{\bar{u}} v_{\bar{u}} + G v_{\bar{u}}^2, \\ \bar{F} &= (\bar{\mathfrak{x}}_{\bar{u}}\bar{\mathfrak{x}}_{\bar{v}}) = E u_{\bar{u}} u_{\bar{v}} + F(u_{\bar{u}} v_{\bar{v}} + u_{\bar{v}} v_{\bar{u}}) + G v_{\bar{u}} v_{\bar{v}}, \\ \bar{G} &= (\bar{\mathfrak{x}}_{\bar{v}}\bar{\mathfrak{x}}_{\bar{v}}) = E u_{\bar{v}}^2 + 2F u_{\bar{v}} v_{\bar{v}} + G v_{\bar{v}}^2. \end{aligned}$$

Nach (8) sind die metrischen Fundamentalgrößen E, F, G zwar bewegungsinvariant, jedoch nicht parameterinvariant.

Wegen der Parameterinvarianz des ersten Differentials, d. h. wegen

(8. 9) $$d\bar{\mathfrak{x}}(\bar{u}, \bar{v}) = \bar{\mathfrak{x}}_{\bar{u}} d\bar{u} + \bar{\mathfrak{x}}_{\bar{v}} d\bar{v} = \mathfrak{x}_u du + \mathfrak{x}_v dv = d\mathfrak{x}(u, v)$$

gilt für das Bogenelementquadrat der Fläche

(8. 10) $$d\bar{s}^2 = (d\bar{\mathfrak{x}}(\bar{u}, \bar{v}))^2 = (d\mathfrak{x}(u, v))^2 = ds^2$$

oder

(8. 11) $$\begin{aligned} \bar{I} = d\bar{s}^2 &= \bar{E} d\bar{u}^2 + 2\bar{F} d\bar{u} d\bar{v} + \bar{G} d\bar{v}^2 \\ &= E du^2 + 2F du dv + G dv^2 = ds^2 = I. \end{aligned}$$

Das Bogenelement ds (die erste Grundform I) ist somit sowohl bewegungsinvariant als auch parameterinvariant. In dieser doppelten Invarianzeigenschaft wurzelt die grundlegende Bedeutung des Bogenelementes ds für den Aufbau der elementaren Flächentheorie.

Die Diskriminante $W^2 = EG - F^2$ von ds^2 ist wegen

(8. 12) $$\bar{W}^2 = [\bar{\mathfrak{x}}_{\bar{u}}\bar{\mathfrak{x}}_{\bar{v}}]^2 = D^2 \cdot [\mathfrak{x}_u \mathfrak{x}_v]^2 = D^2 W^2$$

eine relative Parameterinvariante vom Gewicht 2; W selbst ist also relativ invariant vom Gewicht 1.

9. Kugelmetrik. Kugelloxodromen. Wir erörtern nun ausführlicher die Parameterdarstellung und Metrik einiger wichtiger Flächen und beginnen mit der Metrik der Kugel.

In der Darstellung der Kugel (Bild 2)

$$x^2 + y^2 + z^2 = r^2 \tag{9.1}$$

vom Mittelpunkt $O(0, 0, 0)$ und Radius $r > 0$ aus (1. 5)

$$\mathfrak{x} = \mathfrak{x}(u, v) = r(\cos u \cos v\, \mathfrak{e}_1 + \sin u \cos v\, \mathfrak{e}_2 + \sin v\, \mathfrak{e}_3) \tag{9.2}$$
$$(r > 0, \; -\pi < u \leqq +\pi, \; -\pi/2 \leqq v \leqq +\pi/2)$$

ist u die geographische Länge, v die geographische Breite des Kugelpunktes $P(u, v)$.

Die beiden Pole der Kugel, nämlich der Nordpol N (u = beliebig, $v = +\pi/2$) und der Südpol S (u = beliebig, $v = -\pi/2$) sind singuläre Punkte dieses geographischen Koordinatensystems $\{u, v\}$ der Kugel, weil durch sie

1. alle Meridiankreise u = const (v-Linien) hindurchgehen und
2. die zugehörigen Breitenkreise $v_N = +\pi/2$ bzw. $v_S = -\pi/2$

sich auf einen einzigen Punkt (N bzw. S) zusammenziehen.

Die Tangentenvektoren $\mathfrak{x}_u$ der u-Linien (Breitenkreise) und $\mathfrak{x}_v$ der v-Linien (Längenkreise) haben die Koordinaten

$$\begin{Vmatrix} \mathfrak{x}_u \\ \mathfrak{x}_v \end{Vmatrix} = \begin{Vmatrix} -r \sin u \cos v, & +r \cos u \cos v, & 0 \\ -r \cos u \sin v, & -r \sin u \sin v, & r \cos v \end{Vmatrix} \tag{9.3}$$

und sind im Sinne wachsender Parameter orientiert (Bild 2).

Für die Flächennormale $\mathfrak{N} = [\mathfrak{x}_u \mathfrak{x}_v]$ im Kugelpunkte $P(u, v)$ folgt daraus mit Rücksicht auf (2)

$$\mathfrak{N} = [\mathfrak{x}_u, \mathfrak{x}_v] = r \cos v \cdot \mathfrak{x}(u, v). \tag{9.4}$$

Wegen $\mathfrak{x}(u, v) \neq \mathfrak{o}$ ist in den beiden Polen ($v = \pm \pi/2$) der Normalenvektor $\mathfrak{N} = \mathfrak{o}$, sonst ist überall $\mathfrak{N} \neq \mathfrak{o}$, und $\mathfrak{N}$ hat die Richtung des Kugelradius $\mathfrak{x}(u, v)$. Das geographische Koordinatensystem $\{u, v\}$ der Kugel ist also nur in den beiden Polen singulär, sonst regulär. Die Kugelfläche selbst ist jedoch weder im Nordpol N noch im Südpol S singulär, beide Punkte N und S sind vielmehr völlig reguläre Flächenpunkte.

Die metrischen Fundamentalgrößen der Kugel (2) lauten

$$E = \mathfrak{x}_u^2 = r^2 \cos^2 v, \quad F = \mathfrak{x}_u \mathfrak{x}_v = 0, \quad G = \mathfrak{x}_v^2 = r^2. \tag{9.5}$$

Wegen $F = 0$ durchsetzen sich die Parameterlinien (Meridian- und Breitenkreise) überall auf der Kugel rechtwinklig. Es folgt

$$(9.6) \qquad W = |\mathfrak{N}| = |[\mathfrak{x}_u \mathfrak{x}_v]| = \underset{+}{\sqrt{EG - F^2}} = r^2 \cos v .$$

In allen (reellen) Kugelpunkten ist $W > 0$, außer in den beiden Polen ($v = \pm \pi/2$); dort gilt $W = 0$.

Das Bogenelementquadrat der Kugel lautet nach (5) und (6.11)

$$(9.7) \qquad ds^2 = r^2(\cos^2 v\, du^2 + dv^2).$$

Die Flächenrichtungen $(du_1 : dv_1)$ und $(du_2 : dv_2)$ schließen im Punkte $P(u, v)$ der Kugel nach (6.14) einen Winkel ψ ein mit

$$(9.8) \qquad \cos\psi = \frac{\cos^2 v\, du_1 du_2 + dv_1 dv_2}{\underset{+}{\sqrt{\cos^2 v\, du_1^2 + dv_1^2}} \cdot \underset{+}{\sqrt{\cos^2 v\, du_2^2 + dv_2^2}}} .$$

Das Flächenelement der Kugel ist

$$(9.9) \qquad dO = W\, du dv = r^2 \cos v\, du dv .$$

Die gesamte Oberfläche der Kugel ist daher

$$(9.10) \qquad O = \int_{-\pi}^{+\pi} \int_{-\pi/2}^{+\pi/2} r^2 \cos v\, dv du = r^2 \int_{-\pi}^{+\pi} du \int_{-\pi/2}^{+\pi/2} \cos v\, dv = 4 r^2 \pi .$$

Beispiel 1: Als Anwendung bestimmen wir die **Loxodromen** der Kugel ($\lambda o \xi \acute{o} \varsigma$ = schief, $\delta \varrho \acute{o} \mu o \varsigma$ = Lauf), d. h. jene sphärischen Linien, welche die Breitenkreise ($v = \text{const}$) der Kugel unter dem festen spitzen Winkel ω schneiden. Die Meridiankreise ($u = \text{const}$) werden dann unter dem festen spitzen Winkel (Azimut) $\pi/2 - \omega$ geschnitten (Bild 2).

Ist $(du_1 : dv_1) = (du : dv)$ die Tangentenrichtung der gesuchten Loxodrome und $(du_2 : dv_2) = (1 : 0)$ die Tangentenrichtung des Breitenkreises im Punkte $P(u, v)$, so folgt aus (8)

$$(9.11) \qquad \cos\omega = \frac{\cos^2 v\, du}{\underset{+}{\sqrt{\cos^2 v\, du^2 + dv^2}} \cdot \underset{+}{\sqrt{\cos^2 v}}} = \frac{\cos v\, du}{\underset{+}{\sqrt{\cos^2 v\, du^2 + dv^2}}} ,$$

d. h. nach Trennung der Veränderlichen u und v

$$(9.12) \qquad \operatorname{tg}^2\omega\, du^2 = \frac{dv^2}{\cos^2 v} \quad \text{oder} \quad \operatorname{tg}\omega\, du = + \frac{dv}{\cos v} ,$$

wenn wir an jene Kugelloxodromen denken, die von Südwesten nach Nordosten laufen (bei denen du und dv gleiche Vorzeichen haben).

Durch Integration der Differentialgleichung (12) erhält man

$$(9.13)\qquad (u - u_0)\,\mathrm{tg}\,\omega = \ln \mathrm{tg}\left(\frac{v}{2} + \frac{\pi}{4}\right).$$

(u_0 = Integrationskonstante) als Darstellung der Kugelloxodromen, welche die Breitenkreise der Kugel unter dem festen spitzen Winkel ω in nordöstlicher Richtung durchsetzen.

Diese Drehschar entsteht aus der speziellen Loxodrome

$$(9.14)\qquad u \cdot \mathrm{tg}\,\omega = \ln \mathrm{tg}\left(\frac{v}{2} + \frac{\pi}{4}\right)$$

durch Drehung um die Kugelachse (z-Achse) um den Winkel u_0.

Man kann die Gleichung dieser durch den Anfangspunkt $P_0(0,0)$ der geographischen Koordinaten laufenden Loxodrome (14) auch in der Gestalt

$$(9.15)\qquad \mathrm{tg}\,\frac{v}{2} = \mathfrak{Tg}\,\frac{u\,\mathrm{tg}\,\omega}{2} \quad \text{oder} \quad \mathrm{tg}\,v = \mathfrak{Sin}\,(u\,\mathrm{tg}\,\omega)$$

schreiben.

Da aus $u \to +\infty$ folgt: $v \to +\pi/2$, und aus $u \to -\infty$ folgt: $v \to -\pi/2$, umwindet die Loxodrome den Nordpol $N(v = +\pi/2)$ und den Südpol $S(v = -\pi/2)$ spiralig in unendlich vielen (immer enger werdenden) Windungen. Die beiden Pole sind also asymptotische Punkte oder Wickelpunkte der Loxodrome, die daher eine transzendente sphärische Linie ist (Bild 2).

Aus (15) folgt noch

$$(9.16)\qquad \cos v = \frac{1}{\mathfrak{Cof}\,(u\,\mathrm{tg}\,\omega)}, \quad \sin v = \mathfrak{Tg}\,(u\,\mathrm{tg}\,\omega),$$

womit man durch Eintragen in (2) schließlich die folgende vektorielle Parameterdarstellung der Kugelloxodrome (14) erhält:

$$(9.17)\qquad \mathfrak{x} = \mathfrak{x}(u) = \frac{r}{\mathfrak{Cof}\,(u\,\mathrm{tg}\,\omega)}\left(\cos u\,\mathfrak{e}_1 + \sin u\,\mathfrak{e}_2 + \mathfrak{Sin}(u\,\mathrm{tg}\,\omega)\,\mathfrak{e}_3\right).$$

Für $u = 0$ ergibt sich der Kugelpunkt $P_0(r, 0, 0)$, d. h. der Nullpunkt des geographischen Koordinatensystems.

Der Normalriß dieser Kugelloxodrome auf die Ebene $z = 0$ hat nach (17) in den Polarkoordinaten $(R, \Phi = u)$ die Polargleichung

$$R \cdot \mathfrak{Cof}(\Phi \operatorname{tg}\omega) = r \qquad (r = \text{Kugelradius}). \tag{9.18}$$

Das ist eine sogenannte Poinsotsche Spirale.

Um die Bogenlänge s der Loxodrome vom Anfangspunkte $P_0(u = 0, v = 0)$ bis zu dem in (17) dargestellten Punkte P mit dem Parameter u zu berechnen, berücksichtigen wir, daß für unsere Loxodrome die Differentialgleichung (12) besteht, und finden damit wegen $du^2 = \frac{dv^2}{\operatorname{tg}^2\omega \cos^2 v}$ aus (7)

$$s = r \cdot \int_{u=0}^{u} \sqrt{\cos^2 v\, du^2 + dv^2} \tag{9.19}$$

$$= \frac{r}{\operatorname{tg}\omega} \int_{v=0}^{v} \sqrt{1 + \operatorname{tg}^2\omega}\, dv = \frac{rv}{\sin\omega}\,.$$

Für $v = +\pi/2$ erhält man als Länge s des Loxodromenbogens von P_0 (Äquator) bis N (Nordpol)

$$s = \frac{r\pi}{2\sin\omega}\,, \tag{9.20}$$

also trotz der unendlich vielen Windungen der Loxodrome um den Nordpol N nur einen endlichen Wert.

Ein Schiff, das auf dem Weltmeer festen Kurs (in fester Himmelsrichtung) steuert, beschreibt auf der Erdkugel eine Loxodrome. Das Schiff fährt dabei auf dem Ozean zwischen Start und Ziel nicht die kürzeste Bahn, die ein Großkreisbogen der Kugel wäre, sondern nur die navigatorisch bequemste Bahn festen Kurses.

10. Isotrope Linien und isotrope Parameter der Kugel. Riemannsche Zahlenkugel. Stereographische Projektion. Wie jede reguläre algebraische Fläche zweiter Ordnung trägt auch die Kugel zwei (konjugiert komplexe) Scharen geradliniger Erzeugenden. Wir wollen beweisen, daß diese beiden Erzeugendenscharen mit den isotropen Linien der Kugel identisch sind.

Beweis: Für die isotropen Linien verschwindet das Bogenelement (9. 7) der Kugel, d. h. für sie ist

$$ds^2 = r^2 \cos^2 v \left(i\,du + \frac{dv}{\cos v}\right)\left(-\,i\,du + \frac{dv}{\cos v}\right) = 0. \tag{10. 1}$$

Weil die Klammerausdrücke vollständige Differentiale sind, gelten für die isotropen Linien der Kugel die Differentialgleichungen

$$dU = i\,du + \frac{dv}{\cos v} = 0, \quad dV = -\,i\,du + \frac{dv}{\cos v} = 0. \tag{10. 2}$$

Die Gleichungen der isotropen Linien der Kugel lauten daher in geographischen Koordinaten (u, v):

$$\begin{cases} U = +\,iu + \ln \operatorname{tg}\left(\dfrac{v}{2} + \dfrac{\pi}{4}\right) = \text{const}, \\ V = -\,iu + \ln \operatorname{tg}\left(\dfrac{v}{2} + \dfrac{\pi}{4}\right) = \text{const}. \end{cases} \tag{10. 3}$$

Um die Art dieser Kurven leichter zu erkennen, führen wir U und V als isotrope Parameter der Kugel ein. Dann gelten für U und V wegen $iu = \ln(e^{iu})$ die Formeln

$$U = \ln\left[e^{iu} \cdot \operatorname{tg}\left(\frac{v}{2} + \frac{\pi}{4}\right)\right], \quad V = \ln\left[e^{-iu} \cdot \operatorname{tg}\left(\frac{v}{2} + \frac{\pi}{4}\right)\right]. \tag{10. 4}$$

Wir ändern sogleich die Parameterskalen U, V, indem wir

$$U = \ln \hat{u}, \quad V = \ln \hat{v} \tag{10. 5}$$

setzen und gewinnen schließlich für die endgültigen isotropen Parameter $\hat{u}$, $\hat{v}$ der Kugel die Formeln

$$\hat{u} = e^{iu} \operatorname{tg}\left(\frac{v}{2} + \frac{\pi}{4}\right), \quad \hat{v} = e^{-iu} \operatorname{tg}\left(\frac{v}{2} + \frac{\pi}{4}\right). \tag{10. 6}$$

Daraus ergeben sich die Beziehungen

$$\begin{aligned} &\hat{u} + \hat{v} = 2\cos u \cdot \operatorname{tg}\left(\frac{v}{2} + \frac{\pi}{4}\right), \quad \hat{u} - \hat{v} = 2i \sin u \cdot \operatorname{tg}\left(\frac{v}{2} + \frac{\pi}{4}\right), \\ &\hat{u}\hat{v} + 1 = \operatorname{tg}^2\left(\frac{v}{2} + \frac{\pi}{4}\right) + 1 = +\,\frac{1}{\cos^2\left(\dfrac{v}{2} + \dfrac{\pi}{4}\right)}, \\ &\hat{u}\hat{v} - 1 = \operatorname{tg}^2\left(\frac{v}{2} + \frac{\pi}{4}\right) - 1 = -\,\frac{\cos\left(v + \dfrac{\pi}{2}\right)}{\cos^2\left(\dfrac{v}{2} + \dfrac{\pi}{4}\right)} = \frac{\sin v}{\cos^2\left(\dfrac{v}{2} + \dfrac{\pi}{4}\right)} \end{aligned} \tag{10. 7}$$

und daraus schließlich nach (9.2) die folgende rationale vektorielle Darstellung der Kugel (Radius $r = 1$) durch die (komplexen) **isotropen Parameter** $\hat{u}$ und $\hat{v}$:

$$(10.8)\qquad \mathfrak{x} = \frac{\hat{u}+\hat{v}}{\hat{u}\hat{v}+1}\,\mathfrak{e}_1 + \frac{1}{i}\cdot\frac{\hat{u}-\hat{v}}{\hat{u}\hat{v}+1}\,\mathfrak{e}_2 + \frac{\hat{u}\hat{v}-1}{\hat{u}\hat{v}+1}\,\mathfrak{e}_3 .$$

Mit der Abkürzung $\lambda(\hat{u},\hat{v}) = \dfrac{1}{(\hat{u}\hat{v}+1)^2}$ folgt daraus

$$(10.9)\qquad \begin{aligned} \mathfrak{x}_{\hat{u}} &= \lambda(\hat{u},\hat{v})\cdot\{(1-\hat{v}^2)\mathfrak{e}_1 - i(1+\hat{v}^2)\mathfrak{e}_2 + 2\hat{v}\,\mathfrak{e}_3\} \\ &= \lambda(\hat{u},\hat{v})\cdot\mathfrak{v}(\hat{v}) \\ \mathfrak{x}_{\hat{v}} &= \lambda(\hat{u},\hat{v})\cdot\{(1-\hat{u}^2)\mathfrak{e}_1 + i(1+\hat{u}^2)\mathfrak{e}_2 + 2\hat{u}\,\mathfrak{e}_3\} \\ &= \lambda(\hat{u},\hat{v})\cdot\mathfrak{u}(\hat{u}) \\ \mathfrak{x}_{\hat{u}\hat{u}} &= \lambda_{\hat{u}}(\hat{u},\hat{v})\cdot\mathfrak{v}(\hat{v}), \qquad \mathfrak{x}_{\hat{v}\hat{v}} = \lambda_{\hat{v}}(\hat{u},\hat{v})\cdot\mathfrak{u}(\hat{u}). \end{aligned}$$

Daraus folgt schließlich wegen

$$(10.10)\qquad [\mathfrak{x}_{\hat{u}}\,\mathfrak{x}_{\hat{u}\hat{u}}] \equiv \mathfrak{o}\ \{\hat{u}\} \text{ und } [\mathfrak{x}_{\hat{v}}\,\mathfrak{x}_{\hat{v}\hat{v}}] \equiv \mathfrak{o}\ \{\hat{v}\}$$

nach (II. 3 Satz 1) der zu beweisende

Satz 1: *Die isotropen Linien* $\hat{u} = \text{const}$ *und* $\hat{v} = \text{const}$ (*oder* $U = \text{const}$ *und* $V = \text{const}$) *der Kugel sind geradlinig und fallen mit den beiden (konjugiert komplexen) Scharen geradliniger Erzeugenden der Kugel zusammen.*

Aus (9) ergeben sich für die isotropen Parameter $\hat{u}, \hat{v}$ die metrischen Fundamentalgrößen

$$(10.11)\qquad E(\hat{u},\hat{v}) = G(\hat{u},\hat{v}) = 0,\quad F(\hat{u},\hat{v}) = \frac{2}{(1+\hat{u}\hat{v})^2}$$

und damit das Bogenelementquadrat der Kugel

$$(10.12)\qquad ds^2 = \frac{4\,d\hat{u}\,d\hat{v}}{(1+\hat{u}\hat{v})^2} .$$

Bemerkung 1: Um in der (komplexen) Darstellung (8) reelle Punkte $P(x, y, z)$ der Kugel (Radius $r = 1$) zu erhalten, muß man den isotropen Parametern $\hat{u}$ und $\hat{v}$ konjugiert komplexe Werte geben. Setzt man

$$(10.13)\qquad \hat{u} = w = X + iY,\quad \hat{v} = \overline{w} = X - iY,$$

so erhält man die reellen Kugelpunkte

$$(10.14)\qquad x = \frac{w+\overline{w}}{w\overline{w}+1},\quad y = \frac{1}{i}\cdot\frac{w-\overline{w}}{w\overline{w}+1},\quad z = \frac{w\overline{w}-1}{w\overline{w}+1}$$

oder

$$x = \frac{2X}{X^2 + Y^2 + 1}, \quad y = \frac{2Y}{X^2 + Y^2 + 1}, \tag{10.15}$$
$$z = \frac{X^2 + Y^2 - 1}{X^2 + Y^2 + 1}.$$

Die Darstellung (14) der Einheitskugel wurde schon in (II. 12. 13) verwendet.

Aus (15) folgen die ebenfalls schon in (II. 12. 12) benutzten Formeln

$$\begin{cases} \dfrac{x + iy}{1 - z} = \dfrac{1 + z}{x - iy} = X + iY = w, \\ \dfrac{x - iy}{1 - z} = \dfrac{1 + z}{x + iy} = X - iY = \overline{w}, \end{cases} \tag{10.16}$$

die nochmals belegen, daß $w = \hat{u}$ und $\overline{w} = \hat{v}$ binäre Parameter der beiden konjugiert komplexen Erzeugendenscharen der Kugel sind.

Bemerkung 2: Durch die Formeln (14) und (16) wird jedem reellen Punkte $P(x, y, z)$ der Kugel umkehrbar eindeutig eine komplexe Zahl $w = X + iY$ zugeordnet. Die auf diese Art mit komplexen Zahlen w belegte Kugel bezeichnet man als die Riemannsche Zahlenkugel oder Kugel der komplexen Zahlen.

Wir denken uns noch in der Äquatorebene $z = 0$ der Kugel den Punkt $P'(X, Y, 0)$ und beschriften ihn nach Gauß mit der komplexen Zahl $w = X + iY$. Nach den aus (16) folgenden Formeln

$$X = \frac{x}{1 - z}, \quad Y = \frac{y}{1 - z} \tag{10.17}$$

sind dann die Vektoren $\overrightarrow{NP} = (x, y, z - 1)$ und $\overrightarrow{NP'} = (X, Y, -1)$ proportional, d. h. die Punkte P und P' liegen auf einer Geraden durch N, oder:

Der Punkt P' $(X, Y, 0)$ der Äquatorebene ist das stereographische Bild des Kugelpunktes P (x, y, z), wenn als Projektionszentrum der Nordpol N $(0, 0, 1)$ der Kugel und als Bildebene π ihre Äquatorebene $z = 0$ gewählt wird.

Diese wohl schon von dem griechischen Astronomen Hipparch von Nikaia (180—125 v. Chr.) zur Darstellung der Himmelskugel angewandte stereographische Projektion besitzt die grundlegende Eigenschaft, kreistreu zu sein, d. h. es gilt nach Jordanus Nemorarius (um 1250, gedruckt 1507) der

Satz 2: *Jeder Kreis k der Kugel (Schnitt der Kugel mit einer Ebene ε) hat als stereographisches Bild wieder einen Kreis K; wenn im besonderen der Kugelkreis k (und die Kreisebene ε) den Nordpol N enthält, so ist sein stereographisches Bild K eine Gerade. Auch die Umkehrung dieser Sätze gilt.*

Beweis: Ist

$$ax + by + cz + d = 0 \tag{10.18}$$

die Gleichung der Ebene des Kugelkreises k, so folgt aus (15) für sein stereographisches Bild K in der Äquatorebene $z = 0$

$$2aX + 2bY + c(X^2 + Y^2 - 1) + d(X^2 + Y^2 + 1) = 0$$

oder

$$(c + d)(X^2 + Y^2) + 2aX + 2bY = (c - d). \tag{10.19}$$

Das ist für $c + d \neq 0$ stets ein Kreis und für $c + d = 0$, d. h. wenn die Ebene (18) den Nordpol $N(0, 0, 1)$ enthält, eine Gerade. Auch die Umkehrung gilt, w. z. b. w.

Der Name stereographische Projektion stammt übrigens von François d'Aiguillon (1613).

Bemerkung 3: Wenn man auf der Kugel statt der isotropen Parameter $\hat{u}$ und $\hat{v}$ durch die Formeln (13) die Größen (X, Y) als neue krummlinige Koordinaten einführt, so nimmt das Quadrat ihres Linienelementes ds statt (12) die Gestalt

$$ds^2 = \frac{4(dX^2 + dY^2)}{(1 + X^2 + Y^2)^2} = \lambda^2(X, Y) \cdot (dX^2 + dY^2) \tag{10.20}$$

an, die man, weil

$$E(X, Y) = G(X, Y) \text{ und } F(X, Y) = 0 \tag{10.21}$$

ist, als isotherme Form des Bogenelementes bezeichnet. Für die zugehörige Parameterdarstellung (15) der Kugel folgt aus (20) für alle reellen (X, Y)

$$W = \underset{+}{\sqrt{EG - F^2}} = \frac{4}{(1 + X^2 + Y^2)^2} = \lambda^2(X, Y) > 0. \tag{10.22}$$

Nur wenn X und Y unbeschränkt anwachsen, strebt $W \to 0$. Der Kugelpunkt $P(x, y, z)$ strebt dabei nach (15) gegen den Nordpol $N(0, 0, 1)$, der somit der einzige singuläre Punkt des Gaußschen Parametersystems (X, Y) ist (ohne jedoch ein singulärer Punkt der Kugel zu sein).

Tatsächlich bilden die Parameterlinien $X = \text{const}$ und $Y = \text{const}$ auf der Kugel zwei von den Ebenenbüscheln

$$x - X(1 - z) = 0 \quad \text{und} \quad y - Y(1 - z) = 0 \tag{10.23}$$

ausgeschnittene konjugierte parabolische Kreisbüschel, deren Kreise sämtlich durch den Nordpol laufen und dort zwei feste, zueinander normale (nämlich zur x- und y-Achse parallele) Kugeltangenten berühren.

Bemerkung 4: Nach einem grundlegenden Satze der Topologie gibt es übrigens auf der Kugel und jeder anderen geschlossenen Fläche vom topologischen Typus der Kugel kein singularitätenfreies Gaußsches Parameternetz. Zumindest ein singulärer Punkt muß in jedem Parameternetz auf solchen Flächen immer vorhanden sein.

11. Eulersche Darstellung der Flächen. Leonhard Euler (1760) gründete seine Entwicklung der Flächentheorie auf die explizite Gleichung der Fläche

$$z = z(x, y), \tag{11.1}$$

d.h., wenn man wie in (2. Bemerkung 2) $u = x$ und $v = y$ als Parameter verwendet, auf die spezielle vektorielle Parameterdarstellung

$$\mathfrak{x}(x, y) = x\mathfrak{e}_1 + y\mathfrak{e}_2 + z(x, y)\mathfrak{e}_3. \tag{11.2}$$

Ist die Funktion $z(x, y)$ dabei in einem Bereiche $\mathfrak{B}(x, y)$ eindeutig und stetig ableitbar, so stellen (1) und (2) ein in $\mathfrak{B}(x, y)$ glattes Flächenstück dar. Die Parameterlinien, in Ebenen $y = \text{const}$ (x-Linien) und $x = \text{const}$ (y-Linien) gelegen, bilden dann auf der Fläche ein reguläres Netz. Die Tangentenvektoren der Parameterlinien haben die Koordinaten

$$\left\| \begin{matrix} \mathfrak{x}_x \\ \mathfrak{x}_y \end{matrix} \right\| = \left\| \begin{matrix} 1, 0, p(x, y) \\ 0, 1, q(x, y) \end{matrix} \right\|, \quad \text{wobei} \quad \begin{cases} p = p(x, y) = z_x(x, y) \\ q = q(x, y) = z_y(x, y) \end{cases} \tag{11.3}$$

bedeutet. Der Normalenvektor der Fläche (1) lautet

$$\mathfrak{N} = [\mathfrak{x}_x \mathfrak{x}_y] = -\big(p(x, y)\mathfrak{e}_1 + q(x, y)\mathfrak{e}_2 - 1 \cdot \mathfrak{e}_3\big), \tag{11.4}$$

seine Länge ist

$$|\mathfrak{N}| = |[\mathfrak{x}_x \mathfrak{x}_y]| = \underset{+}{\sqrt{1 + p^2 + q^2}}\,. \tag{11.5}$$

Die metrischen Fundamentalgrößen der Fläche (1) sind

$$E = \mathfrak{x}_x^2 = 1 + p^2, \quad F = \mathfrak{x}_x \mathfrak{x}_y = pq, \quad G = \mathfrak{x}_y^2 = 1 + q^2; \tag{11.6}$$

das Quadrat ihres Bogenelementes ds hat daher die Gestalt

$$ds^2 = (1 + p^2)\, dx^2 + 2pq\, dx\, dy + (1 + q^2)\, dy^2. \tag{11.7}$$

Das Oberflächenelement der Fläche (1) lautet, wegen $W = |\mathfrak{N}| = \underset{+}{\sqrt{1+p^2+q^2}}$,

$$dO = W\, dx\, dy = \underset{+}{\sqrt{1+p^2+q^2}}\, dx\, dy. \tag{11.8}$$

12. Drehflächen. Dreht man die in der Ebene $y = 0$ liegende glatte Meridiankurve m mit der Darstellung

$$x = r,\ y = 0,\ z = f(r) \tag{12.1}$$

um die (lotrechte) z-Achse als Drehachse, so erhält man eine Drehfläche, deren Ortsvektor $\mathfrak{x} = \mathfrak{x}(r, \varphi)$, bei Verwendung der Polarkoordinaten (r, φ) der Grundrißebene $z = 0$ als Gaußsche Parameter, lautet

$$\mathfrak{x} = \mathfrak{x}(r, \varphi) = r\cos\varphi\, \mathfrak{e}_1 + r\sin\varphi\, \mathfrak{e}_2 + f(r)\, \mathfrak{e}_3. \tag{12.2}$$

Jede Drehfläche (außer den Drehzylindern, für die $r = \text{const}$ ist) kann durch (2) dargestellt werden. Dabei ist r der Abstand des Flächenpunktes von der Drehachse (z-Achse), und φ mit $0 \leqq \varphi < 2\pi$ ist der Drehwinkel gegen die Ebene $y = 0$ des Nullmeridians $\varphi = 0$ mit der Darstellung (1). Die Punkte mit den Polarkoordinaten $(r, \varphi \pm \pi)$ und $(-r, \varphi)$ sind identisch. Der Drehwinkel φ hat den Periodenmodul 2π.

Die Gleichung der Drehfläche in den Zylinderkoordinaten (r, φ, z) lautet

$$z = f(r). \tag{12.3}$$

Die r-Linien ($\varphi = \text{const}$) sind die Meridiankurven der Fläche (Schnitte mit vertikalen Ebenen durch die z-Achse), die φ-Linien ($r = \text{const}$) sind ihre Bahnkreise oder Parallelkreise (Schnitte mit horizontalen Ebenen). Beide zusammen überdecken die Fläche mit einem orthogonalen Parameternetz; also ist $F(r, \varphi) \equiv 0$.

Die Tangentenvektoren $\mathfrak{x}_r$ der Meridiane und $\mathfrak{x}_\varphi$ der Parallelkreise, die im Sinne wachsender Parameter r bzw. φ orientiert sind, haben die Koordinaten

$$\left\|\begin{matrix} \mathfrak{x}_r \\ \mathfrak{x}_\varphi \end{matrix}\right\| = \left\|\begin{matrix} \cos\varphi, & \sin\varphi, & f'(r) \\ -r\sin\varphi, & r\cos\varphi, & 0 \end{matrix}\right\|. \tag{12.4}$$

Der Normalenvektor

$$(12.5)\quad \mathfrak{N} = \mathfrak{N}(r, \varphi) = [\mathfrak{x}_r, \mathfrak{x}_\varphi] = -r\big(f'(r)\cos\varphi\,\mathfrak{e}_1 + f'(r)\sin\varphi\,\mathfrak{e}_2 - \mathfrak{e}_3\big)$$

ist, abgesehen von allfälligen Schnittpunkten der Fläche mit der Drehachse (Pole, $r = 0$), nie Nullvektor.

Diese Pole ($r = 0$, $z = f(0)$) der Drehfläche sind, falls sie existieren (ebenso wie die Pole der Kugel), die einzigen singulären Punkte des Koordinatennetzes (r, φ).

Die metrischen Fundamentalgrößen der Drehfläche (2) sind

$$(12.6)\quad \begin{cases} E = \mathfrak{x}_r^2 = 1 + f'^2(r),\ F = \mathfrak{x}_r\mathfrak{x}_\varphi = 0,\ G = \mathfrak{x}_\varphi^2 = r^2, \\ W = \sqrt{EG - F^2} = r\sqrt{1 + f'^2(r)}. \end{cases}$$

Das Quadrat ihres Linienelementes ds ist daher

$$(12.7)\quad ds^2 = (1 + f'^2(r))\,dr^2 + r^2 d\varphi^2.$$

Damit kann man den Bogen s jeder Kurve auf der Drehfläche berechnen. Wenn man z. B. die Gleichung ihres Grundrisses in der Gestalt $\varphi = \varphi(r)$ kennt, ist

$$(12.8)\quad s = \int \sqrt{1 + f'^2(r) + r^2\varphi'^2(r)}\; dr.$$

Bemerkung 1: Im Sonderfall $z = f(r) = 0$, d. h. $f'(r) = 0$, erhält man aus (7) das Bogenelementquadrat der Ebene $z = 0$ in Polarkoordinaten

$$(12.9)\quad ds^2 = dr^2 + r^2\, d\varphi^2.$$

Beispiel 1: Kettenfläche oder Katenoid nennt man jene Drehfläche, deren Meridian eine Kettenlinie (catena = Kette)

$$(12.10)\quad \begin{cases} r = p\cdot \operatorname{Cof}\dfrac{z}{p} \quad \text{oder} \\ z = f(r) = p\cdot \operatorname{ArCof}\dfrac{r}{p} = p\cdot \ln\dfrac{r + \sqrt{r^2 - p^2}}{p} \end{cases}$$

ist (Bild 3). Die Drehachse (z-Achse) ist dabei die Basis (Grundlinie) der Kettenlinie. Der Kehlkreis (= kleinste Parallelkreis) des Katenoids liegt in der Ebene $z = 0$ und hat den Radius $r_0 = p$.

Der Ortsvektor $\mathfrak{x}(r, \varphi)$ des Punktes $P(r, \varphi)$ der Kettenfläche ist nach (10)

$$(12.11)\quad \mathfrak{x} = \mathfrak{x}(r, \varphi) = r\cos\varphi\,\mathfrak{e}_1 + r\sin\varphi\,\mathfrak{e}_2 + p\operatorname{ArCof}\frac{r}{p}\,\mathfrak{e}_3$$

Aus (10) folgt $f'(r) = \frac{p}{\sqrt{r^2 - p^2}}$ und $1 + f'^2(r) = \frac{r^2}{r^2 - p^2}$; damit lautet das Quadrat des Linienelementes ds der Kettenfläche für $r^2 > p^2$

$$ds^2 = \frac{r^2}{r^2 - p^2} dr^2 + r^2 d\varphi^2. \tag{12.12}$$

Ist dann $r = r(\varphi)$ die Polargleichung des Grundrisses einer beliebigen Flächenkurve, so folgt für ihr Bogenelement ds die Formel

$$ds^2 = \left(\frac{r'^2(\varphi)}{r^2(\varphi) - p^2} + 1\right) r^2(\varphi) d\varphi^2. \tag{12.13}$$

13. Schraubflächen. Verschraubt man die in der Ebene $Y = 0$ liegende glatte Meridiankurve M der Darstellung

$$X = R, \quad Y = 0, \quad Z = F(R) \tag{13.1}$$

mit dem festen Schraubparameter $p \neq 0$ (d.h. mit der Ganghöhe $2p\pi \neq 0$) um die (lotrechte) Z-Achse als Schraubachse, so erhält man eine Schraubfläche, deren Ortsvektor $\mathfrak{X} = \mathfrak{X}(R, \Phi)$ bei Verwendung von Polarkoordinaten (R, Φ) der Grundrißebene $Z = 0$ als Gaußsche Parameter lautet

$$\mathfrak{X} = \mathfrak{X}(R, \Phi) = R\cos\Phi\,\mathfrak{e}_1 + R\sin\Phi\,\mathfrak{e}_2 + (F(R) + p\Phi)\mathfrak{e}_3. \tag{13.2}$$

Punkte (R, Φ) und $(R, \Phi + 2n\pi)$ mit $n = \pm 1, \pm 2, \ldots$ liegen in verschiedenen Gängen der Schraubfläche.

Die Gleichung der Schraubfläche (2) in Zylinderkoordinaten (R, Φ, Z) lautet

$$Z = F(R) + p\Phi. \tag{13.3}$$

Die R-Linien ($\Phi = \text{const}$) sind die Meridiankurven der Fläche (Schnitte mit vertikalen Ebenen durch die Z-Achse), die Φ-Linien ($R = \text{const}$) ihre Bahnschraublinien (Schnitte mit Drehzylindern um die Z-Achse).

Die Tangentenvektoren $\mathfrak{X}_R$ der Meridiane und $\mathfrak{X}_\Phi$ der Bahnschraublinien, die im Sinne wachsender R bzw. Φ orientiert sind, haben die Koordinaten

$$\left\| \begin{matrix} \mathfrak{X}_R \\ \mathfrak{X}_\Phi \end{matrix} \right\| = \left\| \begin{matrix} \cos\Phi & \sin\Phi & F'(R) \\ -R\sin\Phi & R\cos\Phi & p \end{matrix} \right\|. \tag{13.4}$$

Der Normalenvektor

$$\begin{aligned} \mathfrak{N} = \mathfrak{N}(R, \Phi) &= [\mathfrak{X}_R\,\mathfrak{X}_\Phi] = \\ &= \big(p\sin\Phi - RF'(R)\cos\Phi\big)\mathfrak{e}_1 - \\ &- \big(p\cos\Phi + RF'(R)\sin\Phi\big)\mathfrak{e}_2 + R\,\mathfrak{e}_3 \end{aligned} \tag{13.5}$$

ist wegen $p \neq 0$ nie Nullvektor; das aus Meridianen und Bahnschraublinien gebildete Netz der Parameterlinien der Schraubfläche (2) ist also überall regulär.

Mit den metrischen Fundamentalgrößen

$$\mathfrak{E} = \mathfrak{X}_R^2 = 1 + F'^2(R), \quad \mathfrak{F} = \mathfrak{X}_R \mathfrak{X}_\Phi = pF'(R), \quad \mathfrak{G} = \mathfrak{X}_\Phi^2 = R^2 + p^2 \tag{13. 6}$$

lautet das Quadrat des Linienelementes dS der Schraubfläche (2)

$$dS^2 = (1+F'^2(R))dR^2 + 2p\,F'(R)dR\,d\Phi + (R^2+p^2)d\Phi^2. \tag{13. 7}$$

Bemerkung 1: Die beiden Scharen der Parameterlinien $R = \text{const}$ und $\Phi = \text{const}$ der Schraubfläche bilden i. a. kein Orthogonalnetz, es sei denn, daß entweder $p = 0$ ist (Fall der Drehflächen), oder daß $F'(R) = 0$, d. h. $F(R) = \text{const}$ ist (Fall der Wendelfläche, deren Meridiane die Schraubachse normal schneidende Geraden, nämlich Hauptnormalen der Bahnschraublinien der Wendelfläche sind).

Das Bogenelementquadrat der Wendelfläche

$$Z = p\,\Phi + \text{const} \tag{13. 8}$$

oder

$$\mathfrak{X} = \mathfrak{X}(R, \Phi) = R\cos\Phi\,\mathfrak{e}_1 + R\sin\Phi\,\mathfrak{e}_2 + (p\Phi + \text{const})\mathfrak{e}_3 \tag{13. 9}$$

(Bild 3) lautet dann nach (7)

$$dS^2 = dR^2 + (R^2 + p^2)d\Phi^2. \tag{13. 10}$$

14. Stetige Verbiegung der Kettenfläche in die Wendelfläche. Ordnet man den Punkten $\mathfrak{x}(r, \varphi)$ der Kettenfläche (12. 11) jene Punkte $\mathfrak{X}(R, \Phi)$ der Wendelfläche (13. 9) zu, für welche

$$R = \sqrt[+]{r^2 - p^2}\,, \qquad \Phi = \varphi \tag{14. 1}$$

ist, so gilt, wenn Quadratwurzeln immer positiv gezogen werden, wegen

$$dR = \frac{r\,dr}{\sqrt{r^2 - p^2}}, \qquad d\Phi = d\varphi \tag{14. 2}$$

für entsprechende Bogenelemente dS der Wendelfläche (13. 9) und ds der Kettenfläche (12. 11) nach (13. 10) und (12. 12)

$$dS^2 = dR^2 + (R^2 + p^2)d\Phi^2 = \frac{r^2}{r^2 - p^2}dr^2 + r^2 d\varphi^2 = ds^2. \tag{14. 3}$$

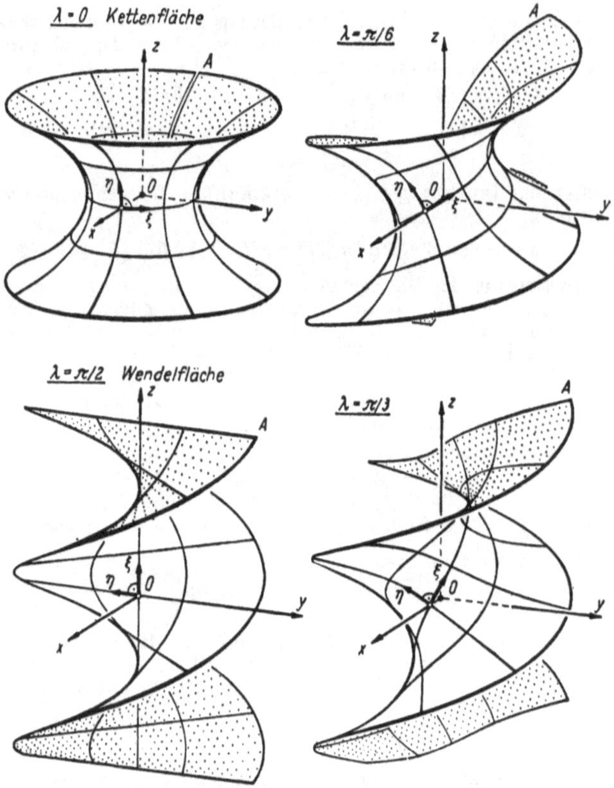

Bild 3. Kettenfläche (Katenoid) und Wendelfläche sind stetig ineinander verbiegbar. Die entstehenden Zwischenformen sind untereinander isometrische Schraubflächen (Zeichnung nach W. Wunderlich)

Durch die Formeln (1) sind somit die Kettenfläche (12. 11) und die Wendelfläche (13. 9) längentreu (und damit auch winkel- und flächentreu) aufeinander abgebildet. Die Flächenhäute dieser beiden Flächen tragen also (im Kleinen) dieselbe Metrik, sie sind isometrisch. Diese isometrische Beziehung zwischen

Kettenfläche und Wendelfläche hat F. A. Minding (1838) entdeckt.

Bei der längentreuen Abbildung (1) entsprechen den Meridianen der Kettenfläche (den Kettenlinien $\varphi = \text{const}$) die Meridiane der Wendelfläche (Erzeugende $\Phi = \text{const}$) und den (dazu orthogonalen) Parallelkreisen der Kettenfläche ($r = \text{const}$) die (orthogonalen) Bahnschraublinien der Wendelfläche ($R = \text{const}$). Insbesondere entspricht dem Kehlkreis der Kettenfläche ($r = p$) die Achse der Wendelfläche ($R = 0$). Die ganze Kettenfläche (12. 11) entspricht dabei genau einem Gange der Wendelfläche (13. 9).

Man kann sogar die Kettenfläche (12. 11) (*nachdem man sie längs der Meridiankurve* $\varphi = \pm \pi$ *aufgeschnitten hat*) *durch eine stetige Biegung ihrer Flächenhaut ohne Dehnung oder Schrumpfung auf einen* (*durch zwei Erzeugende* $\Phi = -\pi$ *und* $\Phi = +\pi$ *begrenzten*) *Gang der Wendelfläche* (13. 9) *abwickeln, wobei alle entstehenden Zwischenformen untereinander, insbesondere auch zur Kettenfläche* (12. 11) *und auch zur Wendelfläche* (13. 9) *längentreu sind.*

Die Zwischenflächen $\mathfrak{x} = \mathfrak{x}(r, \varphi, \lambda) = \mathfrak{x}(\lambda)$, die bei diesem von dem Parameter λ stetig abhängigen Biegungsvorgange aus der Kettenfläche (12. 11) entstehen, haben die folgende Parameterdarstellung:

$$(14.\,4)\quad \mathfrak{x} = \mathfrak{x}(r, \varphi, \lambda) \begin{cases} x(\lambda) = r\cos\varphi\cos\lambda + \sqrt{r^2 - p^2}\sin\varphi\sin\lambda, \\ y(\lambda) = r\sin\varphi\cos\lambda - \sqrt{r^2 - p^2}\cos\varphi\sin\lambda, \\ z(\lambda) = p\,\mathfrak{ArCof}\left(\dfrac{r}{p}\right)\cos\lambda + p\varphi\sin\lambda. \end{cases}$$

Darin ist für $\lambda = 0$ die Kettenfläche (12. 11) enthalten und für $\lambda = \pi/2$ die Fläche

$$(14.5)\quad \mathfrak{x}(r, \varphi, \pi/2) = \underset{+}{\sqrt{r^2 - p^2}}\sin\varphi\,\mathfrak{e}_1 - \underset{+}{\sqrt{r^2 - p^2}}\cos\varphi\,\mathfrak{e}_2 + p\,\varphi\,\mathfrak{e}_3,$$

d. i., wenn wir ohne Änderung des Parameternetzes statt (r, φ) neue Parameter ($R = r$, $\Phi = \varphi + \pi/2$) einführen, die Wendelfläche

$$(14.6)\quad \mathfrak{X} = \mathfrak{X}(R, \Phi) = R\cos\Phi\,\mathfrak{e}_1 + R\sin\Phi\,\mathfrak{e}_2 + (p\Phi - p\pi/2)\,\mathfrak{e}_3,$$

die mit (13. 9) identisch ist, wenn dort $\text{const} = -p\pi/2$ gesetzt wird.

Bemerkung 1: Auch alle (zu festen Werten von λ gehörigen) Zwischenflächen (4) sind Schraubflächen; sie entstehen nämlich aus der Raumkurve (Linie $\varphi = 0$)

$$(14.7) \qquad \mathfrak{x}^* = \mathfrak{x}^*(r) \begin{cases} x^* = r\cos\lambda\,, \\ y^* = -\sqrt{r^2 - p^2}\sin\lambda\,, \\ z^* = p\,\mathfrak{ArCof}\left(\dfrac{r}{p}\right)\cos\lambda \end{cases}$$

durch die Schraubung um die z-Achse mit dem Parameter $p^* = p\sin\lambda$. Die Raumkurve (7), die eine Orthogonaltrajektorie der Bahnschraublinien von (4) ist, hat, wenn $\lambda \neq 0$ und $\lambda \neq \pi/2$ ist, als Normalriß auf die (x, y)-Ebene (Grundriß) die Hyperbel

$$(14.8) \qquad \frac{x^{*2}}{p^2\cos^2\lambda} - \frac{y^{*2}}{p^2\sin^2\lambda} = 1$$

und, wenn $\lambda \neq \pi/2$ ist, als Normalriß auf die (x, z)-Ebene (Kreuzriß) die Kettenlinie (hyperbolische Kosinuslinie)

$$(14.9) \qquad \frac{x^*}{p\cos\lambda} = \mathfrak{Cof}\,\frac{z^*}{p\cos\lambda}\,,$$

schließlich als Normalriß auf die (y, z)-Ebene (Aufriß) die hyperbolische Sinuslinie

$$(14.10) \qquad -\frac{y^*}{p\sin\lambda} = \mathfrak{Sin}\,\frac{z^*}{p\cos\lambda}\,.$$

Die Raumkurve (7) ist eine zur gemeinen Schraublinie komplexaffine Böschungslinie, nämlich eine Pseudoschraublinie.

Man rechnet leicht nach, daß die metrischen Fundamentalgrößen aller Flächen $\mathfrak{x}(r, \varphi, \lambda)$ der Schar (4) die von λ unabhängigen Werte

$$(14.11) \qquad E = \frac{r^2}{r^2 - p^2}\,, \quad F = 0, \quad G = r^2$$

haben. Alle Flächen (4) besitzen daher dasselbe Bogenelementquadrat

$$(14.12) \qquad ds^2 = \frac{r^2}{r^2 - p^2}\,dr^2 + r^2 d\varphi^2$$

und sind somit zueinander isometrisch.

Ordnet man also auf irgend zwei zu verschiedenen Werten $\lambda_1 \neq \lambda_2$ gehörigen Flächen $\mathfrak{x}(r, \varphi, \lambda_1)$ und $\mathfrak{x}(r, \varphi, \lambda_2)$ Punkte mit gleichen Parametern (r, φ) des Bereichs $r^2 > p^2$, $-\pi \leqq \varphi \leqq +\pi$ einander zu, so sind die beiden Flächen längentreu aufeinander bezogen. Man kann die Flächen sogar durch stetige Verbiegung ihrer Flächenhäute so aufeinander abwickeln, daß in der Isometrie einander entsprechende Punkte (r, φ) sich decken. Man muß dazu nur in den Formeln (4) den Parameter λ stetig von λ_1 nach λ_2 laufen lassen.

Zusammenfassend gilt so (Bild 3) der

Satz 1: *Läuft in der Darstellung* (4) *der Flächenschar* $\mathfrak{x}=\mathfrak{x}(r, \varphi, \lambda)$ *der Parameter* λ *stetig von* 0 *nach* $\pi/2$, *so beschreiben die Formeln* (4) *einen stetigen Biegungsprozeß, bei dem die Kettenfläche* $(\lambda = 0)$, *stetig alle Zwischenflächen* $\mathfrak{x}(r, \varphi, \lambda)$ *durchlaufend, schließlich in einen vollen Gang der Wendelfläche* $(\lambda = \pi/2)$ *verbogen wird.*

Übrigens findet man, daß alle Flächen $\mathfrak{x}(r, \varphi, \lambda)$ der Biegungsschar (4) in entsprechenden Punkten (r, φ) parallele Normalenvektoren

$$(14.13)\qquad \mathfrak{N} = \mathfrak{N}(r, \varphi) = -r\left\{\frac{p\cos\varphi}{\underset{+}{\sqrt{r^2-p^2}}}\,\mathfrak{e}_1 + \frac{p\sin\varphi}{\underset{+}{\sqrt{r^2-p^2}}}\,\mathfrak{e}_2 - \mathfrak{e}_3\right\}$$

und damit auch parallele Tangentenebenen haben.

Die Isometrie der Kettenfläche und der Wendelfläche entdeckte schon Minding (1838); die Möglichkeit ihrer stetigen Verbiegung (4) ineinander erkannte Karl Peterson (1868) und vor allem Hermann Amandus Schwarz (1874), von dem auch die Bemerkung stammt, daß bei dem stetigen Biegungsvorgang (4) jeder Punkt $P(x, y, z)$ der Kettenfläche eine Ellipse mit dem Mittelpunkte $O(0, 0, 0)$ beschreibt, welche entsprechende Punkte $\mathfrak{x}(r, \varphi, 0)$ und $\mathfrak{x}(r, \varphi, \pi/2)$ der Kettenfläche und Wendelfläche als Endpunkte konjugierter Halbmesser besitzt.

Bemerkung 2: Satz von Bour. Die Eigenschaft der Wendelfläche, zur Kettenfläche isometrisch zu sein, ist nur der einfachste Sonderfall des allgemeinen Satzes von Edouard Bour (1862), daß es zu jeder Schraubfläche stets isometrische Drehflächen gibt. Den Bahnschraublinien der Schraubfläche entsprechen dabei isometrisch die Parallelkreise der Drehfläche.

Z. B. kann die geschlossene schiefe Regelschraubfläche (deren Erzeugenden die Schraubachse schiefwinkelig schneiden) auf ein einschaliges Drehhyperboloid isometrisch abgebildet werden, und zwar sogar so, daß den geradlinigen Erzeugenden der Schraubfläche dabei die geradlinigen Erzeugenden (der einen Schar) des Drehhyperboloids entsprechen.

15. Isometrie und Verbiegung. Nach (6. Satz 3) heißen zwei (glatte) Flächenstücke $\mathfrak{x}(u, v)$ und $\bar{\mathfrak{x}}(\bar{u}, \bar{v})$, auf denen sich Punkte $P(u, v)$ und $\overline{P}(\bar{u}, \bar{v})$ mit gleichen Parametern $u = \bar{u}, v = \bar{v}$ entsprechen, isometrisch, wenn sie dieselben metrischen Fundamentalgrößen

$$(15.1)\quad E(u,v) = \overline{E}(u,v), F(u,v) = \overline{F}(u,v), G(u,v) = \overline{G}(u,v)$$

haben. Weil dann auf ihnen auch der Flächenrichtung (du, dv) des Punktes P die Flächenrichtung $(d\bar{u}, d\bar{v}) = (du, dv)$ des Punktes $\overline{P}$ zugeordnet ist, sind entsprechende Bogenelemente ds und $d\bar{s}$ der beiden Flächen identisch:

$$(15.2)\quad ds^2 = E(u,v)\,du^2 + 2F(u,v)\,du\,dv + G(u,v)\,dv^2 = d\bar{s}^2.$$

Daher sind auch die Bogenlängen s und $\bar{s}$ entsprechender Flächenkurven einander gleich. Jede isometrische Abbildung zweier Flächenstücke aufeinander ist also eine längentreue Abbildung und umgekehrt. Aus der Längentreue folgt aber von selbst die Winkeltreue und die Flächentreue der Abbildung, also die Invarianz aller metrischen Verhältnisse; beide Flächen besitzen dieselbe Metrik, sie sind isometrisch.

Zwei zueinander isometrische Flächenstücke können äußerlich sehr verschieden aussehen, d. h. verschiedene äußere Geometrien (z. B. verschiedene Krümmungsverhältnisse) besitzen; ihre Flächenhäute können nämlich ganz verschieden in den Raum eingebettet sein. In ihrer inneren Geometrie, d. h. in allen Eigenschaften, die sich nur auf die den Flächen eigene (gemeinsame) Metrik beziehen, stimmen die isometrischen Flächen jedoch überein.

Beispiel 1: Wir werden z. B. sehen, daß die Metrik (innere Geometrie) einer reellen Ebene und eines Drehzylinders im Kleinen identisch sind; man kann nämlich die Bogenelementquadrate beider Flächen auf die Gestalt $ds^2 = du^2 + dv^2 = ds^2$ bringen, oder den Zylinder in die Ebene abwickeln. Nur die Art der Einbettung der Flächenhäute der Ebene und des Zylinders in den Raum ist unterschiedlich. Ebene und Zylinder haben also dieselbe innere Geometrie aber verschiedene äußere Geometrien, sie haben dieselbe Metrik, aber verschiedene Krümmungsverhältnisse.

Weil die erstmals von C. F. Gauß (1827) untersuchte innere Geometrie einer Fläche $\mathfrak{x} = \mathfrak{x}(u, v)$ nur von ihrer Metrik abhängt und daher für alle zu ihr isometrischen Flächen identisch ist, benötigt die analytische Beschreibung aller inneren Eigenschaften eines genügend kleinen Flächenstücks nur die drei metrischen Fundamentalgrößen $E(u, v), F(u, v), G(u, v)$. Umgekehrt stellt jede Größe, in der lediglich diese drei metrischen Fundamentalgrößen (und ihre Ableitungen nach den Parametern u, v) vorkommen, eine Invariante (Differentialinvariante) gegenüber isometrischen Abbildungen der Fläche dar.

Verbiegt man ein Flächenstück stetig, ohne seine Metrik zu ändern (d.h. ohne Dehnen oder Schrumpfen der Flächenhaut), so bleibt seine innere Geometrie unverändert; die äußere Geometrie des Flächenstücks wird jedoch stetig verändert. Jede neue Lage der stetig verbogenen Fläche ist zur Ausgangsfläche und zu allen ihren Zwischenlagen isometrisch.

Dabei ist jedoch folgendes zu beachten: Während zwei auseinander durch stetige Biegung hervorgehende Flächen von selbst isometrisch (längentreu abbildbar) sind, ist es umgekehrt keineswegs immer möglich, zwei isometrische Flächenstücke durch stetige Biegung ineinander überzuführen. Die Eigenschaften zweier Flächen, isometrisch zu sein bzw. stetig ineinander verbiegbar zu sein, müssen also genau unterschieden werden. *Tatsächlich gibt es Größen, die bei stetigen Biegungen einer Fläche invariant sind, bei beliebigen isometrischen Abbildungen der Fläche jedoch verändert werden.*

Ein Beispiel dafür ist nach Heinz Schilt (1937) die Sattelordnung n eines isolierten parabolischen

Flächenpunktes, d. h. die Anzahl $n+1$ der Bergrücken bzw. Täler, die von einem Punkte mit verschwindender Gaußscher Flächenkrümmung ($K=0$) ausstrahlen, in dessen Umgebung nur Punkte negativer Gaußscher Krümmung ($K<0$) liegen. *Die Sattelordnung n bleibt dann bei stetigen Biegungen der Fläche ungeändert. Es gibt jedoch isometrische Flächen, auf denen sich isolierte parabolische Punkte verschiedener Sattelordnungen $n \neq \bar{n}$ entsprechen. Solche Flächen können daher, trotz ihrer Isometrie, nicht stetig mit Erhaltung ihrer Metrik ineinander verbogen werden.*

Die Sattelordnung n von isolierten parabolischen Punkten beschreibt somit keine innere Eigenschaft einer Fläche. Als **innere Eigenschaften** einer Fläche sollen vielmehr nur solche Eigenschaften bezeichnet werden, die bei *beliebigen* längentreuen Abbildungen der Fläche ungeändert bleiben, d. h. die **gegenüber beliebigen Isometrien invariant** sind.

Bemerkung 1: Man nennt eine stetige Biegung von Flächen häufig auch eine endliche Biegung oder eine Abwicklung. Zwei zueinander bloß isometrische Flächenstücke müssen also noch nicht aufeinander abwickelbar (d. h. stetig ineinander verbiegbar) sein.

Die weiteren Betrachtungen dieses Bandes beschäftigen sich hauptsächlich mit Fragen der Metrik und der inneren Geometrie von Flächen und der Abbildung von Flächen aufeinander. Dabei interessiert besonders auch das Verhalten von Ortsfunktionen und von Vektorfeldern auf der Fläche und die Frage nach den kürzesten Linien auf Flächen (Theorie der geodätischen Linien). Neben den isometrischen Abbildungen von Flächen aufeinander behandeln wir auch noch wegen ihrer Bedeutung für die Anwendungen (Funktionentheorie, Kartenprojektion) die winkeltreuen (konformen) und die flächentreuen Abbildungen. Nur nebenbei werden auch Fragen der äußeren Geometrie der Flächen behandelt werden. Die eigentliche Krümmungstheorie der Flächen wird dann der Hauptgegenstand des folgenden III. Bandes sein, in dem dann auch die höheren Teile der inneren Flächentheorie, die sich um den Begriff der Gaußschen Krümmung der Fläche ranken, behandelt werden sollen.

Zunächst wollen wir uns noch mit einigen einfacheren Flächenklassen, nämlich mit den Ebenen, Kegeln, Zylindern, Torsen und den allgemeinen Regelflächen befassen, und besonders ihr metrisches Verhalten und Fragen ihrer Abwickelung kennen lernen.

16. Metrik der euklidischen Ebene. Durch den Ortsvektor

(16. 1) $$\mathfrak{x} = \mathfrak{x}(u,v) = x(u,v)\mathfrak{e}_1 + y(u,v)\mathfrak{e}_2 \quad \text{mit } W = \frac{\partial(x,y)}{\partial(u,v)} \neq 0$$

ist in einem Bereiche $\mathfrak{B}(u, v)$, in dem die Gaußschen krummlinigen Koordinaten $x(u, v)$ und $y(u, v)$ eindeutig und stetig ableitbar sind, unter der Voraussetzung $W \neq 0$ die euklidische (nichtisotrope) Ebene $z = 0$ bestimmt.

Die Tangentenvektoren der Parameterlinien $v = \text{const}$ und $u = \text{const}$ sind .

(16. 2) $$\mathfrak{x}_u = x_u\mathfrak{e}_1 + y_u\mathfrak{e}_2, \quad \mathfrak{x}_v = x_v\mathfrak{e}_1 + y_v\mathfrak{e}_2.$$

Ihr Außenprodukt ist wegen $[\mathfrak{e}_1\mathfrak{e}_2] = \mathfrak{e}_3 \neq \mathfrak{o}$

(16. 3) $$[\mathfrak{x}_u\,\mathfrak{x}_v] = \begin{vmatrix} x_u & y_u \\ x_v & y_v \end{vmatrix} [\mathfrak{e}_1\mathfrak{e}_2] = W\mathfrak{e}_3 \neq \mathfrak{o}.$$

Das Bogenelementquadrat der Ebene lautet

(16. 4) $$ds^2 = d\mathfrak{x}^2 = (\mathfrak{x}_u du + \mathfrak{x}_v dv)^2 = E du^2 + 2F du dv + G dv^2,$$

wobei

(16. 5) $$E = \mathfrak{x}_u^2 = x_u^2 + y_u^2, \quad G = \mathfrak{x}_v^2 = x_v^2 + y_v^2$$
$$F = \mathfrak{x}_u\mathfrak{x}_v = x_u x_v + y_u y_v,$$

ist. Die Koordinatenlinien bilden miteinander den Winkel φ mit

(16. 6) $$\cos\varphi = \frac{F}{\sqrt{EG}}, \quad \sin\varphi = \frac{W}{\sqrt{EG}},$$

vorausgesetzt, daß $E = \mathfrak{x}_u^2 \neq 0$ und $G = \mathfrak{x}_v^2 \neq 0$ ist, d. h. daß die Tangentenvektoren $\mathfrak{x}_u, \mathfrak{x}_v$ der Parameterlinien nicht isotrop sind. $F(u, v) \equiv 0$ kennzeichnet orthogonale Parameternetze.

Bemerkung 1: Im Sonderfall können x und y auch lineare Funktionen von u und v sein. Dann ergibt sich die folgende Darstellung der euklidischen Ebene $z = 0$:

(16. 7) $\quad \mathfrak{x} = x\mathfrak{e}_1 + y\mathfrak{e}_2 = (\alpha_1 u + \beta_1 v)\mathfrak{e}_1 + (\alpha_2 u + \beta_2 v)\mathfrak{e}_2,$

mit der Voraussetzung für die Konstanten α, β:

(16. 8) $$W = \frac{\partial(x, y)}{\partial(u, v)} = \begin{vmatrix} \alpha_1 & \beta_1 \\ \alpha_2 & \beta_2 \end{vmatrix} \neq 0.$$

Die Parameter (u, v) heißen affine (schiefwinkelige) Koordinaten der Ebene. Die Parameterlinien $u =$ const und $v =$ const bilden ein schiefwinkeliges Parallelennetz, dessen Parallelen die Richtungen

(16. 9) $\quad \mathfrak{x}_u = \alpha_1 \mathfrak{e}_1 + \alpha_2 \mathfrak{e}_2, \quad \mathfrak{x}_v = \beta_1 \mathfrak{e}_1 + \beta_2 \mathfrak{e}_2$

haben. Aus

(16.10) $$E = \mathfrak{x}_u^2 = \alpha_1^2 + \alpha_2^2, \quad G = \mathfrak{x}_v^2 = \beta_1^2 + \beta_2^2, \quad F = \mathfrak{x}_u \mathfrak{x}_v = \alpha_1 \beta_1 + \alpha_2 \beta_2$$

folgt für das Bogenelement ds die Formel

(16. 11) $$ds^2 = (\alpha_1^2 + \alpha_2^2) du^2 + 2(\alpha_1 \beta_1 + \alpha_2 \beta_2) du\, dv + (\beta_1^2 + \beta_2^2) dv^2.$$

Das ist eine quadratische Differentialform mit konstanten Vorzahlen, die für reelle $\alpha_1, \alpha_2, \beta_1, \beta_2$ wegen

(16. 12) $$EG - F^2 = \begin{vmatrix} \alpha_1 & \beta_1 \\ \alpha_2 & \beta_2 \end{vmatrix}^2 = [\mathfrak{x}_u \mathfrak{x}_v]^2 = W^2 > 0$$

positiv definit ist, und für die $E > 0$ und $G > 0$ ist.

Umgekehrt kann jedes vorgegebene Bogenelement ds, dessen Quadrat die Form

(16. 13) $$ds^2 = E du^2 + 2F du dv + G dv^2$$

mit reellen konstanten Vorzahlen $E > 0, F, G > 0$ hat, wenn $W^2 = EG - F^2 > 0$ ist, stets als Bogenelement einer euklidischen (d. h. nicht isotropen) Ebene in einem geeigneten schiefwinkeligen Koordinatensystem aufgefaßt werden. Der Koordinatenwinkel φ ist dabei durch die Formeln (6) eindeutig (mod. 2π) bestimmt. Es genügt nämlich, in (7) mit beliebigem σ

(16. 14) $$\alpha_1 = \sqrt{E} \cos \sigma, \quad \beta_1 = \sqrt{G} \cos(\sigma + \varphi)$$
$$\alpha_2 = \sqrt{E} \sin \sigma, \quad \beta_2 = \sqrt{G} \sin(\sigma + \varphi)$$

zu setzen. Dann hat die Ebene (7) das Bogenelementquadrat (13).

Aus diesen Überlegungen folgt

Satz 1: *Jede reelle Fläche, deren Bogenelement* (13) *reelle konstante Vorzahlen* $E > 0$, $F, G > 0$ *mit* $EG - F^2 > 0$ *hat, kann man längentreu (isometrisch) auf eine reelle euklidische Ebene abbilden.*

Bemerkung 2: Auch die allgemeine lineare Parameterdarstellung

(16. 15) $$x = \alpha_1 u + \beta_1 v, \; y = \alpha_2 u + \beta_2 v, \; z = \alpha_3 u + \beta_3 v$$

mit konstanten α und β stellt eine Ebene dar, wobei $\mathfrak{x}_u = (\alpha_1, \alpha_2, \alpha_3)$ und $\mathfrak{x}_v = (\beta_1, \beta_2, \beta_3)$ nicht proportional ($[\mathfrak{x}_u \mathfrak{x}_v] \neq \mathfrak{o}$) und

(16. 16) $$E = \sum \alpha^2, \; F = \sum \alpha\beta, \; G = \sum \beta^2$$

ist und das Bogenelement (13) wieder konstante Vorzahlen hat. Diese Ebene (15) ist nichtisotrop (euklidisch), wenn

(16. 17) $$W^2 = EG - F^2 = \sum \alpha^2 \sum \beta^2 - (\sum \alpha\beta)^2 \neq 0$$

ist, und sie ist nach (7. Satz 1) isotrop, wenn $W^2 = 0$ ist.

Das Bogenelement einer isotropen Ebene (15) kann sogar in der rationalen Form

(16. 18) $$ds = \sqrt{E}\, du + \sqrt{G}\, dv$$

geschrieben werden, die stets sinnvoll ist. E und G können nämlich nicht gleichzeitig verschwinden, weil eine isotrope Ebene nur eine einzige isotrope Richtung enthält.

17. Kegel. Verbindet man die Punkte der (im Reellen) zweimal stetig ableitbaren oder (im Komplexen) analytischen Leitlinie

(17. 1) $$\mathfrak{y} = \mathfrak{y}(u),$$

die 1. krumm ist und 2. nicht in einer Ebene durch den Nullpunkt O liegen soll, d. h. für die nach (II. 3. Bem. 1 und 2)

(17. 2) $$[\mathfrak{y}' \mathfrak{y}''] \neq \mathfrak{o} \quad \text{und} \quad [\mathfrak{y}\, \mathfrak{y}' \mathfrak{y}''] \neq 0$$

sein soll, mit dem Nullpunkte O durch die geraden Linien

(17. 3) $$\mathfrak{x} = v \cdot \mathfrak{y}(u),$$

so entsteht eine Kegelfläche mit der Gaußschen Darstellung (3), deren u-Linien ($v = \text{const}$) zur Leitlinie (1) zentrisch ähnliche

Kurven sind, während die v-Linien ($u = \text{const}$) die durch den Kegelscheitel O laufenden Mantellinien (Erzeugenden des Kegels) sind. Deren Tangentenvektoren sind

$$\mathfrak{x}_u = v\mathfrak{y}'(u), \quad \mathfrak{x}_v = \mathfrak{y}(u). \tag{17. 4}$$

Die metrischen Fundamentalgrößen

$$E = \mathfrak{x}_u^2 = v^2\mathfrak{y}'^2, \; F = \mathfrak{x}_u\mathfrak{x}_v = v(\mathfrak{y}'\mathfrak{y}), \; G = \mathfrak{x}_v^2 = \mathfrak{y}^2 \tag{17. 5}$$

liefern das Bogenelementquadrat des Kegels

$$ds^2 = v^2\mathfrak{y}'^2du^2 + 2v(\mathfrak{y}'\,\mathfrak{y})du dv + \mathfrak{y}^2dv^2. \tag{17. 6}$$

Da auf jedem Kegel auch nichtisotrope Linien (1) mit $\mathfrak{y}'^2(u) \not\equiv 0$ liegen, kann man annehmen, daß u die Bogenlänge der Leitlinie (1) ist, d. h. stets $\mathfrak{y}'^2(u) \equiv 1$ gilt.

Es sind dann zwei Fälle zu unterscheiden.

Fall 1. Nichtisotroper Kegel: Die Mantellinien des Kegels sind nichtisotrop, d. h. $\mathfrak{y}^2(u) \not\equiv 0$. Der Kegel heißt dann nichtisotrop. Schneidet man ihn mit der um seinen Scheitel O geschlagenen Einheitskugel, so entsteht eine krumme Kurve, die man als Leitlinie $\mathfrak{y}(u)$ wählen kann. Dann wird $\mathfrak{x}_v^2 = \mathfrak{y}^2(u) \equiv 1$, also $(\mathfrak{y}'\,\mathfrak{y}) \equiv 0$. Das Bogenelement jedes nichtisotropen Kegels kann also stets in der Form geschrieben werden:

$$ds^2 = v^2du^2 + dv^2. \tag{17. 7}$$

Der Ausdruck (7) wird mit dem Bogenelement (12. 9) der euklidischen (nichtisotropen) Ebene in Polarkoordinaten identisch, wenn man $u = \varphi$ und $v = r$ setzt. Also gilt:

Satz 1: *Jeder reelle zweimal stetig ableitbare (bzw. komplexe analytische) nichtisotrope Kegel kann in die euklidische Ebene längentreu abgebildet werden, wobei den Mantellinien des Kegels und den dazu orthogonalen Schnitten mit konzentrischen Kugeln in der Ebene die Strahlen* $\varphi = \text{const}$ *eines Zentrums* O *und die Kreise* $r = \text{const}$ *um* O *entsprechen. Diese Abbildung kann sogar durch eine stetige Verbiegung (Abwicklung) des Kegels auf die euklidische Ebene verwirklicht werden, indem man den Kegel auf einer festen Tangentenebene abrollen läßt.*

Fall 2. Isotroper Kegel: Die Mantellinien des Kegels sind isotrop, d. h. $\mathfrak{x}_v^2 = \mathfrak{y}^2(u) \equiv 0$, also auch $\mathfrak{y}'\,\mathfrak{y} \equiv 0$. Es liegt ein isotroper Kegel vor. Durch eine zu (II. 21. Bem. 1) ähnliche Rechnung bestätigt man, daß dann $[\mathfrak{y}\,\mathfrak{y}'\,\mathfrak{y}''] = -(\mathfrak{y}'^2)^3$ ist. Aus (2) folgt, daß auch in diesem Falle $\mathfrak{y}'^2(u) \not\equiv 0$ ist.

Man kann daher wieder den Bogen der Leitkurve $\mathfrak{y}(u)$ als Parameter u verwenden, d. h. $\mathfrak{y}'^2(u) \equiv 1$ setzen, und erhält schließlich aus (6) das Bogenelement des isotropen Kegels in der rationalen Gestalt

$$ds = v \cdot du, \tag{17. 8}$$

die sich auf keine Art in das aus (7. 18) bekannte ebenfalls rationale Bogenelement $ds = dx$ der isotropen Ebene $y + iz = 0$ transformieren läßt. Es folgt

Satz 2: *Es ist nicht möglich, den isotropen Kegel isometrisch auf die isotrope Ebene abzubilden.*

Geometrisch liegt dies daran, daß sich bei einer längentreuen Abbildung zweier Flächen die Systeme der isotropen Linien ($ds = 0$) entsprechen müssen; bei einem isotropen Kegel schneiden sich aber die isotropen Linien in einem eigentlichen Punkte, während sie in der isotropen Ebene sich nicht schneiden, sondern parallel sind.

Bemerkung 1: Nicht alle reellen Kegel sind in die euklidische Ebene abwickelbar. Notwendig und hinreichend für die Abwickelbarkeit eines Kegels in die Ebene ist, daß sein Schnitt mit einer um den Scheitel gelegten Kugel eine streckbare (rektifizierbare) Kurve sei.

18. Zylinder. Zieht man durch die Punkte der krummen (im Reellen) zweimal stetig ableitbaren bzw. (im Komplexen) analytischen Leitlinie

$$\mathfrak{y} = \mathfrak{y}(u) \quad (\text{mit } [\mathfrak{y}'\,\mathfrak{y}''] \not\equiv \mathfrak{o}) \tag{18. 1}$$

parallele Geraden in der Richtung des konstanten Vektors $\mathfrak{z} \neq \mathfrak{o}$, so entsteht ein Zylinder der Erzeugendenrichtung $\mathfrak{z}$. Die Gaußsche Parameterdarstellung der Zylinderfläche lautet dann

$$\mathfrak{x} = \mathfrak{x}(u, v) = \mathfrak{y}(u) + v\,\mathfrak{z}. \tag{18. 2}$$

Bemerkung 1: Im Grenzfall kann auch ein Parallelenbüschel entstehen, wenn 1. die Leitlinie (1) des Zylinders eine ebene Kurve, also $[\mathfrak{y}'\,\mathfrak{y}''\,\mathfrak{y}'''] \equiv 0$ ist, und wenn 2. die Richtung $\mathfrak{z}$ in der Kurvenebene (Normalenvektor $\mathfrak{N} = [\mathfrak{y}'\,\mathfrak{y}''])$ liegt, also $(\mathfrak{N}\mathfrak{z}) = [\mathfrak{y}'\,\mathfrak{y}''\,\mathfrak{z}] \equiv 0$ ist.

Wir schließen diesen trivialen Grenzfall aus und nehmen also an:

(18. 3) **falls $[\mathfrak{y}'\,\mathfrak{y}''\,\mathfrak{y}'''] \equiv 0$ ist, soll $[\mathfrak{y}'\,\mathfrak{y}''\,\mathfrak{z}] \not\equiv 0$ sein.**

Die u-Linien des Zylinders sind nach (2) schiebungskongruent zur Leitlinie $\mathfrak{y}(u)$, die v-Linien sind seine geradlinigen Erzeugenden. Die Tangentenvektoren $\mathfrak{x}_u$, $\mathfrak{x}_v$ der Parameterlinien lauten

$$\mathfrak{x}_u = \mathfrak{y}'(u), \quad \mathfrak{x}_v = \mathfrak{z}. \tag{18. 4}$$

Wegen $[\mathfrak{y}'\,\mathfrak{y}''] \not\equiv \mathfrak{o}$ ist dabei $[\mathfrak{x}_u\,\mathfrak{x}_v] = [\mathfrak{y}'\,\mathfrak{z}] \not\equiv \mathfrak{o}$. Im Gegenfalle $[\mathfrak{y}'\,\mathfrak{z}] \equiv \mathfrak{o}$ wäre nämlich $\mathfrak{y}' = \lambda(u)\,\mathfrak{z}$, $\mathfrak{y}'' = \lambda'\,\mathfrak{z}$ und daher $[\mathfrak{y}'\,\mathfrak{y}''] \equiv \mathfrak{o}$.

Die Fundamentalgrößen des Zylinders (2) sind daher

$$E(u) = \mathfrak{y}'^2\,(u), \; F(u) = \mathfrak{y}'\,\mathfrak{z}, \; G = \mathfrak{z}^2, \tag{18. 5}$$

und das Quadrat seines Linienelements ist

$$ds^2 = \mathfrak{y}'^2\,du^2 + 2(\mathfrak{y}'\,\mathfrak{z})du\,dv + \mathfrak{z}^2 dv^2. \tag{18. 6}$$

Es sind nun zwei Fälle möglich:

Fall 1: Die Erzeugenden des Zylinders sind nichtisotrop, d. h. $\mathfrak{z}^2 \neq 0$. Man kann dann den Vektor $\mathfrak{z}$ als Einheitsvektor wählen, d. h. $\mathfrak{z}^2 = 1$ setzen. Weil bei einem solchen **nichtisotropen Zylinder** die Normalebenen zur Richtung $\mathfrak{z}$ ebenfalls nicht isotrop sind und daher den Vektor $\mathfrak{z}$ nicht enthalten, kann man die Leitkurve (1) als ebenen Normalschnitt der Zylinderfläche und ihren Bogen als Parameter u wählen. Der Normalschnitt ist dann (im Reellen) zweimal stetig ableitbar bzw. (im Komplexen) analytisch. Dann wird $(\mathfrak{y}'\,\mathfrak{z}) \equiv 0$ und $\mathfrak{y}'^2 \equiv 1$, und das Bogenelementquadrat des nichtisotropen Zylinders lautet nach (6)

$$ds^2 = du^2 + dv^2. \tag{18. 7}$$

Wegen seiner Identität mit dem Bogenelementquadrat der euklidischen (u, v)-Ebene sind beide Flächen zueinander isometrisch. Den geraden Mantellinien ($u = \text{const}$) des Zylinders entsprechen dabei parallele Geraden der Ebene. Es gilt somit

Satz 1: *Jeder nichtisotrope (zweimal stetig ableitbare bzw. analytische) Zylinder ist auf die euklidische (nicht isotrope) Ebene isometrisch abbildbar. Diese isometrische Abbildung kann sogar durch eine stetige Verbiegung (Abwicklung) des Zylinders auf die euklidische Ebene verwirklicht werden, indem man den Zylinder auf einer festen Tangentenebenen abrollen läßt.*

Fall 2: Die Erzeugenden des Zylinders sind isotrop, d. h. $\mathfrak{z}^2 = 0$. Alle Normalschnitte eines solchen **isotropen Zylinders** liegen dann in Ebenen, die zur Erzeugendenrichtung $\mathfrak{z}$ parallel sind; sie sind daher wegen (3) nicht als Leitkurven $\mathfrak{y}(u)$ wählbar. Dagegen wäre z. B. jeder andere ebene Schnitt des isotropen Zylinders als Leitkurve möglich. Jedenfalls ist stets $F(u) = (\mathfrak{y}'\,\mathfrak{z}) \neq 0$. Folglich ist nach (5) und (6)

$$(18.8)\quad ds^2 = E(u)\,du^2 + 2F(u)\,du\,dv = 2F(u)\,du \cdot \left(\frac{E(u)}{2F(u)}\,du + dv\right).$$

Wenn wir dann isotrope Linien des Zylinders als neue Parameterlinien ($\bar{u} = \text{const}$, $\bar{v} = \text{const}$) einführen, indem wir setzen

$$(18.9)\qquad d\bar{u} = 2F(u)\,du, \quad d\bar{v} = \frac{E(u)}{2F(u)}\,du + dv,$$

so ergibt sich als Bogenelementquadrat des isotropen Zylinders

$$(18.10)\qquad ds^2 = d\bar{u}\,d\bar{v}.$$

Setzt man schließlich noch

$$(18.11)\qquad \bar{u} = U + iV, \quad \bar{v} = U - iV,$$

so wird

$$(18.12)\qquad ds^2 = dU^2 + dV^2,$$

und es folgt

Satz 2: *Auch jeder (analytische) isotrope Zylinder ist auf eine (komplexe) nichtisotrope (euklidische) Ebene isometrisch abbildbar bzw. sogar auf sie stetig abwickelbar.*

Den beiden Scharen der isotropen Erzeugenden $\bar{u} = \text{const}$ und der krummen isotropen Flächenkurven $\bar{v} = \text{const}$ des isotropen Zylinders entsprechen in der Abwicklung die beiden Scharen von isotropen Geraden der nichtisotropen Ebene.

Bemerkung 2: Nicht alle reellen Zylinder sind in die Ebene abwickelbar. Notwendig und hinreichend für die Abwickelbarkeit eines Zylinders in die Ebene ist, daß sein Normalschnitt streckbar (rektifizierbar) ist.

19. Torsen. Nach (II. 16) versteht man unter einer Torse die Tangentenfläche einer doppeltgekrümmten (im Reellen dreimal stetig ableitbaren, im Komplexen analytischen) Raumkurve

$$(19.1)\quad \mathfrak{y} = \mathfrak{y}(u) \quad (\mathfrak{y}' \neq \mathfrak{o},\ [\mathfrak{y}'\,\mathfrak{y}''] \neq \mathfrak{o},\ [\mathfrak{y}'\,\mathfrak{y}''\,\mathfrak{y}'''] \neq 0).$$

Diese Raumkurve (1) heißt die Gratlinie der Torse; ihre Tangenten (der Richtung $\mathfrak{y}'(u) \neq \mathfrak{o}$) sind die Erzeugenden der Torse.

Die Gaußsche Parameterdarstellung der Tangentenfläche (Torse) mit der Gratlinie (1) lautet

$$(19.2) \qquad \mathfrak{x} = \mathfrak{x}(u, v) = \mathfrak{y}(u) + v\,\mathfrak{y}'(u).$$

Die Schar der u-Linien ($v = \text{const}$) der Torse enthält für $v = 0$ die Gratlinie (1). Die v - Linien ($u = \text{const}$) sind die Tangenten der Gratlinie, d. h. die Erzeugenden der Torse.

Die Tangentenvektoren der u- und v-Linien sind

$$(19.3) \qquad \mathfrak{x}_u = \mathfrak{y}'(u) + v\,\mathfrak{y}''(u), \quad \mathfrak{x}_v = \mathfrak{y}'(u).$$

Der Vektor der Flächennormalen

$$(19.4) \qquad \mathfrak{N} = [\mathfrak{x}_u\,\mathfrak{x}_v] = [\mathfrak{y}' + v\,\mathfrak{y}'', \mathfrak{y}'] = v[\mathfrak{y}''\,\mathfrak{y}']$$

ist wegen $[\mathfrak{y}'\,\mathfrak{y}''] \neq \mathfrak{o}$ nur in den Punkten $v = 0$ der Gratlinie (den Gratpunkten der Torse) der Nullvektor. D. h. das System der Gaußschen Koordinaten (u, v) der Torse (2) ist überall auf der Torse regulär ($\mathfrak{N} \neq \mathfrak{o}$) außer in den Punkten der Gratlinie ($\mathfrak{N} = \mathfrak{o}$).

In allen (vom Gratpunkte verschiedenen) regulären Punkten ($v \neq 0$) *einer festen Tangente* ($u = const$) *der Raumkurve* (1) *hat die Torse* (2) *nach* (4) *dieselbe Tangentenebene*

$$(19.5) \qquad [\mathfrak{X} - \mathfrak{x}, \mathfrak{y}', \mathfrak{y}''] = 0 \text{ oder } [\mathfrak{X} - \mathfrak{y}(u), \mathfrak{y}'(u), \mathfrak{y}''(u)] = 0,$$

die nach (II. 3. 4) *mit der Schmiegebene der Raumkurve* (1) *an der Stelle u zusammenfällt. Die Torse ist daher auch die Hüllfläche der Schar* (5) *der Schmiegebenen ihrer Gratlinie* (1). *In dem singulären Gratpunkte* ($v = 0$) *kann wegen* $\mathfrak{N} = \mathfrak{o}$ *jede Tangentenebene der Gratlinie* (1) *als Berührebene der Torse betrachtet werden.*

Aus (3) folgen die metrischen Fundamentalgrößen der Torse

$$(19.6) \qquad E = \mathfrak{y}'^2 + 2v(\mathfrak{y}'\mathfrak{y}'') + v^2\mathfrak{y}''^2, \quad F = \mathfrak{y}'^2 + v(\mathfrak{y}'\mathfrak{y}''), \quad G = \mathfrak{y}'^2,$$

und ihr Bogenelementquadrat

$$(19.7) \qquad ds^2 = \mathfrak{y}'^2(du + dv)^2 + 2v(\mathfrak{y}'\mathfrak{y}'')du(du + dv) + v^2\mathfrak{y}''^2du^2.$$

Wir müssen jetzt wieder zwei Fälle trennen:

Fall 1: Nichtisotrope Torse. Die Erzeugenden der Torse sind nichtisotrope Geraden, d. h. die Gratlinie (1) der Torse ist eine doppelt gekrümmte nichtisotrope Linie. Dann ist $\mathfrak{y}'^2(u) \not\equiv 0$ sowie $[\mathfrak{y}'\mathfrak{y}'']^2 \not\equiv 0$, und man kann als Parameter u den Bogen der Gratlinie (1) wählen, so daß

$$(19.8)\qquad \mathfrak{y}'^2(u) \equiv 1, \quad (\mathfrak{y}'\mathfrak{y}'') \equiv 0$$

ist. Da $\mathfrak{y}' = \mathfrak{t}$ der Tangenteneinheitsvektor ist, folgt nach der ersten Frenetschen Formel (II. 6. 14) $\mathfrak{y}'' = \mathfrak{t}' = \varkappa\mathfrak{h}$. Dabei ist $\mathfrak{h}$ der Hauptnormaleneinheitsvektor und $\varkappa = \varkappa(u)$ die Krümmung der Gratlinie (1). Wegen $\mathfrak{h}^2 \equiv 1$ und (II. 4. 11) ist

$$(19.9)\qquad \mathfrak{y}''^2 = \varkappa^2\mathfrak{h}^2 = \varkappa^2 = [\mathfrak{y}'\mathfrak{y}'']^2 \not\equiv 0.$$

Damit ergibt sich schließlich aus (7) als Quadrat des Bogenelementes der nichtisotropen Torse der Ausdruck

$$(19.10)\qquad ds^2 = (du + dv)^2 + v^2\varkappa^2(u)du^2,$$

der nur von der Krümmung $\varkappa(u)$ der Gratlinie (1), jedoch nicht von ihrer Windung $\tau(u)$ abhängt. Es folgt

Satz 1: *Die Tangentenflächen zweier reeller, auf ihren Bogen u bezogener, dreimal stetig ableitbarer nichtisotroper Raumkurven* $\mathfrak{y} = \mathfrak{y}(u)$ *und* $\bar{\mathfrak{y}} = \bar{\mathfrak{y}}(u)$, *welche dieselbe Krümmung* $\varkappa(u) \equiv \bar{\varkappa}(u)$, *aber verschiedene Windung* $\tau(u) \not\equiv \bar{\tau}(u)$ *haben, sind stets längentreu aufeinander abbildbar, wobei die zu gleichen Bogen u gehörenden Kurventangenten einander entsprechen.*

Wählt man nun $\bar{\tau}(u) \equiv 0$, so wird die Gratlinie $\bar{\mathfrak{y}} = \bar{\mathfrak{y}}(u)$ eine ebene Kurve, deren natürliche Gleichung im Sinne von (I. 11)

$$(19.11)\qquad \varkappa = \varkappa(u)$$

lautet. Die ebene Tangentenfläche dieser ebenen Kurve $\bar{\mathfrak{y}} = \bar{\mathfrak{y}}(u)$ hat dann die Parameterdarstellung

$$(19.12)\qquad \bar{\mathfrak{x}} = \bar{\mathfrak{x}}(u, v) = \bar{\mathfrak{y}}(u) + v\bar{\mathfrak{y}}'(u),$$

wobei das Parameternetz 1. aus den Kurventangenten (u = const) und 2. aus den Tangentialen (v = const) der Kurve $\bar{\mathfrak{y}}(u)$ besteht, welche alle jene Punkte der Tangenten verbinden, die jeweils vom Berührpunkt feste Entfernung v = const haben. Die Punkte $v = 0$ der Kurve $\bar{\mathfrak{y}} = \bar{\mathfrak{y}}(u)$ sind singuläre Punkte des Parameternetzes (u, v). In den Parametern (u, v) hat auch die nichtisotrope Ebene der Tangentenfläche (12) der ebenen Kurve $\bar{\mathfrak{y}}(u)$ das Bogenelement (10), und es folgt

Satz 2: *Jede dreimal stetig ableitbare bzw. (im Komplexen) analytische nichtisotrope Torse ist auf die euklidische (nichtisotrope) Ebene längentreu abbildbar. Der doppeltgekrümmten Gratlinie* $\varkappa = \varkappa(u)$, $\tau = \tau(u)$ *der Torse und ihren*

Tangenten entsprechen dabei längengleich und krümmungstreu eine ebene Kurve $\varkappa = \varkappa(u)$ und ihr Tangentensystem. Es ist sogar möglich, die Torse durch stetige Biegung in die Ebene abzuwickeln, indem man sie auf einer festen Tangentenebene stetig abrollen läßt.

Fall 2: Isotrope Torse. Die Erzeugenden der Torse sind isotrope Geraden, d. h. die Gratlinie $\mathfrak{y}(u)$ der Torse ist eine krumme (analytische) isotrope Linie. Dann ist $\mathfrak{y}'^2(u) \equiv 0$ und also auch $(\mathfrak{y}'\mathfrak{y}'') \equiv 0$, jedoch nach (II. 21. Bem. 1) stets $\mathfrak{y}''^2(u) \not\equiv 0$. Man kann dann nach (II. 21. 24) stets $\mathfrak{y}''^2(u) \equiv -1$ setzen, d. h. u als den von Study und Vessiot eingeführten natürlichen Parameter der krummen isotropen Gratlinie wählen. Damit hat nach (7) das Bogenelement der isotropen Torse, wenn man noch v durch v/i ersetzt, die rationale Gestalt

$$ds = v\,du. \tag{19.13}$$

Die genaue Gestalt der isotropen Gratlinie $\mathfrak{y} = \mathfrak{y}(u)$, welche nach (II. 21. 34) durch ihre natürliche Gleichung $J = J(u) = \mathfrak{y}'''^2(u)$ eindeutig bestimmt ist, kommt in dem Bogenelement (13) der isotropen Torse nicht mehr vor. Daher folgt:

Satz 3: *Jede (analytische) isotrope Torse ist auf jede andere (analytische) isotrope Torse längentreu abbildbar. Dabei entsprechen sich die Gratlinien der isotropen Torsen und ihre isotropen Erzeugenden.*

Durch Vergleich von (13) mit dem Bogenelement (17. 8) des isotropen Kegels folgt sogar:

Satz 4: *Jede isotrope Torse (Tangentenfläche einer analytischen krummen isotropen Linie) ist längentreu auf einen isotropen Kegel abbildbar, wobei der isotropen Gratlinie der Torse der Kegelscheitel entspricht, und ihren isotropen Erzeugenden die Mantellinien des isotropen Kegels zugeordnet sind.*

Bemerkung 1: Wie Henri Lebesgue (1902) entdeckte, gibt es (reelle) stetig ableitbare Raumkurven $\mathfrak{y} = \mathfrak{y}(u)$, deren Tangentenflächen nicht in die Ebene abwickelbar sind, z. B. die Kurve

$$\mathfrak{y} = u\mathfrak{e}_1 + u^2\mathfrak{e}_2 + z(u)\mathfrak{e}_3, \tag{19.14}$$

wenn die Ableitung $z'(u)$ zwar stetig, aber nicht von beschränkter Variation ist. Selbst wenn $z''(u)$ existiert, aber nicht beschränkte Variation hat, ist die Tangentenfläche von $\mathfrak{y}(u)$

nicht in die Ebene abwickelbar, obgleich die Raumkurve dann sogar in jedem ihrer Punkte eine Schmiegebene hat, welche die Tangentenfläche in allen Punkten ihrer Erzeugenden berührt.

Notwendig und hinreichend für die Abwickelbarkeit der Tangentenfläche einer reellen Raumkurve $\mathfrak{y} = \mathfrak{y}(u)$ in die Ebene ist nach Lebesgue die Abwickelbarkeit ihres Richtkegels $\bar{\mathfrak{x}} = v\mathfrak{y}'(u)$ in die Ebene.

20. Regelflächen. Als Regelfläche (von: surface réglée = geradlinige Fläche) bezeichnet man jede durch stetige Bewegung einer Geraden e (bei der diese nicht bloß in sich verschoben wird) erzeugte Fläche. Die einzelnen Lagen e der Geraden (Bild 4) heißen die Erzeugenden der Regelfläche.

Ein fester Punkt P_0 der Geraden beschreibe bei der Bewegung die im Reellen zweimal stetig ableitbare Leitkurve

$$\mathfrak{y} = \mathfrak{y}(u), \tag{20.1}$$

(die wir im Komplexen als analytisch und nichtisotrop voraussetzen). Der Parameter u kann daher als Bogen der Leitkurve gewählt werden; dann ist

$$\mathfrak{y}'^2(u) \equiv 1 \quad \{u\}. \tag{20.2}$$

Ist $\mathfrak{z} = \mathfrak{z}(u) \neq \mathfrak{o}$ der (im Reellen) stetig ableitbare bzw. (im Komplexen) analytische Vektor der (mit u veränderlichen) Erzeugenden e von P_0, so haben die Punkte P von e die Ortsvektoren

$$\mathfrak{x} = \mathfrak{x}(u, v) = \mathfrak{y}(u) + v\mathfrak{z}(u). \tag{20.3}$$

Dies ist die Gaußsche Parameterdarstellung der von den Geraden e erzeugten Regelfläche.

Die v-Linien ($u = \text{const}$) sind die geradlinigen Erzeugenden der Fläche. In der Schar der u-Linien ($v = \text{const}$) kommt für $v = 0$ die Leitlinie (1) vor. Die Tangentenvektoren $\mathfrak{x}_u$ und $\mathfrak{x}_v$ dieser Parameterlinien sind

$$\mathfrak{x}_u = \mathfrak{y}'(u) + v\mathfrak{z}'(u), \quad \mathfrak{x}_v = \mathfrak{z}(u). \tag{20.4}$$

Der Normalenvektor der Regelfläche (3) ist

$$\mathfrak{N} = [\mathfrak{x}_u \mathfrak{x}_v] = [\mathfrak{y}' + v\mathfrak{z}', \mathfrak{z}] = [\mathfrak{y}'\mathfrak{z}] + v[\mathfrak{z}'\mathfrak{z}]. \tag{20.5}$$

Die Gleichung ihrer Tangentenebene τ ist nach (4.10)

$$[\mathfrak{X} - (\mathfrak{y} + v\mathfrak{z}), \mathfrak{y}' + v\mathfrak{z}', \mathfrak{z}] = 0 \tag{20.6}$$

oder, wenn man das v-fache des letzten Vektors zum ersten addiert,

$$(\mathfrak{X} - \mathfrak{y})([\mathfrak{y}'\mathfrak{z}] + v[\mathfrak{z}'\mathfrak{z}]) = 0. \tag{20.7}$$

Aus (20. 6) folgt, daß die Tangentenebene τ der Regelfläche im Punkte P stets die Erzeugende (3) von P enthält (Bild 4).

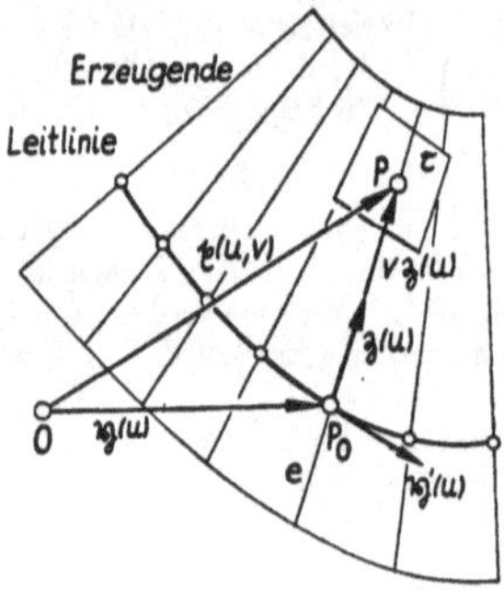

Bild 4. Regelfläche, entstehend durch Bewegung einer erzeugenden Geraden e, deren Punkt P_0 eine nichtisotrope Leitlinie $\mathfrak{y} = \mathfrak{y}(u)$ beschreibt

Wir haben jetzt zwei Fälle zu unterscheiden:

Fall A) $[\mathfrak{z}'\mathfrak{z}] \equiv \mathfrak{o} \quad \{u\}$ und
Fall B) $[\mathfrak{z}'\mathfrak{z}] \not\equiv \mathfrak{o}$.

Im **Falle A)** ist

$$(20.8) \qquad [\mathfrak{z}'\mathfrak{z}] \equiv \mathfrak{o} \qquad \{u\},$$

also

$$\mathfrak{z}'(u) = \lambda'(u)\cdot\mathfrak{z}(u) \text{ oder}$$
$$\mathfrak{z}(u) = e^{\lambda(u)}\mathfrak{z}_0 = \Lambda(u)\mathfrak{z}_0,$$

wobei $\mathfrak{z}_0 \neq \mathfrak{o}$ ein fester Vektor ist. Im Falle (8) haben also alle Erzeugenden feste Richtung $\mathfrak{z}_0$, und die Regelfläche (3) ist entweder α) ein **Zylinder** oder β) eine **Ebene.**

Längs jeder Erzeugenden $u = \text{const}$ ist dann nach (20. 5) der Normalenvektor

$$(20.9) \qquad \mathfrak{N} = [\mathfrak{y}'(u), \mathfrak{z}(u)] = \Lambda(u)\,[\mathfrak{y}'(u), \mathfrak{z}_0]$$

unveränderlich und daher nach (20. 7) auch die Tangentenebene τ mit der Gleichung

$$(20.10) \qquad (\mathfrak{X} - \mathfrak{y})[\mathfrak{y}'\mathfrak{z}] = 0 \quad \text{oder} \quad [\mathfrak{X} - \mathfrak{y}, \mathfrak{y}', \mathfrak{z}] = 0.$$

Im Falle α) des **Zylinders** ist der Normalenvektor $\mathfrak{N}$ in (9) mit u in seiner Richtung veränderlich, d. h. $[\mathfrak{N}\,\mathfrak{N}_u] \not\equiv \mathfrak{o}$, im Falle β) der **Ebene** jedoch unveränderlich, d. h. $[\mathfrak{N}\,\mathfrak{N}_u] \equiv \mathfrak{o}$. Wegen $\mathfrak{N}_u = [\mathfrak{y}''\mathfrak{z}] + [\mathfrak{y}'\mathfrak{z}']$ und $[\mathfrak{z}\mathfrak{z}'] \equiv \mathfrak{o}$ ist

$$(20.11) \qquad [\mathfrak{N}\,\mathfrak{N}_u] = [[\mathfrak{y}'\mathfrak{z}], [\mathfrak{y}''\mathfrak{z}] + [\mathfrak{y}'\mathfrak{z}']] = [\mathfrak{y}'\mathfrak{y}''\mathfrak{z}]\mathfrak{z} + [\mathfrak{y}'\mathfrak{z}\mathfrak{z}']\mathfrak{y}' = [\mathfrak{y}'\mathfrak{y}''\mathfrak{z}]\mathfrak{z}.$$

Wegen $\mathfrak{z} \not\equiv \mathfrak{o}$ ist also im Falle A) mit $[\mathfrak{z}\mathfrak{z}'] \equiv \mathfrak{o}$ kennzeichnend α) für Zylinder: $[\mathfrak{y}'\mathfrak{y}''\mathfrak{z}] \not\equiv 0$ und β) für Ebenen: $[\mathfrak{y}'\mathfrak{y}''\mathfrak{z}] \equiv 0$.

Im **Falle B)** mit

$$(20.12) \qquad [\mathfrak{z}'\mathfrak{z}] \not\equiv \mathfrak{o}$$

entstehen **nichtzylindrische Regelflächen.**

Auch dann kann die Tangentenebene (7) längs der Erzeugenden $u = \text{const}$ der Regelfläche fest bleiben. Das tritt dann und nur dann ein, wenn der Normalenvektor (5) der Regelfläche (3) für $u = \text{const}$ seine Richtung nicht ändert. Dafür ist notwendig und hinreichend, daß für festes u der Vektor

$$(20.13)\quad \begin{aligned}[\mathfrak{N}\,\mathfrak{N}_v] &= [[\mathfrak{y}'\mathfrak{z}] + v[\mathfrak{z}'\mathfrak{z}],\ [\mathfrak{z}'\mathfrak{z}]] = [[\mathfrak{y}'\mathfrak{z}]\,[\mathfrak{z}'\mathfrak{z}]] \\ &= [\mathfrak{y}'\mathfrak{z}'\mathfrak{z}]\,\mathfrak{z} = \mathfrak{o}\end{aligned}$$

ist, was wegen $\mathfrak{z} \neq \mathfrak{o}$ für alle u dann und nur dann eintritt, wenn

$$(20.14)\quad \boxed{[\mathfrak{y}'\mathfrak{z}'\mathfrak{z}] \equiv 0}$$

ist. Die Regelfläche ist dann wegen (12) das Hüllgebilde einer einparametrigen Schar von Tangentenebenen, also nach (II. 16), weil Strahlbüschel und Zylinder ausscheiden, entweder α) ein **Kegel** oder β) eine **Torse**, d. h. die Tangentenfläche einer doppeltgekrümmten Raumkurve.

Beweis: Wegen (13) besteht dann nämlich zwischen den Vektoren $[\mathfrak{y}'\mathfrak{z}]$ und $[\mathfrak{z}'\mathfrak{z}] \neq \mathfrak{o}$ eine lineare Abhängigkeit der Form

$$(20.15)\quad [\mathfrak{y}'\mathfrak{z}] + v_0(u)\,[\mathfrak{z}'\mathfrak{z}] \equiv \mathfrak{o} \text{ mit } v_0(u) \not\equiv 0,$$

derzufolge in den Flächenpunkten

$$(20.16)\quad \bar{\mathfrak{x}} = \bar{\mathfrak{x}}(u) = \mathfrak{y}(u) + v_0(u)\,\mathfrak{z}(u)$$

der Normalenvektor $\overline{\mathfrak{N}} = [\mathfrak{y}'\mathfrak{z}] + v_0[\mathfrak{z}'\mathfrak{z}] \equiv \mathfrak{o}$, d. h. das Parametersystem (u, v) singulär wird. Aus (16) folgt durch Ableiten nach u

$$(20.17)\quad \bar{\mathfrak{x}}' = \mathfrak{y}' + v_0'\mathfrak{z} + v_0\mathfrak{z}'.$$

Weil nach äußerer Multiplikation mit $\mathfrak{z} \neq \mathfrak{o}$ mit Rücksicht auf (15) weiterhin $[\bar{\mathfrak{x}}'\mathfrak{z}] = [\mathfrak{y}'\mathfrak{z}] + v_0[\mathfrak{z}'\mathfrak{z}] \equiv \mathfrak{o}$ ist, folgt

$$(20.18)\quad \bar{\mathfrak{x}}'(u) = \lambda(u)\cdot\mathfrak{z}(u),$$

wobei **zwei Fälle** zu unterscheiden sind:

Fall α) $\lambda(u) \equiv 0$, also $\bar{\mathfrak{x}}'(u) \equiv \mathfrak{o}$, d. h. $\bar{\mathfrak{x}}(u) = \bar{\mathfrak{x}} = \text{const}$. Alle Erzeugenden der Regelfläche enthalten dann nach (16) den festen Punkt $\bar{\mathfrak{x}}$, und die Regelfläche ist ein **Kegel** mit dem festen Scheitel $\bar{\mathfrak{x}}$.

Fall β) $\lambda(u) \not\equiv 0$. Dann folgt aus (18) $\mathfrak{z} = \frac{1}{\lambda}\,\bar{\mathfrak{x}}'$, und weil nach (16) noch $\mathfrak{y} = \bar{\mathfrak{x}} - v_0\,\mathfrak{z}$ ist, folgt als Darstellung (3) der Regelfläche

(20.19) $$\mathfrak{x} = \mathfrak{y} + v\mathfrak{z} = \bar{\mathfrak{x}} + \frac{v - v_0}{\lambda}\bar{\mathfrak{x}}'$$

oder, wenn man $\frac{v - v_0}{\lambda(u)} = \bar{v}$ setzt,

(20.20) $$\mathfrak{x} = \bar{\mathfrak{x}}(u) + \bar{v}\,\bar{\mathfrak{x}}'(u).$$

Die Regelfläche ist daher im Falle β) mit der **Tangentenfläche der Raumkurve** $\bar{\mathfrak{x}}(u)$ in (16) identisch, also eine **Torse.**

Bemerkung 1: Man kann die in (15) und (18) auftretenden Funktionen $v_0(u)$ und $\lambda(u)$ wie folgt berechnen.

Weil die Regelfläche (3) in allen Punkten v der Erzeugenden $u = \text{const}$ von derselben Tangentenebene $\tau(u)$ berührt wird, erhält man deren Gleichung aus (7) schon, indem man darin $v = 0$ wählt. Die einparametrige Schar der Tangentenebenen $\tau(u)$ der Regelfläche (3) lautet somit

(20.21) $$[\mathfrak{X} - \mathfrak{y}(u), \mathfrak{y}'(u), \mathfrak{z}(u)] = 0.$$

Ihre Erzeugenden genügen dann nach der Theorie der Einhüllenden in (II. 15. Satz 1) außer (21) noch der abgeleiteten Gleichung

(20.22) $$[\mathfrak{X} - \mathfrak{y}, \mathfrak{y}'', \mathfrak{z}] + [\mathfrak{X} - \mathfrak{y}, \mathfrak{y}', \mathfrak{z}'] = 0$$

und deren Einhüllende, d. h. die Gratlinie der Torse oder der Scheitel des Kegels nach (II. 15. Satz 2) auch noch der zweiten abgeleiteten Gleichung

(20.23) $$[-\mathfrak{y}', \mathfrak{y}'', \mathfrak{z}] + [\mathfrak{X} - \mathfrak{y}, \mathfrak{y}''', \mathfrak{z}] + \\ + 2[\mathfrak{X} - \mathfrak{y}, \mathfrak{y}'', \mathfrak{z}'] + [\mathfrak{X} - \mathfrak{y}, \mathfrak{y}', \mathfrak{z}''] = 0.$$

Tatsächlich genügen für festes u alle Punkte v der Erzeugenden $\mathfrak{X} = \mathfrak{y} + v\mathfrak{z}$ sowohl der Gleichung (21) als auch wegen (14) der Gleichung (22). Trägt man $\mathfrak{X} = \mathfrak{y} + v\mathfrak{z}$ oder $\mathfrak{X} - \mathfrak{y} = v\mathfrak{z}$ in (23) ein, so erhält man für den Parameter v_0 des Gratpunktes der Erzeugenden u den Wert

(20.24) $$v_0 = v_0(u) = \frac{[\mathfrak{y}'\,\mathfrak{y}''\,\mathfrak{z}]}{2[\mathfrak{z}\,\mathfrak{y}''\,\mathfrak{z}'] + [\mathfrak{z}\,\mathfrak{y}'\,\mathfrak{z}'']} = \frac{[\mathfrak{y}'\,\mathfrak{y}''\,\mathfrak{z}]}{[\mathfrak{z}\,\mathfrak{y}''\,\mathfrak{z}']}.$$

Dabei wurde zuletzt die aus (14) durch Ableiten nach u folgende Identität

(20.25) $$[\mathfrak{y}''\,\mathfrak{z}'\,\mathfrak{z}] + [\mathfrak{y}'\,\mathfrak{z}''\,\mathfrak{z}] \equiv 0$$

angewandt.

Das Hüllgebilde $\mathfrak{X} = \bar{\mathfrak{x}}(u)$ der Erzeugenden der Regelfläche hat also die Darstellung

$$(20.26)\qquad \bar{\mathfrak{x}} = \bar{\mathfrak{x}}(u) = \mathfrak{y}(u) + \frac{[\mathfrak{y}'\,\mathfrak{y}''\,\mathfrak{z}]}{[\mathfrak{z}\,\mathfrak{y}''\,\mathfrak{z}']}\cdot \mathfrak{z}(u).$$

Für den Nenner in (24) und (26) gilt dabei sicher

$$(20.27)\qquad [\mathfrak{z}\,\mathfrak{y}''\,\mathfrak{z}'] \not\equiv 0.$$

Im Gegenfalle $[\mathfrak{z}\,\mathfrak{y}''\,\mathfrak{z}'] \equiv 0$ folgt nämlich aus der linearen Abhängigkeit der vier Raumvektoren $\mathfrak{y}'$, $\mathfrak{y}''$, $\mathfrak{z}$, $\mathfrak{z}'$, d. h. nach (II. 1.37) aus

$$(20.28)\qquad \begin{aligned} &[\mathfrak{y}'\,\mathfrak{y}''\,\mathfrak{z}]\mathfrak{z}' - [\mathfrak{y}''\,\mathfrak{z}\,\mathfrak{z}']\mathfrak{y}' + \\ &+ [\mathfrak{z}\,\mathfrak{z}'\,\mathfrak{y}']\mathfrak{y}'' - [\mathfrak{z}'\,\mathfrak{y}'\,\mathfrak{y}'']\mathfrak{z} \equiv \mathfrak{o} \end{aligned}$$

wegen (14)

$$(20.29)\qquad [\mathfrak{y}'\,\mathfrak{y}''\,\mathfrak{z}]\mathfrak{z}' - [\mathfrak{z}'\,\mathfrak{y}'\,\mathfrak{y}'']\mathfrak{z} \equiv \mathfrak{o}.$$

Die Vektoren $\mathfrak{z}$ und $\mathfrak{z}'$ müßten also entweder linear abhängig sein ($[\mathfrak{z}\,\mathfrak{z}'] \equiv \mathfrak{o}$), und die Regelfläche wäre ein Zylinder der festen Erzeugendenrichtung $\mathfrak{z}$, oder, wenn $\mathfrak{z}$ und $\mathfrak{z}'$ linear unabhängig sind ($[\mathfrak{z}\,\mathfrak{z}'] \not\equiv \mathfrak{o}$), wäre auch

$$(20.30)\qquad [\mathfrak{y}'\,\mathfrak{y}''\,\mathfrak{z}] \equiv 0 \quad\text{und}\quad [\mathfrak{z}'\,\mathfrak{y}'\,\mathfrak{y}''] \equiv 0,$$

d. h. die Formeln (24) und (26) wären überhaupt sinnlos.

Aus (28) folgt wegen (14) und (27) die Identität

$$(20.31)\qquad \mathfrak{y}' + \frac{[\mathfrak{y}'\,\mathfrak{y}''\,\mathfrak{z}]}{[\mathfrak{z}\,\mathfrak{y}''\,\mathfrak{z}']}\cdot \mathfrak{z}' \equiv \frac{[\mathfrak{y}'\,\mathfrak{y}''\,\mathfrak{z}']}{[\mathfrak{z}\,\mathfrak{y}''\,\mathfrak{z}']}\cdot \mathfrak{z}.$$

Das Hüllgebilde (26) der Erzeugenden ist nun α) eine krumme Linie oder β) ein fester Punkt, je nachdem α) $\bar{\mathfrak{x}}'(u) \not\equiv \mathfrak{o}$ oder β) $\bar{\mathfrak{x}}'(u) \equiv \mathfrak{o}$ ist. Im Falle α) ist die Regelfläche eine Torse, im Falle β) ein Kegel.

Aus (26) folgt wegen (31)

$$(20.32)\qquad \begin{aligned} \bar{\mathfrak{x}}'(u) &= \mathfrak{y}' + \frac{[\mathfrak{y}'\,\mathfrak{y}''\,\mathfrak{z}]}{[\mathfrak{z}\,\mathfrak{y}''\,\mathfrak{z}']}\mathfrak{z}' + \left(\frac{[\mathfrak{y}'\,\mathfrak{y}''\,\mathfrak{z}]}{[\mathfrak{z}\,\mathfrak{y}''\,\mathfrak{z}']}\right)'\mathfrak{z} \\ &= \left\{\frac{[\mathfrak{y}'\,\mathfrak{y}''\,\mathfrak{z}']}{[\mathfrak{z}\,\mathfrak{y}''\,\mathfrak{z}']} + \left(\frac{[\mathfrak{y}'\,\mathfrak{y}''\,\mathfrak{z}]}{[\mathfrak{z}\,\mathfrak{y}''\,\mathfrak{z}']}\right)'\right\}\mathfrak{z} = \lambda(u)\cdot\mathfrak{z}. \end{aligned}$$

Daraus ergibt sich im Falle α) als Kennzeichen der Torsen:

$$(20.33)\qquad \lambda(u) = \frac{[\mathfrak{y}'\,\mathfrak{y}''\,\mathfrak{z}']}{[\mathfrak{z}\,\mathfrak{y}''\,\mathfrak{z}']} + \left(\frac{[\mathfrak{y}'\,\mathfrak{y}''\,\mathfrak{z}]}{[\mathfrak{z}\,\mathfrak{y}''\,\mathfrak{z}']}\right)' \not\equiv 0$$

und im Falle β) als Kennzeichen der Kegel: $\lambda(u) \equiv 0$.

Mit den Formeln (24) und (38) sind die gewünschten Darstellungen der Funktionen $v_0(u)$ und $\lambda(u)$ in (15) und (18) gewonnen.

Zusammenfassend folgt

Satz 1: *Regelflächen* $\mathfrak{x} = \mathfrak{y}(u) + v\mathfrak{z}(u)$, *für welche* $[\mathfrak{y}'\mathfrak{z}'\mathfrak{z}] \equiv 0$ *ist, sind entweder, falls* $[\mathfrak{z}'\mathfrak{z}] \equiv \mathfrak{o}$ *ist, Ebenen* ($[\mathfrak{y}'\mathfrak{y}''\mathfrak{z}] \equiv 0$) *oder Zylinder* ($[\mathfrak{y}'\mathfrak{y}''\mathfrak{z}] \not\equiv 0$) *oder aber, falls* $[\mathfrak{z}'\mathfrak{z}] \not\equiv \mathfrak{o}$ *ist, Kegel oder Torsen. Nur diese Regelflächen haben längs ihrer Erzeugenden feste Tangentenebenen.*

Im reellen Falle sind diese Flächen, wenn sie zweimal stetig ableitbar sind, auf die euklidische Ebene abwickelbar. Daher heißen alle reellen Regelflächen mit $[\mathfrak{y}'\mathfrak{z}'\mathfrak{z}] \equiv 0$ kurz **abwickelbare Regelflächen.**

Wir wenden uns nun dem allgemeinen Fall der **nichtabwickelbaren** oder **windschiefen Regelflächen** zu und setzen daher als Gegenfall zu (14)

$$[\mathfrak{y}'\mathfrak{z}'\mathfrak{z}] \not\equiv 0 \tag{20.34}$$

voraus. Wenn dann die betrachtete Erzeugende ($u = \text{const}$) weder zylindrisch ($[\mathfrak{z}'\mathfrak{z}] \neq \mathfrak{o}$) noch torsal ($[\mathfrak{y}'\mathfrak{z}'\mathfrak{z}] \neq 0$) ist, so ändert sich die Stellung der Tangentenebene $\tau(u, v)$ der Fläche beim Durchlaufen der Erzeugenden $u = \text{const}$ nach (7) linear mit dem Parameter v. Die Tangentenebene dreht sich dabei um die Erzeugende und beschreibt ein zur Reihe der Berührpunkte (3) projektives Ebenenbüschel.

Zwischen den Punkten P der Erzeugenden $u = \text{const}$ und ihren Tangentenebenen τ besteht daher eine Korrelation, die man nach Michel Chasles (1839) als Chaslessche Berührungskorrelation bezeichnet. Vier Punkte P_i einer (weder zylindrischen noch torsalen) Erzeugenden der windschiefen Regelfläche und ihre Tangentenebenen τ_i haben also stets dasselbe Doppelverhältnis:

$$DV(P_1P_2, P_3P_4) = DV(\tau_1\tau_2, \tau_3\tau_4). \tag{20.35}$$

Bemerkung 2: Daraus folgt, daß zwei windschiefe Regelflächen, welche eine (weder torsale noch zylindrische) Erzeugende gemeinsam haben, sich in zwei (reellen oder komplexen) Punkten dieser Erzeugenden berühren. Berühren sie sich sogar in drei Punkten, so berühren sie sich in allen Punkten der Erzeugenden.

Bemerkung 3: Für eine torsale oder zylindrische Erzeugende e einer Regelfläche ist die Berührungskorrelation ausgeartet. Alle regulären Punkte von e haben eine feste Tangentenebene; der singuläre Kuspidalpunkt K der torsalen Erzeugenden bzw. der Fernpunkt F der zylindrischen Erzeugenden haben aber unendlich viele Tangentenebenen, nämlich alle Ebenen des Büschels mit der Achse e.

21. Kehlpunkte und Kehllinie einer Regelfläche. Verschiebt man die nichtzylindrischen ($[\mathfrak{z}'\mathfrak{z}] \neq \mathfrak{o}$) Erzeugenden e der windschiefen Regelfläche (20. 3) in den Nullpunkt $O = (0, 0, 0)$, so bilden ihre Richtungen $\mathfrak{z} = \mathfrak{z}(u)$ dort einen Kegel (Richtkegel) $\varkappa_f$, wenn $[\mathfrak{z}\,\mathfrak{z}'\,\mathfrak{z}''] \not\equiv 0$ ist, oder ein Strahlbüschel (Richtebene), wenn $[\mathfrak{z}\,\mathfrak{z}'\,\mathfrak{z}''] \equiv 0$ ist.

Die zu den Tangentenebenen des Richtkegels parallelen Tangentenebenen τ_f der Regelfläche heißen ihre asymptotischen Ebenen. Ihr Normalenvektor ist

$$\mathfrak{N}_f = [\mathfrak{z}'\,\mathfrak{z}]. \tag{21.1}$$

Man erhält diese asymptotischen Ebenen τ_f auch, als Grenzlage der Tangentenebenen τ der Regelfläche, wenn der Berührpunkt in den Fernpunkt F der Erzeugenden e rückt (d. h. v unbeschränkt anwächst).

Wir nehmen die asymptotische Ebene τ_f und damit auch ihren Normalenvektor (1) als nichtisotrop an, d. h. es soll

$$\mathfrak{N}_f^2 = [\mathfrak{z}'\,\mathfrak{z}]^2 = \mathfrak{z}'^2\,\mathfrak{z}^2 - (\mathfrak{z}'\,\mathfrak{z})^2 \neq 0 \tag{21.2}$$

sein. Es gibt dann durch jede Erzeugende e eine eindeutig bestimmte und von τ_f verschiedene Normalebene τ_0 zu τ_f, die man als die Kehlebene (Zentralebene, Striktionsebene) von e bezeichnet; ihr (eigentlicher) Berührpunkt P_0 heißt **Kehlpunkt** (Zentralpunkt, Striktionspunkt) der Erzeugenden e.

Da die Flächennormale $\mathfrak{N}_0 = [\mathfrak{y}'\,\mathfrak{z}] + v_0[\mathfrak{z}'\,\mathfrak{z}]$ des Kehlpunktes

$$\mathfrak{x}(u, v_0) = \mathfrak{y}(u) + v_0\,\mathfrak{z}(u) \tag{21.3}$$

normal zu $\mathfrak{N}_f$ ist, folgt $\mathfrak{N}_0\,\mathfrak{N}_f = ([\mathfrak{y}'\,\mathfrak{z}] + v_0[\mathfrak{z}'\,\mathfrak{z}]) \cdot [\mathfrak{z}'\,\mathfrak{z}] = 0$, woraus man nach (II. 1. 36) für den Parameter v_0 des Kehlpunktes findet:

$$(21.4)\qquad v_0 = -\frac{[\mathfrak{y}'\mathfrak{z}]\cdot[\mathfrak{z}'\mathfrak{z}]}{[\mathfrak{z}'\mathfrak{z}]^2} = -\frac{(\mathfrak{y}'\mathfrak{z}')\mathfrak{z}^2 - (\mathfrak{y}'\mathfrak{z})(\mathfrak{z}'\mathfrak{z})}{\mathfrak{z}'^2\mathfrak{z}^2 - (\mathfrak{z}'\mathfrak{z})^2}.$$

Bemerkung 1: Wegen (2) dürfen die Erzeugenden der Regelfläche nicht sämtlich isotrop sein, d. h. es darf nicht $\mathfrak{z}^2(u) \equiv 0$ sein. Für eine solche **Mongesche Fläche** mit lauter geradlinigen isotropen Erzeugenden wäre nämlich auch $(\mathfrak{z}\mathfrak{z}') \equiv 0$, somit auch $[\mathfrak{z}'\mathfrak{z}]^2 = \mathfrak{z}'^2\mathfrak{z}^2 - (\mathfrak{z}\mathfrak{z}')^2 \equiv 0$, im Widerspruch zu (2). Aus unseren Betrachtungen über die Kehlpunkte müssen wir daher diese Mongeschen Flächen ausschließen und $\mathfrak{z}^2(u) \not\equiv 0$ annehmen.

Wegen $\mathfrak{z}^2(u) \not\equiv 0$ kann man die Richtungsvektoren $\mathfrak{z}(u)$ der Erzeugenden der Regelfläche als Einheitsvektoren wählen, also

$$(21.5)\qquad \mathfrak{z}^2(u) \equiv 1, \quad (\mathfrak{z}'\mathfrak{z}) \equiv 0$$

annehmen. In diesem Falle (aber auch, wenn $\mathfrak{z}^2 \equiv \text{const} \neq 0$ ist) lautet der Parameter v_0 des Kehlpunktes nach (4)

$$(21.6)\qquad v_0 = -\frac{(\mathfrak{y}'\mathfrak{z}')}{\mathfrak{z}'^2}.$$

Weil die Tangentenebene τ_0 der Regelfläche im Kehlpunkt

$$(21.7)\qquad \mathfrak{x}_0 = \mathfrak{y}(u) + v_0\mathfrak{z}(u) = \mathfrak{y}(u) - \frac{(\mathfrak{y}'\mathfrak{z}')}{\mathfrak{z}'^2}\mathfrak{z}(u)$$

der Erzeugenden e zur asymptotischen Ebene τ_f normal ist, enthält sie die zu deren Normalenvektor $\mathfrak{N}_f = [\mathfrak{z}'\mathfrak{z}]$ parallele Flächentangente

$$(21.8)\qquad \bar{\mathfrak{x}} = \mathfrak{x}_0 + \bar{v}\,[\mathfrak{z}'\mathfrak{z}].$$

Sind u und $u + du$ die Parameter zweier benachbarter Erzeugenden, so kann man, wenn nur Differentiale erster Ordnung berücksichtigt werden, die Tangente (8) als das Gemeinlot der benachbarten Erzeugenden mit den Richtungen $\mathfrak{z}(u)$ und $\mathfrak{z}(u + du) = \mathfrak{z}(u) + \mathfrak{z}'(u)du$ deuten; sie wird als die Zentraltangente des Kehlpunktes (7) bezeichnet. Im Kehlpunkte $\mathfrak{x}_0$ bilden dann die Vektoren $\mathfrak{z}(u)$ der Erzeugenden, $\mathfrak{N}_0 = [\mathfrak{y}'\mathfrak{z}] + v_0[\mathfrak{z}'\mathfrak{z}]$ der Flächennormalen und $\mathfrak{l} = \mathfrak{N}_f = [\mathfrak{z}'\mathfrak{z}]$ der Zentraltangente ein orthogonales Dreibein, das bewegungsinvariant mit dem windschiefen Flächenstreifen verbunden ist, der von den beiden benachbarten Erzeugenden der Richtungen $\mathfrak{z}(u)$ und

$\mathfrak{z}(u + du) = \mathfrak{z}(u) + \mathfrak{z}'(u)du$ aufgespannt wird, und als das begleitende Dreibein dieses windschiefen Flächenstreifens bezeichnet wird.

Bemerkung 2: *Der Ausdruck „benachbart" beschreibt bei diesen und den folgenden Überlegungen immer einen gewissen Grenzübergang*, ähnlich wie in (II. 15. Bem. 2) und (II. 15. Bem. 3). Z. B. besagt die abkürzende Redeweise: „die Zentraltangente (8) ist das Gemeinlot der benachbarten Erzeugenden mit den Richtungen $\mathfrak{z}(u)$ und $\mathfrak{z}(u + du)$" die Tatsache, daß die beiden Erzeugenden

$$\mathfrak{z}(u) \text{ und } \mathfrak{z}(u + du) = \mathfrak{z}(u) + \mathfrak{z}'(u)du + \tfrac{1}{2}\mathfrak{z}''(u)du^2 + \cdots \quad (du \neq 0)$$

ein Gemeinlot der Richtung

$$\begin{aligned}[\mathfrak{z}(u), \mathfrak{z}(u + du)]/du &= [\mathfrak{z}, \mathfrak{z} + \mathfrak{z}'du + \tfrac{1}{2}\mathfrak{z}''du^2 + \cdots]/du \\ &= [\mathfrak{z}\mathfrak{z}'] + \tfrac{1}{2}[\mathfrak{z}\mathfrak{z}'']du + \cdots\end{aligned}$$

besitzen, das bei dem Grenzübergang $du \to 0$ gegen die Zentraltangente (8) der Richtung $[\mathfrak{z}(u), \mathfrak{z}'(u)]$ konvergiert. Bei dem gleichen Grenzübergang $du \to 0$ strebt der auf der Erzeugenden $\mathfrak{z}(u)$ liegende Fußpunkt des Gemeinlotes der Erzeugenden $\mathfrak{z}(u)$ und $\mathfrak{z}(u + du)$ gegen den Kehlpunkt (7) von $\mathfrak{z}(u)$, der daher (wieder im Sinne des vollzogenen Grenzüberganges $du \to 0$) kurz als der Fußpunkt des Gemeinlotes der „benachbarten" Erzeugenden $\mathfrak{z}(u)$ und $\mathfrak{z}(u + du)$ bezeichnet werden kann.

Der Ort der Kehlpunkte (7) der windschiefen (Nicht-Mongeschen) Regelfläche (20. 3) ist eine (gerade oder krumme) Flächenkurve, die als ihre **Kehllinie** (Zentrallinie, Striktionslinie) bezeichnet wird.

Die Kehllinie ist also der Ort jener Punkte der Erzeugenden u, welche von den Nachbarerzeugenden u + du kürzesten Abstand haben (Ort der Fußpunkte der Gemeinlote benachbarter Erzeugenden der Fläche).

Bemerkung 3: Man darf aus dieser Erklärung jedoch nicht folgern, daß die Kehllinie die Erzeugenden senkrecht schneidet. Z. B. ist die Kehllinie jeder der beiden Erzeugendenscharen eines einschaligen Drehhyperboloids (wegen der Symmetrieeigenschaften der Fläche) mit dem Kehlkreis der Fläche identisch, der zu keiner Erzeugenden des Drehhyperboloids rechtwinklig ist, sondern alle unter demselben spitzen Winkel schneidet.

Wählt man die Kehllinie (7) als Leitlinie $\mathfrak{y}(u)$ der Fläche, so ist $v_0 = 0$, d. h. neben $\mathfrak{y}'^2 \equiv 1$ und $\mathfrak{z}^2 \equiv 1$ nach (6) auch noch

$$(21.\,9) \qquad \mathfrak{y}'\mathfrak{z}' \equiv 0 \quad \{u\}.$$

Für den Schnittwinkel ω der Kehllinie $\mathfrak{x}_0 = \mathfrak{y}(u)$ mit den Erzeugenden $\mathfrak{z}(u)$ der Fläche gilt dann

$$\cos\omega = \mathfrak{y}'(u) \cdot \mathfrak{z}(u). \tag{21.10}$$

Nur wenn außer (9) auch noch $\mathfrak{y}'\mathfrak{z} \equiv 0$ ist, schneidet die Kehllinie die Erzeugenden der Regelfläche überall rechtwinklig.

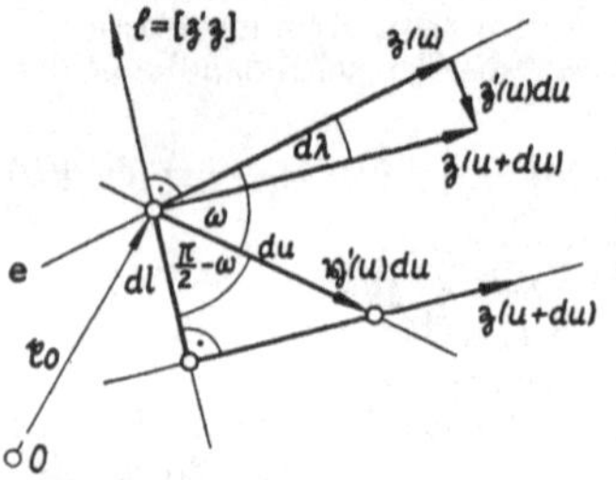

Bild 5. Kehlpunkt P_0 (Ortsvektor $\mathfrak{x}_0$), Drall $\beta = dl/d\lambda$ und Zentraltangente $\mathfrak{l}$ der Erzeugenden e einer Regelfläche

Sind dann u und $u + du$ zwei nur um das Differential erster Ordnung $du \neq 0$ unterschiedene Stellen der Kehllinie $\mathfrak{y}(u)$, so sei $d\lambda$ der Winkel und dl der Lotabstand der beiden zugehörigen Erzeugenden $\mathfrak{z}(u)$ und $\mathfrak{z}(u + du)$. Wenn wir Differentiale zweiter und höherer Ordnung vernachlässigen, also

$$\mathfrak{z}(u + du) = \mathfrak{z}(u) + \mathfrak{z}'(u)du$$

setzen (Bild 5), so schließen diese beiden Einheitsvektoren den Winkel

$$d\lambda = |\,\mathfrak{z}'(u)\,|\,du = \sqrt{\mathfrak{z}'^2}\,du \tag{21.11}$$

ein.

Wenn man die beiden Einheitsvektoren $\mathfrak{z}(u)$ und $\mathfrak{z}(u + du)$ auf ihren Erzeugenden beliebig verschiebt, so bestimmen sie Tetraeder, die das feste Volumen $dl \cdot \sin d\lambda = dl \cdot d\lambda$ haben. Schreibt man dieses Volumen als Spatprodukt, so folgt:

$$\begin{aligned} dl \cdot \sin d\lambda = dl \cdot d\lambda &= [\mathfrak{y}(u + du) - \mathfrak{y}(u), \mathfrak{z}(u), \mathfrak{z}(u + du)] \\ &= [\mathfrak{y}'(u)du, \mathfrak{z}(u), \mathfrak{z}'(u)du] = [\mathfrak{y}'\mathfrak{z}\mathfrak{z}']du^2. \end{aligned} \tag{21.12}$$

Dividiert man (12) noch durch $d\lambda^2 = \mathfrak{z}'^2(u)du^2$, so erhält man

$$p = \frac{dl}{d\lambda} = \frac{[\mathfrak{y}'\mathfrak{z}\mathfrak{z}']}{\mathfrak{z}'^2}. \tag{21.13}$$

Die Größe p bedeutet geometrisch den Parameter der infinitesimalen Schraubung, welche die Erzeugende $\mathfrak{z}(u)$ in die Nachbarerzeugende $\mathfrak{z}(u + du)$ überführt und sich zusammensetzt aus 1. der infinitesimalen Drehung der Erzeugenden $\mathfrak{z}(u)$ um das Gemeinlot $\mathfrak{l}$ (Drehwinkel $d\lambda$) und 2. der infinitesimalen Schiebung längs des Gemeinlotes $\mathfrak{l}$ (Schiebstrecke dl).

Man nennt p nach Wilhelm Blaschke den **Drall** der Erzeugenden u der Regelfläche. Das Vorzeichen des Dralls p entscheidet über den Windungssinn (Schraubsinn) der beiden benachbarten Erzeugenden u und $u + du$.

Bemerkung 4: Der Drall p verschwindet für die Erzeugenden der abwickelbaren Regelflächen (nichtisotrope Kegel, Zylinder, Torsen), weil dann $[\mathfrak{y}'\mathfrak{z}\mathfrak{z}'] \equiv 0$ und $\mathfrak{z}'^2 \not\equiv 0$ ist. Je größer der Drall p ist, um so stärker ist die Windung des windschiefen Streifens, den die beiden Nachbarerzeugenden aufspannen, und um so schneller dreht sich dabei die Tangentenebene τ der Regelfläche um die Erzeugende e beim Fortschreiten längs e. Betrachten wir nämlich den Kehlpunkt $v_0 = 0$ und einen beliebigen Punkt $v \neq 0$ dieser Erzeugenden mit den zugehörigen Flächennormalen $\mathfrak{N}_0 = [\mathfrak{y}'\mathfrak{z}]$ und $\mathfrak{N} = [\mathfrak{y}'\mathfrak{z}] + v[\mathfrak{z}'\mathfrak{z}]$, so dreht sich die Tangentenebene τ beim Fortschreiten vom Kehlpunkte $v_0 = 0$ nach dem Punkte $v \neq 0$ um den Winkel ε, wobei

$$\cos\varepsilon = \frac{(\mathfrak{N}_0\mathfrak{N})}{|\mathfrak{N}_0|\cdot|\mathfrak{N}|} \tag{21.14}$$

ist. Beachtet man die Formeln

$$\mathfrak{z}^2 \equiv 1, \quad \mathfrak{z}\mathfrak{z}' \equiv 0, \quad \mathfrak{y}'^2 \equiv 1, \quad \mathfrak{y}'\mathfrak{z}' \equiv 0, \quad \mathfrak{y}'\mathfrak{z} = \cos\omega, \tag{21.15}$$

so folgt aus (13) leicht das Ergebnis

$$v\cdot\operatorname{ctg}\varepsilon = \frac{\sin\omega}{\sqrt{\mathfrak{z}'^2}} = p. \tag{21.16}$$

Diese Formel beschreibt nochmals die Chaslessche Berührungskorrelation (20. 35) zwischen den Punkten und Tangentenebenen einer Erzeugenden der windschiefen Regelfläche.

Beispiel 1: Die Hauptnormalenfläche der krummen Raumkurve $\mathfrak{y} = \mathfrak{y}(u)$, die weder isotrop ist ($\mathfrak{y}'^2 \not\equiv 0$), noch in einer isotropen Ebene liegt ($\mathfrak{y}''^2 \not\equiv 0$), hat, wenn als Parameter u ihr Bogen gewählt wird ($\mathfrak{y}'^2 \equiv 1$), die Gaußsche Darstellung

$$\mathfrak{x} = \mathfrak{x}(u, v) = \mathfrak{y}(u) + v\mathfrak{h}(u). \tag{21.17}$$

Wenn die Raumkurve $\mathfrak{y}(u)$ doppeltgekrümmt, d. h. neben $\varkappa(u) \not\equiv 0$ auch $\tau(u) \not\equiv 0$ ist, so ist die Hauptnormalenfläche (17) eine windschiefe Regelfläche. Tatsächlich ist dann wegen $\mathfrak{y}'(u) = \mathfrak{t}$ und $\mathfrak{z} = \mathfrak{h}(u)$

$$\begin{aligned}[\mathfrak{y}'\mathfrak{z}\mathfrak{z}'] &= [\mathfrak{t}, \mathfrak{h}, \mathfrak{h}'] = [\mathfrak{t}, \mathfrak{h}, -\varkappa\mathfrak{t} + \tau\mathfrak{b}] \\ &= \tau[\mathfrak{t}\mathfrak{h}\mathfrak{b}] = \tau(u) \not\equiv 0.\end{aligned} \tag{21.18}$$

Wegen $\mathfrak{z}'^2 = \mathfrak{h}'^2 = (-\varkappa\mathfrak{t} + \tau\mathfrak{b})^2 = \varkappa^2 + \tau^2$ ist der Drall der Hauptnormalenfläche in der Erzeugenden u nach (13)

$$(21.19) \qquad p = \frac{[\mathfrak{y}'\mathfrak{z}\mathfrak{z}']}{\mathfrak{z}'^2} = \frac{\tau}{\varkappa^2 + \tau^2}\,.$$

Die Kehllinie der Hauptnormalenfläche, uns schon aus (II. 10. 12) bekannt, lautet wegen $\mathfrak{z}'^2 = \mathfrak{h}'^2 = \varkappa^2 + \tau^2$ und $(\mathfrak{y}'\mathfrak{z}') = (\mathfrak{t}\mathfrak{h}') = -\varkappa$ nach (7)

$$(21.20) \qquad \mathfrak{x}_0 = \mathfrak{x}_0(u) = \mathfrak{y}(u) + \frac{\varkappa}{\varkappa^2 + \tau^2}\,\mathfrak{h}(u).$$

Beispiel 2: Die Binormalenfläche einer doppeltgekrümmten Raumkurve $\mathfrak{y} = \mathfrak{y}(u)$, die weder isotrop ($\mathfrak{y}'^2 \not\equiv 0$) ist, noch in einer isotropen Ebene liegt ($\mathfrak{y}''^2 \not\equiv 0$) und auf ihren Bogen u bezogen ist ($\mathfrak{y}'^2 \equiv 1$), hat die Gaußsche Parameterdarstellung

$$(21.21) \qquad \mathfrak{x} = \mathfrak{x}(u, v) = \mathfrak{y}(u) + v \cdot \mathfrak{b}(u).$$

Wegen $\varkappa \not\equiv 0, \tau \not\equiv 0$ ist auch die Binormalenfläche eine windschiefe Regelfläche. Tatsächlich ist wegen $\mathfrak{y}'(u) = \mathfrak{t}(u)$ und $\mathfrak{z} = \mathfrak{b}(u)$

$$(21.22) \qquad [\mathfrak{y}'\mathfrak{z}\mathfrak{z}'] = [\mathfrak{t}, \mathfrak{b}, \mathfrak{b}'] = [\mathfrak{t}, \mathfrak{b}, -\tau\mathfrak{h}] = \tau(u) \not\equiv 0\,.$$

Wegen $\mathfrak{z}'^2 = \mathfrak{b}'^2 = (-\tau\mathfrak{h})^2 = \tau^2$ ist der Drall der Binormalenfläche in der Erzeugenden u

$$(21.23) \qquad p = \frac{[\mathfrak{y}'\mathfrak{z}\mathfrak{z}']}{\mathfrak{z}'^2} = \frac{\tau}{\tau^2} = \frac{1}{\tau}\,.$$

Wegen $\mathfrak{y}'\mathfrak{z}' = \mathfrak{t}\mathfrak{b}' = -\tau(\mathfrak{t}\mathfrak{h}) = 0$ ist nach (7) die Raumkurve mit der Kehllinie ihrer Binormalenfläche identisch.

Da außerdem $\mathfrak{y}'\mathfrak{z} = \mathfrak{t}\mathfrak{b} = 0$ ist, liegt dabei nach (10) sogar der Ausnahmefall vor, daß die Kehllinie die Erzeugenden der Regelfläche rechtwinkelig durchsetzt.

Bemerkung 4: Um das Bogenelement ds der Regelfläche (20. 3) zu erhalten, berechnen wir aus (20. 4) unter Berücksichtigung von (10) und (15) die metrischen Fundamentalgrößen

$$(21.24) \qquad \begin{aligned} E &= (\mathfrak{y}' + v\mathfrak{z}')^2 = \mathfrak{y}'^2 + 2v(\mathfrak{y}'\mathfrak{z}') + v^2\mathfrak{z}'^2 = 1 + v^2\mathfrak{z}'^2, \\ F &= (\mathfrak{y}' + v\mathfrak{z}')\mathfrak{z} = (\mathfrak{y}'\mathfrak{z}) + v(\mathfrak{z}'\mathfrak{z}) = \cos\omega, G = \mathfrak{z}^2 = 1, \end{aligned}$$

und erhalten

$$(21.25) \qquad ds^2 = (1 + v^2\mathfrak{z}'^2)du^2 + 2\cos\omega\, du dv + dv^2.$$

Aus (16) folgt

$$(21.26) \qquad \mathfrak{z}'^2 = \frac{\sin^2\omega}{p^2}\,.$$

Damit ergibt sich schließlich

$$(21.27)\qquad ds^2 = \left(1 + \frac{v^2 \sin^2 \omega}{p^2}\right) du^2 + 2\cos\omega\, du dv + dv^2.$$

Weil es, wie sich zeigen wird, auf keine Art möglich ist, windschiefe Regelflächen ($[\mathfrak{y}'\mathfrak{z}\mathfrak{z}'] \neq 0$) in die Ebene längentreu abzubilden (abzuwickeln), heißen windschiefe Regelflächen auch nicht abwickelbare Regelflächen.

Beispiel 3: Die Kehllinie (Striktionslinie) einer Erzeugendenschar des einschaligen Hyperboloids

$$(21.28)\qquad \frac{x^2}{a^2} + \frac{y^2}{b^2} - \frac{z^2}{c^2} = 1 \quad (a^2 > b^2)$$

kann man nach Johannes Hjelmslev (1902) in der folgenden einfachen, rein geometrischen Weise bestimmen:

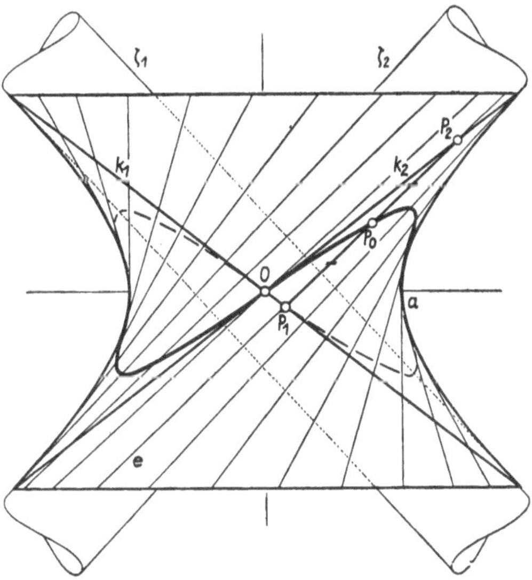

Bild 6. Kehllinie (Striktionslinie) einer Erzeugendenschar des einschaligen Hyperboloids

Legt man (Bild 6) durch die Erzeugenden e der Regelschar des Hyperboloids die asymptotische Ebene τ_u, die dazu normale Zentralebene τ_0 und zwei beliebige Ebenen τ, τ', welche mit τ_u oder τ_0 gleiche Winkel einschließen, so liegen die Berührungspunkte P_u, P_0, P, P' dieser vier Ebenen nach dem Satze von Chasles wegen $DV(\tau_u\tau_0, \tau\tau') = -1 = DV(P_uP_0, PP')$ harmonisch. Weil P_u der Fernpunkt von e ist, liegt der Zentralpunkt P_0 von e in der Mitte zwischen den Punkten P und P'. Da die asymptotischen Ebenen τ_u der Erzeugenden e den Mittelpunkt O des Hyperboloids (28) enthalten, erhält man Ebenen τ, τ', die gegen τ_u gleiche (aber mit e veränderliche) Winkel bilden, wenn man aus den Erzeugenden e die Tangentenebenen an eine beliebige, zu dem Hyperboloid (28) konzentrische Kugel $\varkappa$ legt. Diese Ebenen τ, τ' umhüllen dann die Verbindungstorse ϑ der Kugel $\varkappa$ und des Hyperboloids (28). Wenn die Kugel $\varkappa$ das Hyperboloid in den Scheiteln $(0, \pm b, 0)$ doppelt berührt, so zerfällt diese Torse ϑ in zwei reelle Drehzylinder ζ_1, ζ_2, deren Achsen die Richtungen der Vektoren $(\pm \sqrt{a^2 - b^2}, 0, c) = (\pm e, 0, c)$ haben, und welche das Hyperboloid längs zweier Ellipsen k_1, k_2 berühren, die in den Ebenen $\pm ecx = a^2z$ liegen. Halbiert man dann die Strecken $[P_1 P_2]$, welche die Berührungsellipsen k_1, k_2 der beiden dem Hyperboloid umschriebenen Drehzylinder ζ_1, ζ_2 auf den Erzeugenden e der Regelschar begrenzen, so erhält man Punkte P_0 der **Kehllinie** (Striktionslinie) dieser Regelschar des Hyperboloids; sie ist eine algebraische (rationale) Raumkurve 4. Ordnung.

Im Falle des Drehhyperboloids ($a^2 = b^2$) ergibt sich als Striktionslinie jeder der beiden Regelscharen der Kehlkreis der Fläche.

B. Vektoranalysis auf Flächen

22. Beltramis erster Differentiator $\nabla\varphi$. Gradient einer Ortsfunktion auf der Fläche. Ordnet man jedem Punkte $P(u, v)$ der Fläche $\mathfrak{x} = \mathfrak{x}(u, v)$ einen Zahlenwert (Skalar) $\varphi = \varphi(u, v)$ oder einen Flächenvektor (Tangentenvektor) $\mathfrak{v} = \mathfrak{v}(u, v) = \alpha(u, v)\mathfrak{x}_u + \beta(u, v)\mathfrak{x}_v$ zu, so erhält man auf der Fläche eine (skalare) Ortsfunktion oder ein Skalarfeld $\varphi(u, v)$ bzw. ein Vektorfeld $\mathfrak{v}(u, v)$. Diese beiden Begriffe und ihre differentiellen Eigenschaften gehören zur inneren Geometrie der Fläche und bilden den Gegenstand der Vektoranalysis auf der Fläche. Deren für die Flächentheorie wichtigste Grundlagen sollen nun entwickelt werden.

Nach (4. 12) stellen die Höhenlinien

$$(22.1) \qquad \varphi = \varphi(u, v) = \text{const} \quad \text{und} \quad \psi = \psi(u, v) = \text{const}$$

der beiden (stetig ableitbaren) skalaren Ortsfunktionen (Flächenfunktionen) $\varphi = \varphi(u, v)$ und $\psi = \psi(u, v)$ auf der (glatten) Fläche $\mathfrak{x} = \mathfrak{x}(u, v)$ zwei Kurvenscharen dar, welche auf der Fläche ein reguläres Netz bilden, wenn

$$(22.2) \qquad \frac{\partial(\varphi, \psi)}{\partial(u, v)} = \begin{vmatrix} \varphi_u & \varphi_v \\ \psi_u & \psi_v \end{vmatrix} = \varphi_u \psi_v - \varphi_v \psi_u \neq 0$$

ist. Man kann dann auch die Linien

$$(22.3) \qquad \varphi = \varphi(u, v) \quad \text{und} \quad \psi = \psi(u, v)$$

auf der Fläche als reguläre Parameterlinien verwenden.

Führt man durch die Transformationsformeln (3. 3) oder (3. 5) statt (u, v) neue reguläre Parameter $(\bar{u}, \bar{v})$ mit nichtverschwindender Funktionaldeterminante (3. 4) bzw. (3. 6) ein, und kennzeichnet man die transformierten Größen durch Querstriche, in dem man z. B. setzt:

(22. 4) $\varphi(u, v) = \varphi(u(\bar{u}, \bar{v}), v(\bar{u}, \bar{v})) = \overline{\varphi}(\bar{u}, \bar{v})$,

so ist der Ausdruck

$$\boxed{\vartheta(\varphi, \psi) = \frac{1}{W} \cdot \frac{\partial(\varphi, \psi)}{\partial(u, v)} = \frac{\varphi_u \psi_v - \varphi_v \psi_u}{\sqrt{EG - F^2}}} \tag{22.5}$$

eine absolute Parameterinvariante, d. h. es gilt

$$\vartheta(\varphi, \psi) = \vartheta(\overline{\varphi}, \overline{\psi}). \tag{22.6}$$

Beweis: Wie die Größe W nach (8.12), so ist auch $\frac{\partial(\varphi, \psi)}{\partial(u, v)}$ wegen

$$\frac{\partial(\overline{\varphi}, \overline{\psi})}{\partial(\bar{u}, \bar{v})} = \frac{\partial(\varphi, \psi)}{\partial(u, v)} \cdot \frac{\partial(u, v)}{\partial(\bar{u}, \bar{v})} = D \cdot \frac{\partial(\varphi, \psi)}{\partial(u, v)}$$

gegenüber Parameteränderungen eine relative Invariante vom Gewicht 1. Der Quotient $\vartheta(\varphi, \psi)$ ist daher eine absolute Parameterinvariante.

Bemerkung 1: Im Falle einer reellen Fläche mit reellem Parameternetz (u, v) bzw. (φ, ψ) kann man $W = \sqrt{EG - F^2} > 0$ voraussetzen. Nach (3. 10) ist dann und nur dann $\vartheta(\varphi, \psi) > 0$, wenn $\varphi_u \psi_v - \varphi_v \psi_u > 0$ ist, d. h. wenn die Parameternetze (u, v) und (φ, ψ) auf der Fläche dieselbe Orientierung aufweisen. Es bedeutet also keine besondere Einschränkung der Allgemeinheit, wenn man $\vartheta(\varphi, \psi) > 0$ annimmt.

Man bezeichnet nach Eugenio Beltrami (1864) einen Ausdruck Φ der allgemeinen Gestalt

$$\Phi(E, F, G; \varphi, \psi; E_u, F_u, G_u; \varphi_u, \psi_u; E_v, F_v, G_v; \varphi_v, \psi_v; \ldots),$$

der aus den Größen E, F, G und aus einer oder mehreren Ortsfunktionen $\varphi, \psi, \ldots$ der Fläche sowie ihren Ableitungen nach den Parametern u, v gebildet ist, als einen **Differentiator** (oder Differentialparameter) der Funktionen $\varphi, \psi, \ldots$ bezüglich der ersten Grundform

$$ds^2 = E(u, v)\, du^2 + 2F(u, v)\, du\, dv + G(u, v)\, dv^2 \tag{22.7}$$

der Fläche, wenn er beim Übergang zu neuen regulären Parametern $(\bar{u}, \bar{v})$ formal seine Gestalt nicht ändert, d. h. wenn $\overline{\Phi} = \Phi$ ist. Bei diesem Übergang wird das Bogenelementquadrat ds^2 durch das nach (8. 11) transformierte Bogenelementquadrat $d\bar{s}^2$ ersetzt.

Der Ausdruck (5) ist auf der Fläche $\mathfrak{x}(u, v)$ der einfachste zu den beiden Ortsfunktionen $\varphi(u, v)$ und $\psi(u, v)$ gehörige Differentiator bezüglich der Grundform (7).

Nach seiner Definition liefert jeder Differentiator Φ zu den an ihm beteiligten Ortsfunktionen $\varphi(u, v)$, $\psi(u, v)$, ... auf der Fläche eine neue mit ihnen biegungs- und parameterinvariant verbundene Ortsfunktion $\Phi(u, v)$.

Zu zwei besonders wichtigen Differentiatoren der Grundform (7) kommen wir auf folgende Art. Die Tangentenrichtungen $\mathfrak{t}_\varphi$ und $\mathfrak{t}_\psi$ des Netzes (1) in einem gemeinsamen Punkte $P(u, v)$ sind nach (4. 14) durch die Differentialverhältnisse

$$(22.\,8) \qquad du_1 : dv_1 = \varphi_v : -\varphi_u \text{ und } du_2 : dv_2 = \psi_v : -\psi_u$$

gegeben. Genauer lauten die Tangentenvektoren $\mathfrak{t}_\varphi$ und $\mathfrak{t}_\psi$

$$(22.\,9) \qquad \mathfrak{t}_\varphi = \frac{\varphi_v \mathfrak{x}_u - \varphi_u \mathfrak{x}_v}{W}, \quad \mathfrak{t}_\psi = \frac{\psi_v \mathfrak{x}_u - \psi_u \mathfrak{x}_v}{W}$$

oder mit naheliegender Symbolik

$$(22.\,10) \qquad \mathfrak{t}_\varphi = \frac{1}{W} \cdot \frac{\partial(\mathfrak{x}, \varphi)}{\partial(u, v)}, \quad \mathfrak{t}_\psi = \frac{1}{W} \cdot \frac{\partial(\mathfrak{x}, \psi)}{\partial(u, v)}.$$

Wegen

$$\frac{\partial(\bar{\mathfrak{x}}, \bar{\varphi})}{\partial(\bar{u}, \bar{v})} = \frac{\partial(\mathfrak{x}, \varphi)}{\partial(u, v)} \cdot \frac{\partial(u, v)}{\partial(\bar{u}, \bar{v})} = \frac{\partial(\mathfrak{x}, \varphi)}{\partial(u, v)} \cdot D \text{ und } \overline{W} = W \cdot D,$$

also

$$(22.\,11) \qquad \frac{1}{\overline{W}} \cdot \frac{\partial(\bar{\mathfrak{x}}, \bar{\varphi})}{\partial(\bar{u}, \bar{v})} = \frac{1}{W} \cdot \frac{\partial(\mathfrak{x}, \varphi)}{\partial(u, v)}$$

sind die Tangentenvektoren $\mathfrak{t}_\varphi$ und ebenso $\mathfrak{t}_\psi$ der Kurven (1) biegungs- und parameterinvariant mit den Kurvenscharen (1) verbunden.

Dasselbe gilt dann auch für die inneren Produkte und die inneren Quadrate dieser beiden Vektoren (9), nämlich für die skalaren Ortsfunktionen $\mathfrak{t}_\varphi^2, (\mathfrak{t}_\varphi\, \mathfrak{t}_\psi), \mathfrak{t}_\psi^2$, die man mit $\nabla\varphi, \nabla(\varphi, \psi), \nabla\psi$ bezeichnet. Man findet dafür nach (5. 4)

$$(22.12)\quad \begin{cases} \nabla(\varphi, \psi) = (\mathfrak{t}_\varphi\, \mathfrak{t}_\psi) = \dfrac{\varphi_v \mathfrak{x}_u - \varphi_u \mathfrak{x}_v}{W} \cdot \dfrac{\psi_v \mathfrak{x}_u - \psi_u \mathfrak{x}_v}{W} \\[2ex] \qquad = \dfrac{E\varphi_v\psi_v - F(\varphi_u\psi_v + \varphi_v\psi_u) + G\varphi_u\psi_u}{EG - F^2} \\[2ex] \qquad = -\dfrac{1}{EG - F^2} \begin{vmatrix} E & F & \varphi_u \\ F & G & \varphi_v \\ \psi_u & \psi_v & 0 \end{vmatrix} \end{cases}$$

und, indem man darin $\psi = \varphi$ bzw. $\varphi = \psi$ setzt,

$$(22.13)\quad \begin{cases} \nabla\varphi = \nabla(\varphi, \varphi) = \mathfrak{t}_\varphi^2 = \dfrac{E\varphi_v^2 - 2F\varphi_u\varphi_v + G\varphi_u^2}{EG - F^2}, \\[2ex] \nabla\psi = \nabla(\psi, \psi) = \mathfrak{t}_\psi^2 = \dfrac{E\psi_v^2 - 2F\psi_u\psi_v + G\psi_u^2}{EG - F^2}. \end{cases}$$

Die drei Größen $\nabla\varphi, \nabla(\varphi, \psi), \nabla\psi$ sind also auf der Fläche biegungs- und parameterinvariant mit den Funktionen $\varphi(u, v)$ und $\psi(u, v)$ verbunden. D. h. bei Übergang zu neuen regulären Parametern $(\bar{u}, \bar{v})$ vermöge der Formeln (3. 3) gilt

$$(22.14)\quad \nabla\bar{\varphi} = \nabla\varphi, \quad \nabla(\bar{\varphi}, \bar{\psi}) = \nabla(\varphi, \psi), \quad \nabla\bar{\psi} = \nabla\psi.$$

Man nennt die (schon bei Gauß vorkommende) Größe $\nabla\varphi$ (gelesen: „Nabla φ") den **ersten Beltramischen Differentiator** der Ortsfunktion $\varphi(u, v)$ und $\nabla(\varphi, \psi)$, gelesen: „Nabla φ, ψ", den **gemischten Beltramischen Differentiator** der Flächenfunktionen $\varphi(u, v)$ und $\psi(u, v)$.

Die Bedeutung der Differentiatoren liegt vor allem darin, daß sich viele wichtige biegungsinvariante Eigenschaften von Flächenkurven oder Systemen von Flächenkurven unabhängig von der Parameterwahl durch Differentiatoren beschreiben lassen.

Beispiel 1: Für den Schnittwinkel ω der beiden Netzkurven (1) folgt aus (6. 14) die Formel

$$\cos\omega = \frac{E\varphi_v\psi_v - F(\varphi_u\psi_v + \varphi_v\psi_u) + G\varphi_u\psi_u}{\underset{+}{\sqrt{E\varphi_v^2 - 2F\varphi_u\varphi_v + G\varphi_u^2}}\,\underset{+}{\sqrt{E\psi_v^2 - 2F\psi_u\psi_v + G\psi_u^2}}} \tag{22.15}$$

oder einfacher

$$\cos\omega = \frac{\nabla(\varphi, \psi)}{\underset{+}{\sqrt{\nabla\varphi}}\,\underset{+}{\sqrt{\nabla\psi}}}. \tag{22.16}$$

Notwendig und hinreichend dafür, daß die Kurvenscharen $\varphi(u, v) = \text{const}$ und $\psi(u, v) = \text{const}$ ein Orthogonalsystem bilden, ist daher die Bedingung $\nabla(\varphi, \psi) = 0$.

Bemerkung 1: Aus (16) folgt für den Sinus des Schnittwinkels die Formel

$$\sin^2\omega = 1 - \cos^2\omega = \frac{\nabla\varphi\cdot\nabla\psi - (\nabla(\varphi, \psi))^2}{\nabla\varphi\cdot\nabla\psi} = \frac{\vartheta^2(\varphi, \psi)}{\nabla\varphi\cdot\nabla\psi}. \tag{22.17}$$

Wie man nämlich leicht nachrechnet, gilt die Beziehung

$$\vartheta^2(\varphi, \psi) = \nabla\varphi\cdot\nabla\psi - (\nabla(\varphi, \psi))^2. \tag{22.18}$$

Bemerkung 2: Der Nablaoperator ∇ ist linear, d. h. für konstantes p und q gilt

$$\nabla(p\varphi, q\psi) = pq\nabla(\varphi, \psi), \tag{22.19}$$

ferner kommutativ und distributiv, d. h. es gilt

$$\begin{gathered}\nabla(\varphi, \psi) = \nabla(\psi, \varphi) \quad \text{und} \\ \nabla(\varphi + \varphi', \psi) = \nabla(\varphi, \psi) + \nabla(\varphi', \psi).\end{gathered} \tag{22.20}$$

Bemerkung 3: Um die geometrische Bedeutung des ersten Beltramischen Differentiators $\nabla\varphi(u, v)$ zu erkennen, betrachten wir den **Anstieg** $\frac{d\varphi(u, v)}{ds}$ **der Ortsfunktion** $\varphi(u, v)$ im Flächenpunkte $P(u, v)$ beim Fortschreiten in den verschiedenen Flächenrichtungen $du:dv$ mit dem Bogenelement ds der Gestalt (7) und fragen nach dem Maximum des Anstiegsquadrates

$$\left(\frac{d\varphi}{ds}\right)^2 = \left(\varphi_u(u,v)\frac{du}{ds} + \varphi_v(u,v)\frac{dv}{ds}\right)^2 = (\varphi_u u' + \varphi_v v')^2 \tag{22.21}$$

bei festem (u, v). Die Veränderlichen (u', v') sind dabei nach (7) an die Nebenbedingung

$$\Phi = Eu'^2 + 2Fu'v' + Gv'^2 - 1 \equiv 0 \tag{22.22}$$

gebunden.

Bezeichnet $\lambda = \lambda(u, v)$ einen Lagrangeschen Multiplikator, so handelt es sich um das freie Extrem der Hilfsfunktion

$$\Omega = \Omega(u', v') = \left(\frac{d\varphi}{ds}\right)^2 - \lambda\Phi \tag{22.23}$$

bei variablem (u', v'), für welches die notwendigen Bedingungen bestehen

$$\begin{cases} \frac{1}{2}\cdot\frac{\partial\Omega}{\partial u'} = (\varphi_u u' + \varphi_v v')\,\varphi_u - \lambda(Eu' + Fv') = 0\,, \\ \frac{1}{2}\cdot\frac{\partial\Omega}{\partial v'} = (\varphi_u u' + \varphi_v v')\,\varphi_v - \lambda(Fu' + Gv') = 0\,. \end{cases} \tag{22.24}$$

Multipliziert man in (24) die erste Gleichung mit u', die zweite mit v', so erhält man wegen (22) durch Addition

$$\left(\frac{d\varphi}{ds}\right)^2_{\max} = \lambda. \tag{22.25}$$

Eliminiert man aus (24) das Verhältnis $u':v'$, so folgt

$$\lambda = \left(\frac{d\varphi}{ds}\right)^2_{\max} = \frac{E\varphi_v^2 - 2F\varphi_u\varphi_v + G\varphi_u^2}{EG - F^2} = \nabla\varphi(u, v). \tag{22.26}$$

Aus der Parameterinvarianz der linken Seite in (26) folgt nochmals die von $\nabla\varphi$. Zusammenfassend gilt

Satz 1: *Der bezüglich der metrischen Fundamentalform* (7) *der Fläche* $\mathfrak{x} = \mathfrak{x}(u, v)$ *genommene Differentiator* $\nabla\varphi(u, v)$ *der Flächenfunktion* $\varphi(u, v)$ *stellt das Quadrat des maximalen Anstiegs der Funktion* $\varphi(u, v)$ *im Flächenpunkte* $P(u, v)$ *dar.*

Für die Richtung dieses maximalen Anstiegs der Flächenfunktion $\varphi(u, v)$ im Punkte (u, v) folgt aus den beiden linearen homogenen Gleichungen (24)

$$u':v' = (G\varphi_u - F\varphi_v):(E\varphi_v - F\varphi_u). \tag{22.27}$$

Diese Richtung ist zu der aus (8) bekannten Richtung

$(\varphi_v : -\varphi_u)$ der Höhenlinien $\varphi(u, v) = \text{const}$ orthogonal und kann durch den Flächenvektor

$$\boxed{\begin{aligned}\operatorname{grad}\varphi &= \frac{(G\varphi_u - F\varphi_v)\mathfrak{x}_u + (E\varphi_v - F\varphi_u)\mathfrak{x}_v}{W^2} \\ &= \frac{E\varphi_v\mathfrak{x}_v - F(\varphi_u\mathfrak{x}_v + \varphi_v\mathfrak{x}_u) + G\varphi_u\mathfrak{x}_u}{EG - F^2}\end{aligned}} \tag{22. 28}$$

dargestellt werden, den man nach (12) kürzer in naheliegender Symbolik in der Form

$$\operatorname{grad}\varphi = \nabla(\mathfrak{x}, \varphi) = \nabla(\varphi, \mathfrak{x}) \tag{22. 29}$$

schreiben kann, und dessen Längenquadrat

$$(\operatorname{grad}\varphi)^2 = \nabla\varphi \tag{22. 30}$$

ist. Man bezeichnet diesen mit der Ortsfunktion $\varphi(u, v)$ ebenfalls biegungs- und parameterinvariant verbundenen Flächenvektor (28) nach James Clerk Maxwell (1873) als den **Gradienten** der Funktion $\varphi(u, v)$. Es folgt

Satz 2: *Der mit der Ortsfunktion $\varphi(u, v)$ biegungs- und parameterinvariant verbundene Gradientvektor* grad φ *weist in jedem Punkte $P(u, v)$ der Fläche in die (zu den Höhenlinien von $\varphi(u, v)$ orthogonale) Richtung des stärksten Anstiegs der Funktion $\varphi(u, v)$, und seine Länge $|\operatorname{grad}\varphi| = \sqrt{\nabla\varphi}$ ist gleich dem Betrage dieses maximalen Anstiegs.*

Bemerkung 4: Bezeichnet man mit ds_n das Bogenelement der zu den Höhenlinien $\varphi(u, v) = \text{const}$ orthogonalen Flächenrichtung (Gradientenrichtung), so folgt aus (26)

$$\nabla\varphi = \left(\frac{d\varphi}{ds_n}\right)^2. \tag{22. 31}$$

Bemerkung 5: Die Formel (30) ist ein Sonderfall der allgemeinen Formel

$$(\operatorname{grad}\varphi)\cdot(\operatorname{grad}\psi) = \nabla(\varphi, \psi), \tag{22. 32}$$

welche eine einfache invariante Deutung des gemischten Beltramischen Differentiators $\nabla(\varphi, \psi)$ enthält.

Beispiel 2: Ist in der euklidischen (x, y)-Ebene $z = 0$ mit der cartesischen Darstellung

$$\mathfrak{x} = x\mathfrak{e}_1 + y\mathfrak{e}_2 \tag{22.33}$$

und dem Bogenelementquadrat

$$ds^2 = dx^2 + dy^2 \quad (E = G = 1, F = 0;\ W = 1) \tag{22.34}$$

die skalare Ortsfunktion $\varphi = \varphi(x, y)$ gegeben, so lautet ihr erster Beltramischer Differentiator nach (13)

$$\nabla\varphi = \nabla(\varphi, \varphi) = \varphi_x^2 + \varphi_y^2. \tag{22.35}$$

$\nabla\varphi$ ist das Längenquadrat des Gradienten

$$\operatorname{grad}\varphi = \nabla(\varphi, \mathfrak{x}) = \varphi_x\mathfrak{e}_1 + \varphi_y\mathfrak{e}_2. \tag{22.36}$$

Dieser Gradient ist zu den Höhenlinien $\varphi(x, y) = \text{const}$ der Ortsfunktion normal und gibt die Richtung des größten Anstiegs von $\varphi(x, y)$ an.

Beispiel 3: Faßt man die Parameterlinien der Fläche $\mathfrak{x} = \mathfrak{x}(u, v)$ als Höhenlinien der beiden Ortsfunktionen

$$u = \text{const}\ (v\text{-Linien}), \quad v = \text{const}\ (u\text{-Linien}) \tag{22.37}$$

auf, so findet man für deren Beltramische Differentiatoren aus (13)

$$\begin{gathered} \nabla u = \frac{G}{EG - F^2}, \quad \nabla v = \frac{E}{EG - F^2}, \\ \nabla(u, v) = -\frac{F}{EG - F^2}. \end{gathered} \tag{22.38}$$

Daraus folgt nach (18) wegen

$$\frac{1}{EG - F^2} = \nabla u \cdot \nabla v - (\nabla(u, v))^2 = \vartheta^2(u, v) \tag{22.39}$$

umgekehrt

$$E = \frac{\nabla v}{\vartheta^2(u, v)}, \quad F = -\frac{\nabla(u, v)}{\vartheta^2(u, v)}, \quad G = \frac{\nabla u}{\vartheta^2(u, v)}. \tag{22.40}$$

Damit erhält das Bogenelementquadrat (7) der Fläche $\mathfrak{x}(u, v)$ die parameterinvariante Gestalt

$$ds^2 = \frac{1}{\vartheta^2(u, v)}(\nabla v\, du^2 - 2\nabla(u, v)\, du\, dv + \nabla u\, dv^2). \tag{22.41}$$

Werden z. B. statt der Linien (37) durch die Formeln (3. 3) neue Parameterlinien $\bar{u}(u, v) = \text{const}$ und $\bar{v}(u, v) = \text{const}$ eingeführt, so erhält das Bogenelementquadrat (7) die Gestalt

$$(22.42) \qquad ds^2 = \frac{1}{\vartheta^2(\bar{u}, \bar{v})} (\nabla \bar{v}\, d\bar{u}^2 - 2 \nabla(\bar{u}, \bar{v})\, d\bar{u}\, d\bar{v} + \nabla \bar{u}\, d\bar{v}^2) .$$

Man bestätigt leicht das Übereinstimmen dieser einfachen Ergebnisse mit den ausführlicheren Formeln (8. 8).

Im Sonderfalle orthogonaler Parameterlinien ist $\nabla(u, v) = 0$ und $\vartheta^2(u, v) = \nabla u \cdot \nabla v$; folglich wird dann das Bogenelementquadrat der Fläche

$$(22.43) \qquad ds^2 = \frac{du^2}{\nabla u} + \frac{dv^2}{\nabla v} .$$

23. Divergenz (Quelldichte) eines Vektorfeldes auf der Fläche. Auf der glatten Fläche $\mathfrak{x} = \mathfrak{x}(u, v)$ mit dem Bogenelementquadrate (22. 7) sei ein eindeutiges und stetig differenzierbares **Vektorfeld**

$$(23.1) \qquad \mathfrak{v} = \mathfrak{v}(u, v) = \alpha(u, v)\mathfrak{x}_u + \beta(u, v)\mathfrak{x}_v$$

gegeben. Die Vektoren $\alpha(u, v)\mathfrak{x}_u(u, v)$ und $\beta(u, v)\mathfrak{x}_v(u, v)$ heißen die Komponenten und die beiden stetig differenzierbaren Ortsfunktionen $\alpha = \alpha(u, v)$ und $\beta = \beta(u, v)$ die Koordinaten des Vektorfeldes bezüglich des Parameternetzes (u, v).

Führt man wieder durch die Formeln

$$(23.2) \qquad \bar{u} = \bar{u}(u, v), \; \bar{v} = \bar{v}(u, v) \text{ mit } \bar{D} = \frac{\partial(\bar{u}, \bar{v})}{\partial(u, v)} \neq 0$$

statt (u, v) neue zulässige Parameter $(\bar{u}, \bar{v})$ ein, so erhält der Ortsvektor der Fläche die Gestalt

$$\bar{\mathfrak{x}} = \bar{\mathfrak{x}}(\bar{u}, \bar{v}) = \bar{\mathfrak{x}}\big(\bar{u}(u, v), \bar{v}(u, v)\big) = \mathfrak{x}(u, v) = \mathfrak{x} ,$$

und das Vektorfeld (1) nimmt die Gestalt an

$$(23.3) \qquad \begin{aligned} \bar{\mathfrak{v}}(\bar{u}, \bar{v}) &= \bar{\alpha}(\bar{u}, \bar{v})\bar{\mathfrak{x}}_{\bar{u}} + \bar{\beta}(\bar{u}, \bar{v})\bar{\mathfrak{x}}_{\bar{v}} \\ &= \alpha(u, v)\mathfrak{x}_u + \beta(u, v)\mathfrak{x}_v = \mathfrak{v}(u, v). \end{aligned}$$

Beweis: Bei (2) werden nämlich, wenn man $D = 1/\bar{D}$ setzt, die Koordinaten α, β und die Grundvektoren $\mathfrak{x}_u$, $\mathfrak{x}_v$ durch die zueinander kontragredienten Formeln

$$
(23.4) \qquad \begin{aligned} \bar{\alpha} &= \frac{\partial \bar{u}}{\partial u}\alpha + \frac{\partial u}{\partial v}\beta \\ \bar{\beta} &= \frac{\partial \bar{v}}{\partial u}\alpha + \frac{\partial \bar{v}}{\partial v}\beta \end{aligned} \qquad \begin{aligned} \mathfrak{x}_{\bar{u}} &= D\left[+\frac{\partial \bar{v}}{\partial v}\mathfrak{x}_u - \frac{\partial \bar{v}}{\partial u}\mathfrak{x}_v\right] \\ \mathfrak{x}_{\bar{v}} &= D\left[-\frac{\partial \bar{u}}{\partial v}\mathfrak{x}_u + \frac{\partial \bar{u}}{\partial u}\mathfrak{x}_v\right] \end{aligned}
$$

transformiert. Daraus folgt die Parameterinvarianz des Vektorfeldes (1), d. h. die Identität (3).

Deuten wir die Vektoren $\mathfrak{v}(u, v)$ des Vektorfeldes (1) als Geschwindigkeitsvektoren einer stationären Strömung eines inkompressiblen Mediums (Flüssigkeit, Gas) auf der Fläche, so sind deren Stromlinien die Integralkurven des Differentialsystems

$$
(23.5) \qquad \frac{d\mathfrak{x}(u,v)}{dt} = \mathfrak{v}(u,v) \text{ oder } \frac{du}{dt} = \alpha(u,v),\ \frac{dv}{dt} = \beta(u,v).
$$

Ist dann $\mathfrak{B}(u, v)$ ein beliebiger (einfach zusammenhängender) Bereich auf dem (zweiseitigen) Flächenstück und R sein stückweise glatter Rand, den wir uns so orientiert denken, daß für einen in der Flächennormalen $\mathfrak{n} = \frac{[\mathfrak{x}_u \mathfrak{x}_v]}{W}$ stehenden Beobachter der Umlaufsinn von R positiv ist, so fließt durch das Randelement $d\mathfrak{x}$ von R in der Zeiteinheit die Flüssigkeitsmenge

$$
\begin{aligned} [\mathfrak{v}, d\mathfrak{x}, \mathfrak{n}] &= [\alpha\mathfrak{x}_u + \beta\mathfrak{x}_v,\ \mathfrak{x}_u du + \mathfrak{x}_v dv]\cdot\mathfrak{n} \\ &= (\alpha dv - \beta du)\frac{[\mathfrak{x}_u \mathfrak{x}_v]^2}{W} = (\alpha dv - \beta du)\, W. \end{aligned}
$$

Daher fließt in der Zeiteinheit über den gesamten Rand R von $\mathfrak{B}$ die Menge

$$
(23.6) \qquad \mathfrak{E} = \oint_R [\mathfrak{v}, d\mathfrak{x}, \mathfrak{n}] = \oint_R \alpha W dv - \beta W du,
$$

die man als die **Ergiebigkeit** oder die **Quellung** $\mathfrak{E} = \mathfrak{E}(\mathfrak{B})$ der Strömung im Flächenbereiche $\mathfrak{B}$ bezeichnet.

Das Kurvenintegral (6) kann man nun nach dem Integralsatz von Gauß auch so schreiben

$$(23.7)\quad \oint_R \alpha W dv - \beta W du = \iint_{\mathfrak{B}} \left[\frac{\partial}{\partial u}(\alpha W) + \frac{\partial}{\partial v}(\beta W)\right] du dv,$$

so daß die Ergiebigkeit $\mathfrak{E}$ als Flächenintegral die Gestalt

$$(23.8)\quad \mathfrak{E} = \mathfrak{E}(\mathfrak{B}) = \iint_{\mathfrak{B}} \frac{1}{W}\left[\frac{\partial}{\partial u}(\alpha W) + \frac{\partial}{\partial v}(\beta W)\right] dO$$

erhält ($dO = W du dv$ = Flächenelement). Der Integrand ist dabei die **Quelldichte** oder **Divergenz** $\operatorname{div}\mathfrak{v}(u, v)$ des Vektorfeldes (1) im Punkte $P(u, v)$ der Fläche $\mathfrak{x}(u, v)$:

$$(23.9)\quad \boxed{\operatorname{div}\mathfrak{v}(u, v) = \frac{1}{W}\left[\frac{\partial}{\partial u}(\alpha W) + \frac{\partial}{\partial v}(\beta W)\right]}\,.$$

Bezeichnet $O(\mathfrak{B})$ den Flächeninhalt des Bereiches $\mathfrak{B}(u, v)$, so folgt, wenn $\mathfrak{B}$ durch Grenzübergang auf den Punkt $P(u, v)$ zusammengezogen wird, für die Quelldichte die Grenzwertformel

$$(23.10)\quad \operatorname{div}\mathfrak{v}(u, v) = \lim_{\mathfrak{B}\to P} \frac{\mathfrak{E}(\mathfrak{B})}{O(\mathfrak{B})}\,.$$

Die Divergenz (9) ist nach ihrer Definition biegungs- und parameterinvariant mit dem Vektorfeld $\mathfrak{v}(u, v)$ der Fläche verbunden.

Die Bezeichnung Divergenz stammt von William Kingdon Clifford (1878).

Bemerkung 1: Das eindeutige und stetig ableitbare Vektorfeld (1) heißt **quellfrei,** wenn überall $\operatorname{div}\mathfrak{v} \equiv 0$ ist. Die Integrale in (7) werden dann Null, d. h. die Quellung $\mathfrak{E}(\mathfrak{B})$ jedes Bereiches $\mathfrak{B}$ verschwindet, und durch jede Kontur R tritt ebensoviel Flüssigkeit ein wie aus. Der Integrand von (7) ist dann das vollständige Differential

$$(23.11)\quad (\alpha W)dv - (\beta W)du = d\psi\cdot$$

einer Ortsfunktion $\psi = \psi(u, v)$ der Fläche, die man als die **Stromfunktion** der quellfreien Strömung (1) bezeichnet. Die Gleichung $\operatorname{div} \mathfrak{v} \equiv 0$ ist nämlich die Integrabilitätsbedingung des Differentialausdrucks auf der linken Seite von (11). Die Höhenlinien $\psi(u, v) = \text{const}$ der Stromfunktion stimmen dabei mit den **Stromlinien** des Vektorfeldes $\mathfrak{v}(u, v)$ überein. Tatsächlich gilt für diese Linien wegen $d\psi = 0$ nach (11) die Gleichung $du : dv = \alpha(u, v) : \beta(u, v)$; ihre Richtung stimmt also mit der Stromrichtung $\mathfrak{v} = \alpha \mathfrak{x}_u + \beta \mathfrak{x}_v$ überein.

Beispiel 1: Das eindeutige und stetig ableitbare Vektorfeld

$$\mathfrak{v} = P(x, y)\mathfrak{e}_1 + Q(x, y)\mathfrak{e}_2 \tag{23.12}$$

der euklidischen Ebene (22. 33) mit dem Bogenelementquadrat (22. 34) hat nach (9) die Quelldichte (Divergenz)

$$\operatorname{div} \mathfrak{v} = \frac{\partial P}{\partial x} + \frac{\partial Q}{\partial y}. \tag{23.13}$$

Im quellfreien Falle ($\operatorname{div} \mathfrak{v} \equiv 0$) ist

$$P(x, y)dy - Q(x, y)dx = d\psi \tag{23.14}$$

das vollständige Differential der Stromfunktion $\psi(x, y)$.

24. Rotation (Wirbeldichte) eines Vektorfeldes auf der Fläche. Das eindeutige und stetig ableitbare Vektorfeld $\mathfrak{v} = \mathfrak{v}(u, v)$ in (23.1) definiert außer seiner Divergenz (23.9) auf der Fläche $\mathfrak{x} = \mathfrak{x}(u, v)$ noch eine zweite skalare Ortsfunktion, die mit ihm biegungs- und parameterinvariant verbunden ist, nämlich seine Wirbeldichte oder Rotation. Um diese zu gewinnen, berechnen wir die Wirbelung oder Zirkulation Γ der zu dem Vektorfelde (23. 1) gehörenden stationären Strömung längs der geschlossenen Kontur R des Bereiches $\mathfrak{B}$, d. h. das Linienintegral

$$\begin{aligned} \Gamma &= \oint_R (\mathfrak{v}\, d\mathfrak{x}) = \oint_R (\alpha \mathfrak{x}_u + \beta \mathfrak{x}_v)(\mathfrak{x}_u du + \mathfrak{x}_v dv) \\ &= \oint_R (\alpha E + \beta F)du + (\alpha F + \beta G)dv. \end{aligned} \tag{24.1}$$

Der Umlaufsinn von R ist dabei so gewählt, daß für einen in der Flächennormalen $\mathfrak{n}$ stehenden Beobachter das Innere von $\mathfrak{B}$ zur Linken bleibt.

Deutet man $\mathfrak{v}(u, v)$ als Kraftfeld, so ist Γ die Arbeit dieser Kraft auf dem Wege R.

Das Kurvenintegral (1) kann man nach dem Integralsatz von Gauß umformen und so schreiben:

$$(24.2)\quad \Gamma = \iint\limits_{\mathfrak{B}} \left[\frac{\partial}{\partial u}(\alpha F + \beta G) - \frac{\partial}{\partial v}(\alpha E + \beta F)\right] du\, dv.$$

Damit ist die **Wirbelung** oder **Wirbelstärke** $\Gamma(\mathfrak{B})$ der Strömung um die Kontur R durch ein über das Innere $\mathfrak{B}$ der Kontur R erstrecktes Flächenintegral dargestellt:

$$(24.3)\quad \Gamma = \Gamma(\mathfrak{B}) = \iint\limits_{\mathfrak{B}} \frac{1}{W}\left[\frac{\partial}{\partial u}(\alpha F + \beta G) - \frac{\partial}{\partial v}(\alpha E + \beta F)\right] dO.$$

Sein Integrand

$$(24.4)\quad \boxed{\operatorname{rot} \mathfrak{v}(u, v) = \frac{1}{W}\left[\frac{\partial}{\partial u}(\alpha F + \beta G) - \frac{\partial}{\partial v}(\alpha E + \beta F)\right]}$$

stellt die **Wirbeldichte** oder **Rotation** $\operatorname{rot} \mathfrak{v}(u, v)$ der Strömung oder des Vektorfeldes $\mathfrak{v} = \alpha \mathfrak{x}_u + \beta \mathfrak{x}_v$ im Punkte $P(u, v)$ der Fläche dar. D. h. es gilt, wenn $O(\mathfrak{B})$ den Flächeninhalt des Bereichs $\mathfrak{B}$ bezeichnet und $\mathfrak{B}$ stetig auf den Punkt $P(u, v)$ zusammengezogen wird, die Grenzwertformel

$$(24.5)\quad \operatorname{rot} \mathfrak{v}(u, v) = \lim_{\mathfrak{B} \to P} \frac{\Gamma(\mathfrak{B})}{O(\mathfrak{B})}.$$

Durch (4) ist die Rotation $\operatorname{rot} \mathfrak{v}(u, v)$ des Vektorfeldes (1) als skalare Ortsfunktion biegungs- und parameterinvariant erklärt.

Auch den Namen „Rotation“ hat James Clerk Maxwell (1873) eingeführt; nach William Kingdon Clifford (1878) spricht man oft kürzer „Rotor“.

Bemerkung 1: Das eindeutige und stetig ableitbare Vektorfeld $\mathfrak{v}(u, v)$ heißt **wirbelfrei,** wenn überall auf der Fläche $\operatorname{rot}\mathfrak{v} \equiv 0$ ist. Das Integral (3) wird dann Null, d. h. die Wirbelstärke $\Gamma(\mathfrak{B})$ der Strömung in jedem Bereiche $\mathfrak{B}$ oder, damit gleichbedeutend, die Zirkulation der Strömung um jede Kontur R verschwindet. Der Integrand in (1) ist dann das vollständige Differential

$$(24.6) \qquad (\alpha E + \beta F)du + (\alpha F + \beta G)dv = d\varphi$$

einer Ortsfunktion $\varphi = \varphi(u, v)$, die man als das Geschwindigkeitspotential oder nach C. F. Gauß kurz **Potential** der wirbelfreien Strömung bezeichnet. Die Gleichung $\operatorname{rot}\mathfrak{v} \equiv 0$ ist nämlich die Integrabilitätsbedingung von (6).

Es folgt, daß man dann umgekehrt das Vektorfeld $\mathfrak{v}(u, v)$ aus dem Potential $\varphi(x, y)$ durch Gradientenbildung gewinnen kann. Tatsächlich ist nach (22. 28) wegen $\varphi_u = \alpha E + \beta F$ und $\varphi_v = \alpha F + \beta G$

$$(24.7) \qquad \operatorname{grad}\varphi(u, v) = \alpha\mathfrak{x}_u + \beta\mathfrak{x}_v = \mathfrak{v}(u, v).$$

Beispiel 1: Das Vektorfeld $\mathfrak{v} = P(x, y)\mathfrak{e}_1 + Q(x, y)\mathfrak{e}_2$ der euklidischen Ebene (22. 33) mit dem Bogenelementquadrat (22. 34) hat die Wirbeldichte (Rotation)

$$(24.8) \qquad \operatorname{rot}\mathfrak{v} = \frac{\partial Q}{\partial x} - \frac{\partial P}{\partial y}.$$

Im wirbelfreien Falle ($\operatorname{rot}\mathfrak{v} \equiv 0$) ist

$$(24.9) \qquad P(x, y)dx + Q(x, y)dy = d\varphi$$

das vollständige Differential des Potentials $\varphi(x, y)$, aus dem das Vektorfeld umgekehrt durch Gradientenbildung gewonnen werden kann:

$$(24.10) \qquad \operatorname{grad}\varphi(x, y) = P(x, y)\mathfrak{e}_1 + Q(x, y)\mathfrak{e}_2 = \mathfrak{v}(x, y).$$

25. Beltramis zweiter Differentiator $\Delta\varphi$. Beltramische Differentialgleichungen. Harmonische Funktionen. Nach (22. 28) ist auf der stetig gekrümmten Fläche $\mathfrak{x} = \mathfrak{x}(u, v)$ des Bogenelementquadrates (22. 7) mit der eindeutigen und stetig ableitbaren Ortsfunktion $\varphi = \varphi(u, v)$ biegungsinvariant verbunden das Vektorfeld ihres Gradienten

$$(25.1)\quad \mathfrak{v} = \operatorname{grad} \varphi(u, v) = \frac{(G\varphi_u - F\varphi_v)\mathfrak{x}_u + (E\varphi_v - F\varphi_u)\mathfrak{x}_v}{W^2},$$

dessen Stromlinien nach (22. Satz 2) überall die Richtung des steilsten Anstiegs der Funktion $\varphi(u, v)$ haben. Ist $\varphi(u, v)$ sogar zweimal stetig ableitbar, so erhält man in der Divergenz von grad φ eine weitere skalare Ortsfunktion $\triangle \varphi = \operatorname{div} \operatorname{grad} \varphi$ (gelesen: „Delta-φ"), welche mit φ auf der Fläche biegungsinvariant und parameterinvariant verbunden ist und als der **zweite Beltramische Differentiator** von $\varphi(u, v)$ hinsichtlich der metrischen Grundform (22. 7) bezeichnet wird. Wegen (23. 9) und (1) ergibt sich

$$(25.2)\quad \boxed{\begin{aligned}\triangle\varphi &= \operatorname{div} \operatorname{grad} \varphi \\ &= \frac{1}{W}\left[\frac{\partial}{\partial u}\left(\frac{G\varphi_u - F\varphi_v}{W}\right) + \frac{\partial}{\partial v}\left(\frac{E\varphi_v - F\varphi_u}{W}\right)\right]\end{aligned}}\,.$$

Die Grenzwertformel (23. 10) für die Divergenz eines Vektorfeldes $\mathfrak{v}(u, v)$ ergibt, auf das Vektorfeld $\mathfrak{v} = \operatorname{grad} \varphi(u, v)$ angewandt, auch eine einfache Grenzwertdefinition des zweiten Beltramischen Differentiators $\triangle\varphi$ im Punkte $P(u, v)$ der Fläche $\mathfrak{x}(u, v)$. Ist nämlich wieder $\mathfrak{B}(u, v)$ ein beliebiger einfach zusammenhängender Bereich, der die Stelle $P(u, v)$ in seinem Inneren enthält, und R sein (glatter) Rand, so kann die Ergiebigkeit $\mathfrak{E}(\mathfrak{B})$ des Gradientenfeldes grad $\varphi(u, v)$ in $\mathfrak{B}$ nach (23. 6) durch das Linienintegral

$$\mathfrak{E}(\mathfrak{B}) = \oint\limits_R [\operatorname{grad} \varphi, d\mathfrak{x}, \mathfrak{n}] = \oint\limits_R \operatorname{grad} \varphi \cdot [d\mathfrak{x}, \mathfrak{n}]$$

dargestellt werden. Dabei bezeichnet $d\mathfrak{x} = \mathfrak{t}\, ds$ den Tangentenvektor der Kurve R. Das Linienintegral ist in positivem Sinne um den Rand R von $\mathfrak{B}$ erstreckt. Der Vektor $[d\mathfrak{x}, \mathfrak{n}] = [\mathfrak{t}, \mathfrak{n}]\,ds$ ist der zu R normale, ins Äußere von R weisende Flächenvektor der Länge ds, und $\operatorname{grad} \varphi \cdot [d\mathfrak{x}, \mathfrak{n}]$

ist die Länge der Projektion des Gradientvektors auf ihn, d. h. die ds-fache äußere Normalableitung $\frac{d\varphi}{dn}$ der Funktion φ:

$$[\operatorname{grad} \varphi, d\mathfrak{x}, \mathfrak{n}] = \frac{d\varphi}{dn}\, ds.$$

Somit kann die Ergiebigkeit des Gradientfeldes von φ im Bereiche $\mathfrak{B}$ auch durch das Randintegral

$$\mathfrak{E}(\mathfrak{B}) = \oint_R \frac{d\varphi}{dn}\, ds \tag{25. 3}$$

dargestellt werden. Dabei bedeutet $d\varphi/dn$ die Ableitung von $\varphi(u, v)$ nach der äußeren Normalen der Randkurve R.

Aus (23. 10) folgt dann, wenn der Bereich $\mathfrak{B}$ auf den Punkt $P(u, v)$ zusammengezogen wird, wegen (2) die gewünschte Grenzwertformel für $\triangle\varphi$ in der Gestalt

$$\triangle\varphi = \lim_{\mathfrak{B}\to P} \frac{1}{O(\mathfrak{B})} \oint_R \frac{d\varphi}{dn}\, ds. \tag{25. 3*}$$

Bemerkung 1: Die Rotation (der Rotor) von $\operatorname{grad} \varphi(u, v)$ liefert dagegen keinen neuen Differentiator, sondern für jede (zweimal stetig ableitbare) Ortsfunktion $\varphi(u, v)$ nur das triviale Ergebnis

$$\operatorname{rot} \operatorname{grad} \varphi = \frac{1}{W}\left[\frac{\partial \varphi_v}{\partial u} - \frac{\partial \varphi_u}{\partial v}\right] = \frac{1}{W}[\varphi_{vu} - \varphi_{uv}] \equiv 0.$$

Aus (25. Bem. 1) folgt, daß jedes aus einem Potential $\varphi(u, v)$ abgeleitete Vektorfeld $\mathfrak{v} = \operatorname{grad} \varphi$ von selbst wirbelfrei ist; es ist jedoch nach (23. Bem. 1) und (2) dann und nur dann auch quellfrei, wenn das Potential $\varphi(u, v)$ der linearen partiellen **Beltramischen Differentialgleichung** zweiter Ordnung

$$\triangle\varphi(u, v) = 0 \tag{25. 4}$$

genügt. $\varphi(u, v)$ heißt in diesem Falle nach William Thomson (1873) ein **harmonisches Potential** (eine **harmonische**

Funktion) der Fläche, und das Vektorfeld (1) ein Beltramisches oder harmonisches Vektorfeld.

Ein solches quell- und wirbelfreies Vektorfeld (1) besitzt neben einem Potential $\varphi(u, v)$ auch noch eine **Stromfunktion** $\psi(u, v)$, deren Differential nach (23. 11) durch den Ausdruck

$$d\psi = \frac{G\varphi_u - F\varphi_v}{W}\,dv - \frac{E\varphi_v - F\varphi_u}{W}\,du \tag{25. 5}$$

darstellbar ist, dessen Integrabilitätsbedingung nach (2) gerade mit der Beltramischen Gleichung (4) übereinstimmt.

Aus (5) folgen dann die beiden zwischen der Potentialfunktion $\varphi(u, v)$ und der Stromfunktion $\psi(u, v)$ einer quell- und wirbelfreien Strömung bestehenden linearen partiellen **Beltramischen Differentialgleichungen** erster Ordnung

$$\boxed{\begin{array}{ll} \psi_u = -\dfrac{E\varphi_v - F\varphi_u}{W} & \varphi_u = \dfrac{E\psi_v - F\psi_u}{W} \\[2ex] \psi_v = \dfrac{G\varphi_u - F\varphi_v}{W} & \varphi_v = -\dfrac{G\psi_u - F\psi_v}{W} \end{array}}\,, \tag{25. 6}$$

aus denen man mittels (2) sofort ersieht, daß auch die Stromfunktion $\psi(u, v)$ auf der Fläche harmonisch ist, d. h. ebenfalls der Beltramischen Gleichung zweiter Ordnung

$$\triangle\,\psi(u, v) = 0 \tag{25. 7}$$

genügt. Zwei durch die Gleichungen (6) verbundene Funktionen $\varphi(u, v)$ und $\psi(u, v)$ der Fläche heißen zueinander **konjugierte harmonische Funktionen.**

Bemerkung 2: Die Beltramischen Differentialgleichungen (6) gehen in sich über, wenn man φ durch ψ und gleichzeitig ψ durch $-\varphi$ ersetzt. Zu jeder Beltramischen Strömung gibt es also eine zweite, bei der Potential- und Stromlinien ihre Rollen vertauschen. Man bezeichnet daher zwei harmonische Funktionen

$\varphi(u, v)$ und $\psi(u, v)$, die durch die Beltramischen Differentialgleichungen (6) verbunden sind, auch als zueinander konjugierte (harmonische) Potentiale.

Bemerkung 3: Weder die Potential- noch die Stromfunktion eines quell- und wirbelfreien Vektorfeldes darf beliebig gewählt werden; beide müssen vielmehr harmonisch sein und der Beltramischen Gleichung (4) bzw. (7) genügen.

Hat man jedoch z. B. die Potentialfunktion $\varphi(u, v)$ als Lösung von (4) gewählt, so kann man dazu (bis auf eine additive Konstante eindeutig) die zugehörige Stromfunktion (das konjugierte Potential) $\psi(u, v)$ durch Integration des totalen Differentials $d\psi$ in (5) berechnen. Umgekehrt kann man, wenn die Stromfunktion $\psi(u, v)$ als Lösung von (7) beliebig gewählt ist, dazu die konjugierte harmonische Potentialfunktion $\varphi(u, v)$ durch Integration des totalen Differentials

$$(25.8) \qquad d\varphi = \frac{E\psi_v - F\psi_u}{W} du - \frac{G\psi_u - F\psi_v}{W} dv$$

(bis auf eine additive Konstante eindeutig) berechnen.

Bemerkung 4: Die für die harmonische Potentialfunktion $\varphi(u, v)$ in (4) gefundene Beltramische Differentialgleichung $\triangle\varphi(u, v) = 0$ ist eine lineare partielle Differentialgleichung 2. Ordnung vom elliptischen Typus, die man in genügend kleinen Bereichen $\mathfrak{B}(u, v)$, nach Arthur Korn (1914) durch die Picardsche Methode der schrittweisen Näherung in nichttrivialer Weise $(\varphi(u, v) \not\equiv 0)$ lösen kann, wenn ihre Vorzahlen stetig ableitbar sind, d. h. wenn die Fläche $\mathfrak{x} = \mathfrak{x}(u, v)$ dreimal stetig differenzierbar ist. Dann sind auch die linearen partiellen Beltramischen Gleichungen (6) in $\mathfrak{B}(u, v)$ lösbar, d.h. neben $\varphi(u, v)$ ist auch die dazu konjugierte harmonische Potentialfunktion $\psi(u, v)$ bestimmbar.

Schwächere hinreichende Bedingungen für die Lösbarkeit von $\triangle\varphi(u, v) = 0$ hat Leon Lichtenstein (1916) angegeben.

Aus den Formeln (6) ergeben sich durch Eintragen in (22. 12) und (22. 13) wegen (22. Bem. 1) die Gleichungen

$$(25.9) \qquad \nabla\varphi = \nabla\psi = \vartheta(\varphi, \psi) \quad \text{und} \quad \nabla(\varphi, \psi) = 0.$$

Nach (22. Beisp. 1) folgt daraus, daß die Potential- und Stromlinien einer quell- und wirbelfreien Strömung ein **Orthogonalnetz** bilden.

Bemerkung 5: Weil die Linien $\psi(u, v) = \text{const}$ überall auf der Fläche die Linien $\varphi(u, v) = \text{const}$ rechtwinkelig durchsetzen, berühren sie in den Punkten $P(u, v)$ den dortigen Vektor $\mathfrak{v} = \operatorname{grad}\varphi(u, v)$ und sind daher mit den Stromlinien des Vektorfeldes $\mathfrak{v} = \operatorname{grad}\varphi(u, v)$ identisch. Daher stammt die Bezeichnung der Funktion $\psi(u, v)$ als Stromfunktion. Aus dem gleichen Grunde sind die Linien $\varphi(u, v) = \text{const}$ die Stromlinien des Vektorfeldes $\bar{\mathfrak{v}} = \operatorname{grad}\psi(u, v)$.

Verwendet man die Funktionen

$$\varphi = \varphi(u, v) \quad \text{und} \quad \psi = \psi(u, v) \tag{25.10}$$

auf der (reellen) Fläche als Gaußsche Parameter, so erhält das **Bogenelementquadrat** der Fläche nach (22.41) wegen (9) und (22. Bem. 1) die **isotherme Gestalt**

$$ds^2 = \frac{1}{\vartheta(\varphi, \psi)}\,(d\varphi^2 + d\psi^2). \tag{25.11}$$

Die Linien $\varphi = \text{const}$ und $\psi = \text{const}$ bilden dann jeweils auf der Fläche ein **thermisches System** und zusammen ein **isothermes Parameternetz.** Ein solches zerlegt, wenn man $d\varphi = d\psi$ wählt, die Fläche in infinitesimale Quadrate, welche an der Stelle (φ, ψ) die Seitenlänge $\dfrac{d\varphi}{\sqrt{\nabla\varphi}} = \dfrac{d\psi}{\sqrt{\nabla\psi}}$ besitzen.

Bemerkung 6: Die Begründung dieser Bezeichnung liegt darin, daß man die Höhenlinien $\varphi = \text{const}$ der harmonischen Funktion $\varphi(u, v)$ auch als die Isothermen (Linien gleicher Temperatur) einer stationären Wärmeströmung auf der Fläche deuten kann; die dazu orthogonalen Linien $\psi = \text{const}$ sind dabei die Stromlinien der Wärmeströmung. Potential- und Stromfunktion einer stationären Wärmebewegung auf der Fläche (die als thermodynamisch isotrop und von konstanter Wärmeleitfähigkeit gedacht ist) sind nämlich konjugierte Potentiale, d. h. Lösungen der Beltramischen Gleichungen (6).

Bemerkung 7: Ebenso kann man die Höhenlinien $\varphi = \text{const}$ und $\psi = \text{const}$ der konjugierten Potentiale (10) auch als Potential- und Stromlinien einer stationären Elektrizitätsströmung auf der Fläche deuten, wenn diese elektrisch leitend und von fester Leitfähigkeit gedacht wird. Nach Gustav Kirchhoff (1875) gelten dann nämlich wieder die Beltramischen Gleichungen (6).

Beispiel 1: Ist in der auf cartesische Koordinaten (x, y) gestützten euklidischen Ebene $(E = G = 1, F = 0, W = 1)$ eine zweimal stetig ableitbare Ortsfunktion $\varphi = \varphi(x, y)$ gegeben, so erhält man aus (2) für sie den Beltramischen Differentiator

$$\Delta \varphi = \frac{\partial^2 \varphi}{\partial x^2} + \frac{\partial^2 \varphi}{\partial y^2}. \tag{25.12}$$

Die in der Ebene harmonischen Funktionen $\varphi(x, y)$ sind dann nach (4) Lösungen der Laplaceschen Gleichung

$$\Delta \varphi = \varphi_{xx} + \varphi_{yy} = 0. \tag{25.13}$$

Konjugiert harmonisch sind in der Ebene Funktionen $\varphi(x, y)$ und $\psi(x, y)$, welche den aus Beltramis Gleichungen (6) entstehenden Cauchy-Riemannschen Differentialgleichungen genügen:

$$\varphi_x = \psi_y, \quad \varphi_y = - \psi_x. \tag{25.14}$$

Wie die Funktionentheorie[1]) lehrt, folgt umgekehrt aus (14) im Falle der Existenz und Stetigkeit der ersten Ableitungen von φ und ψ die Existenz und Stetigkeit der zweiten Ableitungen und damit das Bestehen der Gleichungen $\Delta \varphi = 0$ und $\Delta \psi = 0$. Die konjugierten harmonischen Funktionen $\varphi(x, y)$ und $\psi(x, y)$ sind dann[1]) stets Real- und Imaginärteil einer komplexen analytischen Funktion

$$f(x + iy) = \varphi(x, y) + i\psi(x, y) \tag{25.15}$$

der komplexen Veränderlichen $z = x + iy$, d. h. einer komplexen differenzierbaren Funktion $w = f(z)$ mit der Ableitung

$$\frac{df(z)}{dz} = \varphi_x + i\psi_x = \frac{1}{i}(\varphi_y + i\psi_y). \tag{25.16}$$

Bedeuten $\left(\frac{du}{ds}, \frac{dv}{ds}\right)$ und $\left(\frac{du}{dn}, \frac{dv}{dn}\right)$ nach (6.18) zwei orthogonale Flächenrichtungen mit den Bogenelementen ds und dn, die zusammen mit der Flächennormalen $\mathfrak{n}$ ein positives Dreibein bilden, so lauten die **Beltramischen Gleichungen** (6) einfacher

---

[1]) Vgl. K. Knopp, Funktionentheorie I, § 7 (Sammlung Göschen, Bd. 668).

$$\boxed{\frac{d\varphi}{ds} = \frac{d\psi}{dn}, \quad \frac{d\varphi}{dn} = -\frac{d\psi}{ds}}. \tag{25.17}$$

Sie stimmen in dieser allgemeinen parameterinvarianten Gestalt unmittelbar mit den Cauchy-Riemannschen Differentialgleichungen (14) der Ebene überein und werden daher auch im Falle allgemeiner Metrik (22. 7) oft nach Cauchy und Riemann benannt.

Aus den Formeln (17) folgt, daß man allgemein auf jeder reellen **analytischen Fläche** zwei konjugierte harmonische Potentiale $\varphi(u, v)$ und $\psi(u, v)$ stets auffassen kann als Real- und Imaginärteil einer komplexen analytischen (d. h. differenzierbaren) Ortsfunktion

$$f(u + iv) = \varphi(u, v) + i\,\psi(u, v) \tag{25.18}$$

der komplexen Veränderlichen $w = u + iv$, deren Ableitung an der Stelle w den von der Richtung unabhängigen Wert

$$f'(w) = \frac{df(w)}{dw} = \frac{d\varphi}{ds} + i\frac{d\psi}{ds} = \frac{1}{i}\left(\frac{d\varphi}{dn} + i\frac{d\psi}{dn}\right) \tag{25.19}$$

hat.

Umgekehrt muß der Realteil $\varphi(u, v)$ und Imaginärteil $\psi(u,v)$ einer auf der Fläche regulären analytischen Funktion (18) stets den Beltramischen Gleichungen (6) oder den Cauchy-Riemannschen Gleichungen (17) genügen. Die reelle Fläche $\mathfrak{x} = \mathfrak{x}(u, v)$ ist dabei selbst als analytisch (und daher ins Komplexe fortsetzbar) vorausgesetzt. Das Betragsquadrat der Ableitung hat nach (6) und (9) den Wert

$$\begin{aligned} |f'(w)|^2 &= \left(\frac{d\varphi}{ds}\right)^2 + \left(\frac{d\psi}{ds}\right)^2 \\ &= \left(\varphi_u \frac{du}{ds} + \varphi_v \frac{dv}{ds}\right)^2 + \left(\psi_u \frac{du}{ds} + \psi_v \frac{dv}{ds}\right)^2 \\ &= \nabla\varphi(u, v) = \nabla\psi(u, v) = \vartheta(\varphi, \psi). \end{aligned} \tag{25.20}$$

Das isotherme Bogenelementquadrat (11) der Fläche erhält dann die Form

$$ds^2 = \frac{1}{|f'(w)|^2}(d\varphi^2 + d\psi^2). \tag{25. 21}$$

Beispiel 2: Die Drehfläche

$$\mathfrak{x} = r\cos\varphi\mathfrak{e}_1 + r\sin\varphi\mathfrak{e}_2 + f(r)\mathfrak{e}_3 \tag{25. 22}$$

hat nach (12. 7) das Bogenelementquadrat

$$\begin{aligned} ds^2 &= (1 + f'^2(r))dr^2 + r^2 d\varphi^2 \\ &= r^2\left[\frac{1 + f'^2(r)}{r^2}\, dr^2 + d\varphi^2\right], \end{aligned} \tag{25. 23}$$

das durch Übergang zu den neuen Parametern

$$R = \int \frac{\sqrt{1 + f'^2(r)}}{r}\, dr = R(r), \qquad \Phi = \varphi \tag{25.24}$$

mit der Umkehrung

$$r = r(R), \qquad \varphi = \Phi \tag{25. 25}$$

die isotherme Gestalt

$$ds^2 = r^2(R)\cdot(dR^2 + d\Phi^2) \tag{25. 26}$$

annimmt. Daraus folgt

Satz 1: *Auf jeder glatten Drehfläche* (22) *lassen sich durch die Formeln* (24) *die Parallelkreise $R = \text{const}$ und Meridiane $\Phi = \text{const}$ in isothermer Weise anordnen.*

Die Größen R und Φ sind dabei auf der Drehfläche die einfachsten konjugiert harmonischen Potentialfunktionen. Jedes andere Paar konjugiert harmonischer Funktionen U und V der Drehfläche hat alsdann die Gestalt

$$U(R, \Phi) = \Re F(R + i\Phi), \quad V(R, \Phi) = \Im F(R + i\Phi), \tag{25. 27}$$

wobei $F(R + i\Phi)$ eine beliebige (nicht konstante) komplexe analytische Funktion der komplexen Veränderlichen $R + i\Phi$ ist.

26. Die Formeln von Green. Das Dirichletsche Problem. Sind $\varphi(u, v)$ und $\psi(u, v)$ zwei beliebige im Inneren des Bereiches $\mathfrak{B}(u, v)$ der Fläche $\mathfrak{x} = \mathfrak{x}(u, v)$ und auf seinem (glatten) Rande R zweimal stetig ableitbare Ortsfunktionen, so stellt die erste der beiden für die Potentialtheorie auf Flächen grundlegenden Greenschen Formeln eine Umwandlung des Flächenintegrals

$$D(\varphi, \psi) = \iint\limits_{\mathfrak{B}} \nabla(\varphi, \psi)\, dO \tag{26.1}$$
$$= \iint\limits_{\mathfrak{B}} \left[\frac{G\varphi_u - F\varphi_v}{W}\,\psi_u + \frac{E\varphi_v - F\varphi_u}{W}\,\psi_v\right] du\, dv$$

durch Teilintegration dar. Zunächst ist

$$D(\varphi, \psi) = \iint\limits_{\mathfrak{B}} \left[\frac{\partial}{\partial u}\left(\frac{G\varphi_u - F\varphi_v}{W}\,\psi\right) + \frac{\partial}{\partial v}\left(\frac{E\varphi_v - F\varphi_u}{W}\,\psi\right)\right] du\, dv$$
$$- \iint\limits_{\mathfrak{B}} \psi \left[\frac{\partial}{\partial u}\left(\frac{G\varphi_u - F\varphi_v}{W}\right) + \frac{\partial}{\partial v}\left(\frac{E\varphi_v - F\varphi_u}{W}\right)\right] du\, dv.$$

Wendet man auf das erste Glied den Gaußschen Integralsatz an, und berücksichtigt man im zweiten die Definition (25.2) von $\triangle\varphi$, so folgt

$$D(\varphi, \psi) = \oint\limits_{R} \psi \left[\frac{G\varphi_u - F\varphi_v}{W}\, dv - \frac{E\varphi_v - F\varphi_u}{W}\, du\right]$$
$$- \iint\limits_{\mathfrak{B}} \psi \cdot \triangle\varphi\, W\, du\, dv, \tag{26.2}$$
$$= \oint\limits_{R} \psi \left[\varphi_u \frac{F du + G dv}{W} - \varphi_v \frac{E du + F dv}{W}\right]$$
$$- \iint\limits_{\mathfrak{B}} \psi \cdot \triangle\varphi\, dO.$$

Der Rand R ist dabei im positiven Sinn, d. h. so zu umlaufen, daß dabei (für einen in der Flächennormalen $\mathfrak{n}$ stehenden Beobachter) das Innere von $\mathfrak{B}$ zur Linken liegt.

Nach (6. 18) ist die zur Tangentenrichtung $\left(\frac{du}{ds}, \frac{dv}{ds}\right)$ des Randes R orthogonale Richtung der äußeren Normalen von R

$$\frac{du}{dn} = + \frac{F du + G dv}{W ds}, \quad \frac{dv}{dn} = - \frac{E du + F dv}{W ds}; \tag{26.3}$$

dabei bedeutet ds das Bogenelement des Randes R und dn das Bogenelement seiner äußeren Normalen. Daher kann man schreiben:

$$(26.4)\quad \varphi_u \frac{F du + G dv}{W} - \varphi_v \frac{E du + F dv}{W} = \left(\varphi_u \frac{du}{dn} + \varphi_v \frac{dv}{dn}\right) ds = \frac{d\varphi}{dn} \cdot ds.$$

Dabei bedeutet $\frac{d\varphi}{dn}$ die Ableitung von $\varphi(u, v)$ in Richtung der äußeren Normalen des Randes R. Damit erhält (2) schließlich die Gestalt

$$(26.5)\quad D(\varphi, \psi) = \iint\limits_{\mathfrak{B}} \nabla(\varphi, \psi) dO = \oint\limits_{R} \psi \frac{d\varphi}{dn} ds - \iint\limits_{\mathfrak{B}} \psi \triangle \varphi dO.$$

Dies ist die von dem englischen Physiker George Green (1793 bis 1841) im Jahre 1828 gefundene **erste Greensche Formel** der Potentialtheorie.

Aus (5) ergibt sich, wenn man φ und ψ vertauscht und dann unter Beachtung der Symmetrie $\nabla(\varphi, \psi) = \nabla(\psi, \varphi)$, also $D(\varphi, \psi) = D(\psi, \varphi)$, beide Formeln subtrahiert, die **zweite Greensche Formel**:

$$(26.6)\quad \iint\limits_{\mathfrak{B}} (\varphi \triangle \psi - \psi \triangle \varphi)\, dO = \oint\limits_{R} \left(\varphi \frac{d\psi}{dn} - \psi \frac{d\varphi}{dn}\right) ds.$$

Bemerkung 1: Setzt man in (5) im besonderen $\psi = 1$, so wird nach (22.12) $\nabla(\varphi, \psi) = 0$, und nach (1) wird $D(\varphi, \psi) = 0$; aus (5) folgt somit

$$(26.7)\quad \mathfrak{E}(\mathfrak{B}) = \iint\limits_{\mathfrak{B}} \triangle \varphi dO = \oint\limits_{R} \frac{d\varphi}{dn} ds.$$

Dabei ist im letzten Integral die Funktion $\varphi(u, v)$ nach der äußeren Normalen des (im positiven Sinn umlaufenen) Randes R von $\mathfrak{B}$ abzuleiten.

Die Formel (7) hätte sich auch aus der Gaußschen Integralformel (23.7) ergeben, wenn man darin für den Flächenvektor (23.1) den Vektor grad φ aus (22.28) einträgt; sie drückt die Ergiebigkeit $\mathfrak{E}(\mathfrak{B})$ der stationären inkompressiblen Potentialströmung mit dem Geschwindigkeitsvektor $\mathfrak{v} = \operatorname{grad} \varphi(u, v)$ auf zwei Arten aus, nämlich 1. als Flächenintegral der Quelldichte

$\operatorname{div} \mathfrak{v} = \operatorname{div} \operatorname{grad} \varphi = \triangle \varphi$ und 2. in Übereinstimmung mit (25. 3) als Randintegral.

Ist die Potentialströmung $\mathfrak{v} = \operatorname{grad} \varphi(u,v)$ quellfrei, d. h.

$$\triangle \varphi = \operatorname{div} \operatorname{grad} \varphi \equiv 0, \tag{26. 8}$$

so folgt für alle geschlossenen Linien R die Formel

$$\oint_R \frac{d\varphi}{dn}\, ds = 0. \tag{26. 9}$$

Gilt umgekehrt für alle geschlossenen (glatten) Flächenkurven R die Formel (9), so folgt aus (7) wieder $\triangle \varphi \equiv 0$, d. h. die Quellfreiheit der Potentialströmung mit dem Potential $\varphi(u, v)$; das Potential $\varphi(u, v)$ ist in diesem Falle nach (III. 25) ein harmonisches Potential. Die daraus abgeleitete Beltramische Strömung $\mathfrak{v} = \operatorname{grad} \varphi$ wird oft auch als eine Laplacesche Strömung bezeichnet.

Für $\varphi = \psi$ entsteht aus $D(\varphi, \psi)$ nach (1) und (22. 13) das **Dirichletsche Integral** der Funktion $\varphi(u, v)$:

$$D(\varphi) = \iint_{\mathfrak{B}} \nabla \varphi\, dO = \iint_{\mathfrak{B}} \frac{E\varphi_v^2 - 2\,F\,\varphi_u\,\varphi_v + G\,\varphi_u^2}{W}\, du\, dv. \tag{26.10}$$

Mit Hilfe der ersten Greenschen Formel (5) kann man leicht beweisen, daß die auf der Fläche harmonischen Funktionen $\varphi = \varphi(u, v)$ (d. h. die Lösungen der Beltramischen Gleichung $\triangle\varphi = 0$) auch die Lösungen des sogenannten **Dirichletschen Problems** sind, das verlangt, jene in dem (beschränkten und einfach zusammenhängenden) Bereiche $\mathfrak{B}$ und auf seinem Rande R zweimal stetig ableitbare Funktion $\varphi(u, v)$ zu finden, welche 1. auf dem (stückweise glatten) Rande $R\{u = u(s), v = v(s), s = \text{Bogen}\}$ vorgegebene stetige Randwerte $\varphi_{\text{Rand}} = \varphi(s)$ annimmt und welche 2. dem über den Bereich $\mathfrak{B}$ erstreckten Dirichletschen Integral (7) den kleinsten Wert $D(\varphi) = \text{Min.}$ erteilt.

Beweis: Eine notwendige Bedingung für diese (als existent angenommene) Minimalfunktion $\varphi(u, v)$ erhält man, wenn man neben $\varphi(u, v)$ die Vergleichsfunktionen $\varphi(u, v) + \varepsilon\psi(u, v)$

mit beliebigem $\psi(u, v) \not\equiv 0$ und konstantem, genügend kleinem ε stellt, welche auf R dieselben Randwerte wie φ haben, d. h. bei denen $\psi_{\text{Rand}} = 0$ ist. Deren Dirichletsches Integral ist

$$(26.11)\quad \begin{aligned} D(\varphi + \varepsilon\psi) &= \iint_{\mathfrak{B}} \nabla(\varphi + \varepsilon\psi)\, dO \\ &= \iint_{\mathfrak{B}} [\nabla\varphi + 2\varepsilon\nabla(\varphi, \psi) + \varepsilon^2\nabla\psi]\, dO \\ &= D(\varphi) + 2\varepsilon \iint_{\mathfrak{B}} \nabla(\varphi, \psi) dO + \varepsilon^2 D(\psi). \end{aligned}$$

Dafür, daß die Funktion φ das Minimum $D(\varphi)$ liefert, also stets $D(\varphi + \varepsilon\psi) > D(\varphi)$ wird, ist dann notwendig, daß

$$(26.12)\quad \iint_{\mathfrak{B}} \nabla(\varphi, \psi)\, dO = 0$$

ist für alle Funktionen $\psi(u,v)$ mit $\psi(u,v)_{\text{Rand}} = 0$. Weil wegen $\nabla(\psi) = (\operatorname{grad}\psi)^2 > 0$ auch $D(\psi) > 0$ bleibt, ist die Bedingung (12) überdies auch hinreichend.

Nach der ersten Greenschen Formel (5) muß also

$$(26.13)\quad \iint_{\mathfrak{B}} \nabla(\varphi, \psi)\, dO = \oint_{R} \psi \cdot \frac{d\varphi}{dn}\, ds - \iint_{\mathfrak{B}} \psi \cdot \triangle\varphi\, dO = 0$$

sein. Wegen $\psi_{\text{Rand}} = 0$ verschwindet das Linienintegral rechts. Nach dem Fundamentalsatz der Variationsrechnung folgt dann aus dem letzten Integral wegen der Willkür von $\psi(u, v)$ in $\mathfrak{B}$, daß die Funktion $\varphi(u, v)$ der Beltramischen Gleichung $\triangle\varphi = 0$ genügen muß, d. h. daß $\varphi(u, v)$ auf der Fläche harmonisch ist, w. z. b. w.

Die tatsächliche Konstruktion der zu dem Bereiche $\mathfrak{B}$ und den auf R vorgegebenen stetigen Randwerten $\varphi(s)$ gehörigen harmonischen Funktion $\varphi(u, v)$ ist ein klassisches Problem der Analysis. Sehr viel leichter als die Existenz dieser Funktion $\varphi(u, v)$ ist übrigens ihre Einzigkeit zu beweisen.

Beispiel 1: In der auf cartesische Koordinaten (x, y) gestützten euklidischen Ebene ($E = G = 1, F = 0;\ W = 1$) lautet das Dirichletsche Integral

$$D(\varphi) = \iint_{\mathfrak{B}} \nabla \varphi \, dx \, dy = \iint_{\mathfrak{B}} (\varphi_x^2 + \varphi_y^2) \, dx \, dy. \tag{26.14}$$

Als zweimal stetig ableitbare Lösungen des Dirichletschen Problems $D(\varphi) = \text{Min}$ (bei gegebenen stetigen Randwerten von φ auf R) ergeben sich (durch diese Randwerte eindeutig bestimmte) Lösungen der Laplaceschen Gleichung

$$\triangle \varphi = \varphi_{xx} + \varphi_{yy} = 0, \tag{26.15}$$

d. h. harmonischen Funktionen der Ebene mit der Darstellung

$$\varphi = \varphi(x, y) = \Re f(x + iy), \tag{26.16}$$

wobei $f(x + iy)$ eine in $\mathfrak{B}$ und auf R eindeutige reguläre komplexe analytische Funktion der komplexen Veränderlichen $x + iy$ ist.

C. Theorie der Abbildung von Flächen

27. Abbildung zweier Flächen aufeinander. Berührende Affinität. Längentreue, Winkeltreue, Flächentreue. Sind zwei reelle glatte (bzw. analytische) Flächenstücke $\mathfrak{x} = \mathfrak{x}(u, v)$ und $\bar{\mathfrak{x}} = \bar{\mathfrak{x}}(\bar{u}, \bar{v})$ umkehrbar eindeutig aufeinander abgebildet, so hängen die Parameter (u, v) und $(\bar{u}, \bar{v})$ entsprechender Punkte P, $\overline{P}$ durch Gleichungen

$$(27.1) \qquad \begin{matrix} \bar{u} = \bar{u}(u, v) \\ \bar{v} = \bar{v}(u, v) \end{matrix} \;\Bigg|\; \begin{matrix} u = u(\bar{u}, \bar{v}) \\ v = v(\bar{u}, \bar{v}) \end{matrix} \qquad \overline{D} = \frac{\partial(\bar{u}, \bar{v})}{\partial(u, v)} \neq 0$$

zusammen, die stetig ableitbar sein sollen.

Man kann dann nach (III. 3) auf der Fläche $\bar{\mathfrak{x}}(\bar{u}, \bar{v})$ durch die Formeln (1) statt $(\bar{u}, \bar{v})$ die Größen (u, v) als neue reguläre Parameter einführen. Wir schreiben dann kurz

$$(27.2) \qquad \bar{\mathfrak{x}} = \bar{\mathfrak{x}}(\bar{u}(u, v), \bar{v}(u, v)) = \bar{\mathfrak{x}}(u, v).$$

Dadurch ist erreicht, daß sich in der Abbildung der beiden Flächen

$$(27.3) \qquad \mathfrak{x} = \mathfrak{x}(u, v) \quad \text{und} \quad \bar{\mathfrak{x}} = \bar{\mathfrak{x}}(u, v)$$

Punkte $P(u, v)$ und $\overline{P}(u, v)$ mit gleichen Parametern entsprechen. Also gilt:

Satz 1: *Jede umkehrbar eindeutige und stetig ableitbare Abbildung zweier glatter (bzw. analytischer) Flächenstücke* $\mathfrak{x}$, $\bar{\mathfrak{x}}$ *kann (bei geeigneter Wahl der Parameternetze auf den Flächen) stets durch die Formeln* (3), *d. h. so dargestellt werden, daß entsprechende Punkte* P *und* $\overline{P}$ *die gleichen Koordinaten* (u, v) *haben.*

Wir bezeichnen zwei solche, zu gleichen Parametern (u, v) gehörende Punkte $P(u, v)$ und $\overline{P}(u, v)$ der Flächen (3) auch kurz als ein Bildpunktepaar (u, v) oder als ein Punktepaar oder Stellenpaar (u, v) der Abbildung.

Die Taylor-Entwicklungen der Ortsvektoren der beiden Flächen (3) in der Umgebung entsprechender Punkte $P(u, v)$ und $\overline{P}(u, v)$ lauten dann

(27. 4)

$$\mathfrak{x}(u + du, v + dv) = \mathfrak{x}(u, v) + \mathfrak{x}_u(u, v)du + \mathfrak{x}_v(u, v)dv + \cdots$$
$$\bar{\mathfrak{x}}(u + du, v + dv) = \bar{\mathfrak{x}}(u, v) + \bar{\mathfrak{x}}_u(u, v)du + \bar{\mathfrak{x}}_v(u, v)dv + \cdots$$

Unterdrückt man die Glieder zweiter und höherer Ordnung dieser Entwicklungen, so stellt (4) bei festem (u, v) und beweglichem (du, dv) eine affine Beziehung zwischen den Tangentenebenen $\tau(u, v)$ und $\bar{\tau}(u, v)$ der beiden Flächen in den entsprechenden Punkten $P(u, v)$ und $\overline{P}(u, v)$ dar, die wir als die **berührende Affinität** der Abbildung der beiden Flächen im Punktepaare (u, v) bezeichnen. Man sagt daher auch:

Satz 2 (von A. Tissot, 1859): *Jede durch eine stetig ableitbare Abbildung zwischen zwei glatten (bzw. analytischen) Flächen $\mathfrak{x}$ und $\bar{\mathfrak{x}}$ vermittelte Verwandtschaft ist im Kleinen affin.*

In dieser berührenden Affinität entspricht der Tangente $d\mathfrak{x} = \mathfrak{x}_u du + \mathfrak{x}_v dv$ der Fläche $\mathfrak{x}$ in $P(u, v)$ die Tangente $d\bar{\mathfrak{x}} = \bar{\mathfrak{x}}_u du + \bar{\mathfrak{x}}_v dv$ der Fläche $\bar{\mathfrak{x}}$ in $\overline{P}(u, v)$. Sind dann

$$\text{(27. 5)} \quad \begin{aligned} ds^2 &= E\,du^2 + 2\,F\,du dv + G dv^2 \quad \text{und} \\ d\bar{s}^2 &= \overline{E}\,du^2 + 2\,\overline{F}\,du dv + \overline{G} dv^2 \end{aligned}$$

die Bogenelementquadrate dieser Flächenrichtungen (du, dv), so nennt man das Verhältnis $\frac{d\bar{s}}{ds} = \lambda > 0$ die **Längenverzerrung** der Richtung (du, dv) im Punktepaare (u, v) oder kurz die Verzerrung der Abbildung in dieser Richtung. Ihr Quadrat

$$(27.\,6)\quad \lambda^2(u, v, du, dv) = \frac{d\bar{s}^2}{ds^2} = \frac{\bar{E}\,du^2 + 2\,\bar{F}\,du\,dv + \bar{G}\,dv^2}{E\,du^2 + 2\,F\,du\,dv + G\,dv^2}$$

ändert sich in der berührenden Affinität (4) bei festem Punktepaar (u, v) mit der Richtung (du, dv) und hat für alle Paare entsprechender Punkte (u, v) dann und nur dann einen von der Richtung (du, dv) unabhängigen Wert $\lambda^2 = \lambda^2(u, v)$, wenn

$$(27.\,7)\quad E(u, v) : F(u, v) : G(u, v) = \bar{E}(u, v) : \bar{F}(u, v) : \bar{G}(u, v)$$

gilt. Die berührende Affinität ist dann eine **berührende Ähnlichkeit** mit dem **Ähnlichkeitsmodul** $\lambda\,(u, v)$. Man sagt, die beiden Flächen sind durch die Abbildung **im Kleinen ähnlich** aufeinander bezogen. Eine durch (7) gekennzeichnete Abbildung ist folglich **winkeltreu.** Weil entsprechende Figuren in Umgebungen erster Ordnung der beiden Flächen (3) zueinander ähnlich sind, spricht man nach C. F. Gauß (1844) auch von einer **konformen Abbildung.**

Ist insbesondere

$$(27.\,8)\quad E(u, v) \equiv \bar{E}(u, v),\ F(u, v) \equiv \bar{F}(u, v),\ G(u, v) \equiv \bar{G}(u, v),$$

so sind die beiden Flächen durch die Abbildung (3) sogar **längentreu** oder **isometrisch** aufeinander bezogen. Nach (6. Satz 3) folgt daraus von selbst die Winkeltreue und die Flächentreue der Abbildung.

Während es nun, wie wir sehen werden, stets möglich ist, zwei reelle analytische Flächenstücke (sogar auf unendlich viele Arten) konform (winkeltreu) aufeinander zu beziehen, ist es i. a. nicht möglich, zwei beliebig vorgegebene glatte Flächenstücke (sie mögen analytisch sein oder nicht) längentreu aufeinander abzubilden.

Beispiel 1: Es ist z. B. auf keine Weise möglich, eine Kugel auf eine Ebene längentreu abzubilden, wie zuerst Leonhard Euler (1777) bewiesen hat. Bei einer längentreuen Abbildung (3) zweier Flächen $\mathfrak{x}$, $\bar{\mathfrak{x}}$ entsprechen nämlich notwendig den kürzesten

Linien zwischen irgendwelchen Punkten P, Q der einen Fläche die kürzesten Linien zwischen den Bildpunkten $\bar{P}, \bar{Q}$ auf der anderen Fläche, wobei diese Kürzesten auf beiden Flächen dieselbe Länge haben. Bei einer längentreuen Abbildung der Kugel auf die Ebene müßten also die kürzesten Linien auf der Kugel (d. s. die Großkreise) als Bilder die kürzesten Linien der Ebene (d. s. die Geraden) haben. Einem sphärischen Dreieck aus Großkreisen der Kugel entspräche dann ein geradliniges Dreieck der Ebene, und beide Dreiecke müßten gleichlange Seiten und (weil längentreue Abbildungen stets winkeltreu sind) gleich große Winkel haben. Das ist aber unmöglich, weil die Winkelsumme im Kugeldreieck stets größer ist als zwei rechte Winkel, im ebenen Dreieck aber stets gleich zwei Rechten. *Daher kann es keine längentreue Abbildung der Kugel oder irgendeines Stückes der Kugel auf die Ebene geben.*

Unter den Abbildungen zweier Flächen (3) aufeinander sind außer den konformen (im Kleinen ähnlichen) Abbildungen auch noch jene von besonderer Bedeutung, deren berührende Affinitäten flächentreu sind. Für diese im Kleinen flächentreuen Abbildungen müssen entsprechende, von den Vektoren $\bar{\mathfrak{x}}_u du$, $\bar{\mathfrak{x}}_v dv$ und $\mathfrak{x}_u du$, $\mathfrak{x}_v dv$ aufgespannte Koordinatenmaschen flächengleich sein, d. h. es muß

$$d\bar{O} = |[\bar{\mathfrak{x}}_u \bar{\mathfrak{x}}_v]|\, du\, dv = \bar{W}\, du\, dv \quad \text{gleich}$$
$$dO = |[\mathfrak{x}_u \mathfrak{x}_v]|\, du\, dv = W\, du\, dv \quad \text{sein,}$$

also $\bar{W} = W$, oder es muß für alle Werte von (u, v)

$$(27.9) \qquad \bar{E}\bar{G} - \bar{F}^2 \equiv EG - F^2 \quad \{u, v\}$$

sein. Die beiden Flächen (3) sind dann wegen

$$(27.10) \qquad \bar{O} = \iint_{\mathfrak{B}(u,v)} \bar{W}\, du\, dv = \iint_{\mathfrak{B}(u,v)} W\, du\, dv = O$$

auch im Großen flächentreu aufeinander bezogen, d. h. entsprechende Flächenstücke von $\mathfrak{x}$ und $\bar{\mathfrak{x}}$ haben stets gleiche Flächeninhalte $(O = \bar{O})$.

Soll umgekehrt für alle Parameterbereiche $\mathfrak{B}(u, v)$ stets $\bar{O} = O$ sein, so gilt notwendig $\bar{W} = W$, d. h. die Bedingung

(9) ist notwendig und hinreichend (kennzeichnend) für **flächentreue Abbildungen.**

Die treffenden Bezeichnungen winkeltreue, längentreue und flächentreue Abbildung hat 1882 Artur Breusing (1818–1892, Direktor der Bremer Seefahrtsschule) erfunden. Vordem nannte man flächentreue Abbildungen auch äquivalente Abbildungen.

28. Die Hauptverzerrungsrichtungen einer Abbildung. Indikatrizen von Tissot und Study. Wir betrachten zunächst nur nichtkonforme Abbildungen der beiden reellen, metrisch regulären Flächen $\mathfrak{x}(u, v)$ und $\bar{\mathfrak{x}}(u, v)$. Wir nehmen also an, daß die Fundamentalgrößen (E, F, G) und $(\bar{E}, \bar{F}, \bar{G})$ nicht proportional sind, d. h. daß die Matrix

$$(28.\ 1) \qquad \left\| \begin{matrix} E & F & G \\ \bar{E} & \bar{F} & \bar{G} \end{matrix} \right\|$$

den Rang zwei hat, und somit nicht alle drei Unterdeterminanten zweiter Ordnung

$$(28.\ 2) \qquad e = \begin{vmatrix} F & G \\ \bar{F} & \bar{G} \end{vmatrix}, \quad -2f = \begin{vmatrix} E & G \\ \bar{E} & \bar{G} \end{vmatrix}, \quad g = \begin{vmatrix} E & F \\ \bar{E} & \bar{F} \end{vmatrix}$$

verschwinden. Ferner sind die Größen $E, G, EG - F^2$ und $\bar{E}, \bar{G}, \bar{E}\bar{G} - \bar{F}^2$ sämtlich positiv.

Die berührende Affinität ist dann keine Ähnlichkeit und die Längenverzerrung λ ändert sich nach (27.6) stetig mit der Richtung (du, dv). Weil $1/\lambda$ stetig ist, $(0 < 1/\lambda < \infty)$, gibt es nach Weierstraß in jedem Punktepaar (u, v) mindestens eine Richtung (du, dv) mit absolut größter und mindestens eine mit absolut kleinster Längenverzerrung. Man bezeichnet diese Richtungen als die **Hauptverzerrungsrichtungen** (Tissotschen Hauptrichtungen) der Abbildung und ihrer berührenden Affinität in dem Punktepaare (u, v).

Setzt man $\frac{dv}{du} = \xi$, so hat nach (27. 6) der Ausdruck $\bar{\lambda}^2 = 1/\lambda^2$ die Form

$$\bar{\lambda}^2 = \frac{1}{\lambda^2} = \frac{E + 2F\xi + G\xi^2}{\bar{E} + 2\bar{F}\xi + \bar{G}\xi^2} = \frac{Z(\xi)}{N(\xi)}\,. \tag{28. 3}$$

Für seine extremalen Werte gilt nach Leibniz

$$\frac{d(1/\lambda^2)}{d\xi} = \frac{NZ' - ZN'}{N^2} = 0,$$

oder

$$\frac{1}{2}\begin{vmatrix} Z & Z' \\ N & N' \end{vmatrix} = \begin{vmatrix} E + 2F\xi + G\xi^2, & F + G\xi \\ \bar{E} + 2\bar{F}\xi + \bar{G}\xi^2, & \bar{F} + \bar{G}\xi \end{vmatrix}$$
$$= \begin{vmatrix} E + F\xi\,, & F + G\xi \\ \bar{E} + \bar{F}\xi\,, & \bar{F} + \bar{G}\xi \end{vmatrix} = 0.$$

Setzt man darin wieder $\xi = \frac{dv}{du}$ ein, so bleibt die Gleichung

$$\begin{vmatrix} E\,du + F\,dv\,, & F\,du + G\,dv \\ \bar{E}\,du + \bar{F}\,dv\,, & \bar{F}\,du + \bar{G}\,dv \end{vmatrix} = 0 \tag{28. 4}$$

oder nach (2)

$$g\,du^2 - 2f\,du\,dv + e\,dv^2 = 0, \tag{28. 5}$$

aus der sich in jedem Punktepaare (u, v) der Abbildung zwei Hauptverzerrungsrichtungen (du, dv) ergeben, die stets reell und voneinander verschieden sind, weil

$$\Delta = f^2 - eg > 0 \tag{28. 6}$$

ist.

Beweis: Aus

$$\begin{vmatrix} E & F & G \\ E & F & G \\ \bar{E} & \bar{F} & \bar{G} \end{vmatrix} = Ee + 2Ff + Gg = 0, \text{ d.h. } Ee = -2Ff - Gg \tag{28. 7}$$

folgt nämlich wegen $E > 0$ und $EG - F^2 > 0$ tatsächlich

$$(28.8)\qquad \begin{aligned} E^2\Delta &= E^2f^2 - Eg\cdot Ee = E^2f^2 + Eg(2Ff + Gg)\\ &= (Ef + Fg)^2 + (EG - F^2)g^2 > 0. \end{aligned}$$

Null könnte nur für $g = 0$, $f = 0$ entstehen. Dann wäre nach (7) auch $e = 0$, im Widerspruch zu der Annahme einer nichtkonformen Abbildung.

Für diese Hauptverzerrungsrichtungen gilt

Satz 1: *Die beiden Hauptverzerrungsrichtungen* (4) *sind auf jeder der beiden Flächen* $\mathfrak{x}$ *und* $\bar{\mathfrak{x}}$ *zueinander rechtwinkelig. Sie stimmen daher mit den beiden Paaren entsprechender rechter Winkel* (h_1, h_2) *und* $(\bar{h}_1, \bar{h}_2)$ *der in zugeordneten Punkten berührenden Affinität überein.*

Beweis: Für diese beiden Paare rechtwinkeliger Richtungen $d\mathfrak{x}$ und $d\mathfrak{x}'$ auf $\mathfrak{x}(u, v)$ bzw. $d\bar{\mathfrak{x}}$ und $d\bar{\mathfrak{x}}'$ auf $\bar{\mathfrak{x}}(u, v)$ ist nämlich

$$(28.9)\qquad \begin{aligned} (d\mathfrak{x}\cdot d\mathfrak{x}') &= E\,du\,du' + F(du\,dv' + dv\,du') + G\,dv\,dv' = 0\\ (d\bar{\mathfrak{x}}\cdot d\bar{\mathfrak{x}}') &= \bar{E}\,du\,du' + \bar{F}(du\,dv' + dv\,du') + \bar{G}\,dv\,dv' = 0 \end{aligned}$$

oder

$$(28.10)\qquad \begin{aligned} (E\,du + F\,dv)du' + (F\,du + G\,dv)dv' &= 0\\ (\bar{E}\,du + \bar{F}\,dv)du' + (\bar{F}\,du + \bar{G}\,dv)dv' &= 0\,. \end{aligned}$$

Diese beiden in (du', dv') linearen homogenen Gleichungen haben dann und nur dann eine nicht trivale Lösung $(du', dv') \neq (0{,}0)$, wenn die Determinante (4) verschwindet, d. h. wenn die Richtung (du, dv) und dann (wegen der Symmetrie der Gleichungen (9)) auch (du', dv') eine Hauptverzerrungsrichtung ist, w. z. b. w.

Die Quadrate der beiden Hauptverzerrungen λ_1^2 und λ_2^2 erhält man aus (27. 6), d. h. aus

$$(28.11)\qquad (E\lambda^2 - \bar{E})du^2 + 2(F\lambda^2 - \bar{F})du\,dv + (G\lambda^2 - \bar{G})dv^2 = 0$$

durch die Bemerkung, daß zu extremalen Werten von λ^2 Doppelwurzeln $(du:dv)$ von (11) gehören. λ_1^2 und λ_2^2 sind also Lösungen der Gleichung

$$(F\lambda^2 - \bar{F})^2 - (E\lambda^2 - \bar{E})(G\lambda^2 - \bar{G}) = 0,$$

somit $1/\lambda_1^2$ und $1/\lambda_2^2$ Lösungen der Gleichung

$$(28.12)\quad (\overline{E}\overline{G}-\overline{F}^2)\frac{1}{\lambda^4}-(E\overline{G}-2F\overline{F}+G\overline{E})\frac{1}{\lambda^2}+(EG-F^2)=0.$$

Folglich ist

$$(28.13)\quad \begin{aligned} 2h^2 &= \frac{1}{\lambda_1^2}+\frac{1}{\lambda_2^2}=\frac{E\overline{G}-2F\overline{F}+G\overline{E}}{\overline{E}\overline{G}-\overline{F}^2},\\ k^2 &= \frac{1}{\lambda_1^2}\cdot\frac{1}{\lambda_2^2}=\frac{EG-F^2}{\overline{E}\overline{G}-\overline{F}^2}. \end{aligned}$$

Man nennt k das Verzerrungsmaß und h die mittlere Verzerrung der Abbildung. Die Größe k mißt die lokale Verzerrung der Flächeninhalte. Für flächentreue Abbildungen ist $k=1$. Für konforme Abbildungen ist $\lambda_1^2=\lambda_2^2$, d. h. $k=h^2$. Für längentreue Abbildungen ist $\lambda_1^2=\lambda_2^2=1$, d. h. $h=1$ und $k=1$.

Daraus folgt der

Satz 2 (von A. Tissot): *In jeder reellen, stetig ableitbaren, nicht konformen Abbildung von zwei glatten, reellen Flächen aufeinander gibt es genau ein reelles orthogonales Kurvennetz der einen Fläche, dem auf der anderen Fläche wieder ein orthogonales Netz entspricht; es sind dies die beiden Netze der Hauptverzerrungslinien (Tissotschen Hauptlinien der Abbildung), deren Richtungen (du, dv) mit den aus (4) fließenden orthogonalen Hauptverzerrungsrichtungen (Hauptrichtungen) der Abbildung übereinstimmen.*

Verwendet man diese Hauptverzerrungslinien als Parameterlinien, so wird $F(u,v)=\overline{F}(u,v)\equiv 0$, und für ihre Richtungen $(du_1, dv_1)=(1,0)$ bzw. $(du_2, dv_2)=(0,1)$ findet man aus (12) als Werte der Hauptverzerrungsquadrate

$$(28.14)\quad \frac{1}{\lambda_1^2}=\frac{E}{\overline{E}},\quad \frac{1}{\lambda_2^2}=\frac{G}{\overline{G}}\,.$$

Das Quadrat des Verzerrungsverhältnisses $\overline{\lambda}^2=1/\lambda^2$ in der beliebigen Richtung (du, dv) hat dann nach (27. 6) und (14) den Wert

$$\begin{aligned}\frac{1}{\lambda^2} &= \frac{E\,du^2 + G\,dv^2}{\bar{E}\,du^2 + \bar{G}\,dv^2} = \\ &= \frac{1}{\lambda_1^2}\cdot\frac{\bar{E}\,du^2}{\bar{E}\,du^2 + \bar{G}\,dv^2} + \frac{1}{\lambda_2^2}\cdot\frac{\bar{G}\,dv^2}{\bar{E}\,du^2 + \bar{G}\,dv^2}.\end{aligned} \tag{28.15}$$

Nun gilt für die Winkel $\bar{\varphi}$ und $\bar{\psi} = \frac{\pi}{2} - \bar{\varphi}$, welche die Richtung (du, dv) auf der Fläche $\bar{\mathfrak{x}}(u, v)$ gegen die erste bzw. zweite Hauptkrümmungsrichtung $(du, 0)$ bzw. $(0, dv)$ einschließt, wegen $\bar{\mathfrak{x}}_u \bar{\mathfrak{x}}_v = \bar{F} = 0$, $|\bar{\mathfrak{x}}_u| = \sqrt{\bar{E}}$ und $|\bar{\mathfrak{x}}_v| = \sqrt{\bar{G}}$

$$\cos\bar{\varphi} = \frac{(\bar{\mathfrak{x}}_u du + \bar{\mathfrak{x}}_v dv)\cdot\bar{\mathfrak{x}}_u du}{|\bar{\mathfrak{x}}_u du + \bar{\mathfrak{x}}_v dv|\cdot|\bar{\mathfrak{x}}_u du|} = \sqrt{\frac{\bar{E}\,du^2}{\bar{E}\,du^2 + \bar{G}\,dv^2}}, \tag{28.16}$$

$$\cos\bar{\psi} = \sin\bar{\varphi} = \frac{(\bar{\mathfrak{x}}_u du + \bar{\mathfrak{x}}_v dv)\cdot\bar{\mathfrak{x}}_v dv}{|\bar{\mathfrak{x}}_u du + \bar{\mathfrak{x}}_v dv|\cdot|\bar{\mathfrak{x}}_v dv|} = \sqrt{\frac{\bar{G}\,dv^2}{\bar{E}\,du^2 + \bar{G}\,dv^2}}. \tag{28.17}$$

Damit ergibt sich schließlich aus (15) die **Formel von A. Tissot (1881)**

$$\boxed{\frac{1}{\lambda^2} = \frac{\cos^2\bar{\varphi}}{\lambda_1^2} + \frac{\sin^2\bar{\varphi}}{\lambda_2^2}} \tag{28.18}$$

als Zusammenhang der Verzerrung $\bar{\lambda} = 1/\lambda$ der Abbildung in einer Richtung, welche auf der Fläche $\bar{\mathfrak{x}}(u, v)$ gegen die erste Hauptverzerrungsrichtung unter dem Winkel $\bar{\varphi}$ geneigt ist, mit den beiden Hauptverzerrungen $\bar{\lambda}_1 = 1/\lambda_1$ und $\bar{\lambda}_2 = 1/\lambda_2$. In der Gestalt

$$\frac{\lambda^2\cos^2\bar{\varphi}}{\lambda_1^2} + \frac{\lambda^2\sin^2\bar{\varphi}}{\lambda_2^2} = 1 \tag{28.19}$$

geschrieben, besagt sie (Bild 7):

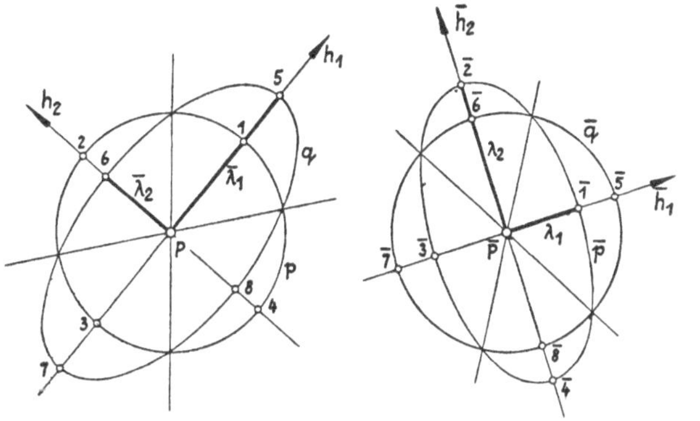

Bild 7. Tissotsche Indikatrizen einer stetig ableitbaren (nicht konformen) Abbildung

Satz 3: *Trägt man auf den Richtungen (du, dv) des Flächenpunktes $\bar{P}$ der Fläche $\bar{\mathfrak{x}}(u, v)$ nach beiden Seiten jeweils die Strecke $\lambda = \frac{d\bar{s}}{ds}$ auf, so entsteht eine Ellipse, deren Halbachsen λ_1 und λ_2 in den beiden Hauptverzerrungsrichtungen $\bar{h}_1$ und $\bar{h}_2$ von $\bar{P}$ liegen.*

Setzt man z. B. $ds = 1$, d. h. zeichnet man in der Tangentenebene τ des Flächenpunktes P von $\mathfrak{x}(u, v)$ einen Kreis p vom Radius 1, so entspricht ihm in der berührenden Affinität in der Tangentenebene $\bar{\tau}$ des Punktes $\bar{P}$ von $\bar{\mathfrak{x}}(u, v)$ eine Ellipse $\bar{p}$, deren Achsen (Länge λ_1 und λ_2) in den beiden Hauptverzerrungsrichtungen von $\bar{\mathfrak{x}}(u, v)$ liegen. Umgekehrt entspricht auch einem in $\bar{\tau}$ um $\bar{P}$ geschlagenen Kreise $\bar{q}$ vom Radius 1 eine Ellipse q um P in der Tangentenebene τ, deren Achsen der Länge $\bar{\lambda}_1 = 1/\lambda_1$ und $\bar{\lambda}_2 = 1/\lambda_2$ in den beiden Hauptverzerrungsrichtungen von $\mathfrak{x}(u, v)$ liegen. Wegen $\bar{\lambda}_1 : \bar{\lambda}_2 = \lambda_2 : \lambda_1$ sind diese beiden Ellipsen $\bar{p}$ und q, die man als die **Tissotschen Indikatrizen der Abbildung** bezeichnet, mit vertauschten Achsen zueinander **ähnlich**.

Bemerkung 1: Im Falle einer konformen Abbildung sind diese beiden Tissotschen Indikatrizen Kreise mit den Radien λ und $\bar{\lambda} = 1/\lambda$. Im Falle der längentreuen Abbildung sind die Tissotschen Indikatrizen kongruente Kreise ($\bar{\lambda} = \lambda = 1$).

Bemerkung 2: Die Tissotschen Indikatrizen einer flächentreuen Abbildung sind zwei kongruente Ellipsen, für deren Halbachsen $\lambda_1 = \bar{\lambda}_2$ und $\lambda_2 = \bar{\lambda}_1$ gilt.

Bemerkung 3: Die beiden Tissotschen Indikatrizen $\bar{p}$ und q (Bild 7) entsprechen in der berührenden Affinität nicht einander, sondern den Einheitskreisen p und $\bar{q}$. Nach Eduard Study (1911) gibt es nun in den beiden zueinander affinen Kegelschnittbüscheln $p + \alpha q$ und $\bar{p} + \alpha \bar{q}$ genau ein entsprechendes Paar zueinander ähnlicher Ellipsen $e, \bar{e}$. Die Achsen dieser für $\alpha = 1/\lambda_1\lambda_2$ entstehenden Ellipsen liegen in den Hauptverzerrungsrichtungen der Punkte P und $\bar{P}$ und haben das Längenverhältnis $A/B = \sqrt{\lambda_2/\lambda_1}$ bzw. $\bar{A}/\bar{B} = \sqrt{\bar{\lambda}_2/\bar{\lambda}_1} = \sqrt{\lambda_1/\lambda_2}$. Sie entsprechen sich also in der berührenden Affinität so, daß der großen Achse der einen Ellipse die kleine Achse der anderen entspricht und umgekehrt.

Wir bezeichnen diese gestaltlich ähnlichen aber mit vertauschten (in die Hauptverzerrungsrichtungen weisenden) Achsen einander affin zugeordneten Ellipsen $e, \bar{e}$, durch welche die berührende Affinität eindeutig festgelegt ist, als die **Studyschen Indikatrizen** der Abbildung der Flächen $\mathfrak{x}, \bar{\mathfrak{x}}$ im Punktepaar $P, \bar{P}$.

Bemerkung 4: Die Studyschen Indikatrizen sind bei einer stetig ableitbaren **flächentreuen Abbildung kongruente Ellipsen** ($A = \bar{B}$, $B = \bar{A}$), bei einer konformen Abbildung ähnliche Kreise, bei einer längentreuen Abbildung kongruente Kreise.

Bemerkung 5: In der affinen Beziehung der beiden Studyschen Indikatrizen $e, \bar{e}$ gibt es zwei zu den Hauptachsen symmetrische, einander entsprechende Durchmesserpaare, deren Längenverzerrung $\lambda = \frac{d\bar{s}}{ds}$ gleich dem geometrischen Mittel $\sqrt{\lambda_1 \lambda_2}$ der beiden Hauptverzerrungen ist. Man erhält diese beiden Richtungen mittlerer Verzerrung $\lambda = \sqrt{\lambda_1 \lambda_2}$ als Diagonalen der Rechtecke, die man den Studyschen Indikatrizen $e, \bar{e}$ in Richtung der Hauptverzerrungen umschreiben kann.

Bemerkung 6: Im Falle der flächentreuen Abbildungen ist $\lambda = \sqrt{\lambda_1 \lambda_2} = 1$. Daher fallen die beiden Richtungen mittlerer Verzerrung mit den beiden isometrischen (verzerrungsfreien) Flächenrichtungen zusammen.

Auf jeder von zwei flächentreu (aber nicht längentreu) aufeinander abgebildeten Flächen $\mathfrak{x}(u, v)$ und $\bar{\mathfrak{x}}(u, v)$, für die also $\overline{W} = W$, aber $(\overline{E}, \overline{F}, \overline{G}) \neq (E, F, G)$ ist, existieren somit genau zwei reelle Scharen von isometrischen (d. h. längentreu aufeinander bezogenen) Kurven.

Wählt man diese isometrischen Linien als Parameterlinien, so ist $\overline{E} = E$, $\overline{G} = G$; wegen $\overline{W} = W$ ist dann überdies $\overline{F} = -F$.

29. Konforme Abbildung einer reellen analytischen Fläche auf die Ebene. Man kann auf jeder reellen analytischen Fläche $\mathfrak{x} = \mathfrak{x}(u, v)$ auf unendlich viele Arten isotherme Parameter (φ, ψ) einführen. Dazu hat man nach (25. 4) ein harmonisches Potential $\varphi(u, v)$ als zweimal stetig ableitbare Lösung der Beltramischen Differentialgleichung $\triangle\varphi = 0$ zu nehmen und durch Integration des totalen Differentials (25. 5) ein dazu konjugiertes harmonisches Potential $\psi(u, v)$ zu bestimmen. Das Bogenelement ds der Fläche hat dann nach (25. 11) die isotherme Gestalt

$$(29.\,1)\qquad ds^2 = \frac{d\varphi^2 + d\psi^2}{|\vartheta(\varphi, \psi)|} \quad \text{mit} \quad \vartheta(\varphi, \psi) = \frac{\varphi_u \psi_v - \varphi_v \psi_u}{\sqrt{EG - F^2}}\,.$$

Die aus $ds^2 = 0$ folgenden beiden Scharen isotroper Linien der Fläche lauten dann

$$(29.\,2)\qquad \begin{aligned} w &= \varphi(u, v) + i\psi(u, v) = \text{const}, \\ \overline{w} &= \varphi(u, v) - i\psi(u, v) = \overline{\text{const}}\,. \end{aligned}$$

Umgekehrt erhält man aus diesen zueinander konjugiert komplexen isotropen Parametern $(w, \overline{w})$ der Fläche durch Sondern des Real- und Imaginärteils die isothermen Parameter

$$\varphi = \frac{w + \bar{w}}{2} = \Re w, \quad \psi = \frac{w - \bar{w}}{2i} = \Im w. \tag{29. 3}$$

Damit ergibt sich ein neuer direkter Weg zu isothermen Parametern. Hat die reelle analytische Fläche mit den reellen Parametern (u, v) das Bogenelementquadrat

$$ds^2 = E(u, v)du^2 + 2F(u, v)du\,dv + G(u, v)dv^2 \tag{29. 4}$$

mit $E(u, v) > 0$, $G(u, v) > 0$ und $W^2 = EG - F^2 > 0$, so ergeben sich ihre isotropen Linien ($ds^2 = 0$) aus der folgenden Aufspaltung von (4) in komplexe Linearfaktoren:

$$ds^2 = \frac{1}{E}\big(E\,du + (F + iW)dv\big)\big(E\,du + (F - iW)dv\big) = 0. \tag{29.5}$$

Ist dann $\Lambda(u, v)$ ein (komplexer) Eulerscher Multiplikator des ersten Klammerausdrucks und $\bar{\Lambda}(u, v)$ der dazu konjugiert komplexe des zweiten, so sind

$$\begin{aligned} dw &= \Lambda(u, v)\,[E\,du + (F + iW)dv], \\ d\bar{w} &= \bar{\Lambda}(u, v)\,[E\,du + (F - iW)dv] \end{aligned} \tag{29. 6}$$

vollständige Differentiale, durch deren Integration man die (zueinander konjugiert komplexen) isotropen Parameter $(w, \bar{w})$ gewinnt. Das Bogenelementquadrat der Fläche erhält so nach (5) die Gestalt

$$ds^2 = \frac{1}{E\Lambda\bar{\Lambda}}\,dw\,d\bar{w}. \tag{29. 7}$$

Der Realteil und Imaginärteil dieser isotropen Parameter $w, \bar{w}$, d. h. die Funktionen $\varphi(u, v)$ und $\psi(u, v)$ in (3), sind dann auf der Fläche konjugierte harmonische Potentiale und daher auch isotherme Parameter, weil das Bogenelementquadrat durch sie die isotherme Gestalt

$$ds^2 = \frac{1}{E\Lambda\bar{\Lambda}}(d\varphi^2 + d\psi^2) = \frac{1}{|\vartheta(\varphi, \psi)|}(d\varphi^2 + d\psi^2) \tag{29. 8}$$

erhält. Tatsächlich bestätigt man auch leicht, daß für φ und ψ die Beltramischen Differentialgleichungen (25.6) erfüllt sind.

Deutet man nun diese isothermen Flächenparameter (φ, ψ) der Fläche $\mathfrak{x}=\mathfrak{x}(\varphi, \psi)$ nach C. F. Gauß (1822) als cartesische Koordinaten einer euklidischen (X, Y)-Ebene $\mathfrak{X}(\varphi, \psi)$, d. h. setzt man

$$(29.9) \qquad X = \varphi(u, v), \quad Y = \psi(u, v),$$

so besteht zwischen den Bogenelementquadraten ds^2 der Fläche $\mathfrak{x}$ und

$$(29.10) \qquad dS^2 = dX^2 + dY^2 = d\varphi^2 + d\psi^2$$

der Ebene $\mathfrak{X}$ nach (8) die Beziehung

$$(29.11) \qquad dS^2 = |\,\vartheta(\varphi, \psi)\,| \cdot ds^2.$$

Ist weiter ω der Winkel zweier beliebiger Richtungen $d\mathfrak{x}/ds_1$, $d\mathfrak{x}/ds_2$ der Fläche $\mathfrak{x}$ und Ω der Winkel ihrer Bildrichtungen $d\mathfrak{X}/dS_1$, $d\mathfrak{X}/dS_2$ in der Ebene $\mathfrak{X}$, so gilt

$$(29.12) \qquad \cos\omega = \frac{d\mathfrak{x}}{ds_1}\cdot\frac{d\mathfrak{x}}{ds_2} = \frac{d\varphi_1 d\varphi_2 + d\psi_1 d\psi_2}{\sqrt{d\varphi_1^2 + d\psi_1^2}\,\sqrt{d\varphi_2^2 + d\psi_2^2}} = \\ = \frac{d\mathfrak{X}}{dS_1}\cdot\frac{d\mathfrak{X}}{dS_2} = \cos\Omega,$$

d. h. $|\,\omega\,| = |\,\Omega\,|$. Folglich gilt

Satz 1: *Die durch isotherme Parameter* (φ, ψ) *vermittelte Abbildung der Fläche* $\mathfrak{x}(\varphi, \psi)$ *auf die euklidische Ebene* $\mathfrak{X}(\varphi, \psi)$ *mit den cartesischen Koordinaten* (φ, ψ) *ist winkeltreu, d. h. entsprechende Richtungen auf der Fläche und in der Ebene bilden gleiche Winkel.*

Die Bogenelemente ds und dS zugeordneter Richtungen sind dabei nach (11) *proportional:* $dS = \lambda(\varphi, \psi)ds$ *mit einem nur vom Orte* (φ, ψ), *nicht aber von der Richtung* $d\varphi : d\psi$ *abhängigen Verzerrungsmodul* $\lambda = \sqrt{|\,\vartheta(\varphi, \psi)\,|}$.

Man bezeichnet die winkeltreuen Abbildungen nach Gauß (1844) auch als **konforme Abbildungen**, weil *entsprechende Figuren in den Umgebungen erster Ordnung der Stelle* (φ, ψ) *auf der Fläche* $\mathfrak{x}$ *und in der Ebene* $\mathfrak{X}$ *zueinander ähnlich* (also formgleich = konform) sind. Man drückt dies nach (III. 27) kurz so aus:

Satz 2: *Jede winkeltreue oder konforme Abbildung ist im Kleinen eine Ähnlichkeit.*

Allgemeiner gilt der

Satz 3 (von C. F. Gauß, 1822): *Jede beliebige eindeutige reguläre komplexe analytische Funktion*

$$\Phi + i\Psi = F(\varphi + i\psi) \tag{29.13}$$

der komplexen Verbindung $\varphi + i\psi$ *der isothermen Flächenparameter* $\varphi = \varphi(u, v)$ *und* $\psi = \psi(u, v)$ *liefert, wenn man ihren Real- und Imaginärteil*

$$\begin{aligned} X &= \Phi(\varphi, \psi) = \Re F(\varphi + i\psi), \\ Y &= \Psi(\varphi, \psi) = \Im F(\varphi + i\psi) \end{aligned} \tag{29.14}$$

als cartesische Koordinaten $(X, Y) = (\Phi, \Psi)$ *einer euklidischen Ebene deutet, eine konforme Abbildung der Fläche* $\mathfrak{x} = \mathfrak{x}(\varphi, \psi)$ *auf die Ebene* $\mathfrak{X} = \mathfrak{X}(\Phi, \Psi)$.

Beweis: Dann gelten nämlich für die Funktionen $\Phi(\varphi, \psi)$ und $\Psi(\varphi, \psi)$ die Cauchy-Riemannschen Gleichungen

$$\Phi_\varphi = \Psi_\psi, \quad \Phi_\psi = -\Psi_\varphi, \tag{29.15}$$

und für die Funktionen $\varphi(u, v)$ und $\psi(u, v)$ gelten für beliebige Paare normaler Flächenrichtungen ds und dn die Beltramischen Gleichungen

$$\frac{d\varphi}{ds} = \frac{d\psi}{dn}, \quad \frac{d\varphi}{dn} = -\frac{d\psi}{ds}. \tag{29.16}$$

Daraus folgen weiter die Formeln

$$\begin{aligned} \frac{d\Phi}{ds} &= \Phi_\varphi \frac{d\varphi}{ds} + \Phi_\psi \frac{d\psi}{ds} = +\left(\Psi_\psi \frac{d\psi}{dn} + \Psi_\varphi \frac{d\varphi}{dn}\right) = +\frac{d\Psi}{dn}, \\ \frac{d\Phi}{dn} &= \Phi_\varphi \frac{d\varphi}{dn} + \Phi_\psi \frac{d\psi}{dn} = -\left(\Psi_\psi \frac{d\psi}{ds} + \Psi_\varphi \frac{d\varphi}{ds}\right) = -\frac{d\Psi}{ds}, \end{aligned} \tag{29.17}$$

d. s. die Beltramischen Gleichungen für die Funktionen $\Phi(\varphi, \psi)$ und $\Psi(\varphi, \psi)$. Zufolge (17) ist erstens $\Phi + i\Psi$ auf der Fläche eine analytische Funktion von $\varphi + i\psi$, und zweitens sind $\Phi(\varphi, \psi)$ und $\Psi(\varphi, \psi)$ auf der Fläche konjugierte Potentialfunktionen, die auf ihr ein isothermes Parametersystem (Φ, Ψ) bilden. Nach Satz 1 vermitteln daher die Formeln (14) tatsächlich eine konforme Abbildung der Fläche (Φ, Ψ) auf die Ebene (X, Y), womit Satz 3 bewiesen ist.

Bemerkung 1: Wenn man in den Gleichungen (13) und (14) das Vorzeichen von Ψ ändert, so bleibt die Abbildung der Fläche $\mathfrak{x}(\varphi, \psi)$ auf die Ebene $\mathfrak{X}(\Phi, \Psi)$ konform; sie unterscheidet sich von der obigen nur dadurch, daß die (Φ, Ψ)-Ebene nachträglich noch an der Φ-Achse gespiegelt wird, wodurch der Drehsinn aller Winkel Ω und der Umlaufsinn aller Figuren geändert wird.

Wir wollen schließlich auch noch zeigen, daß die oben nach C. F. Gauß mit Hilfe von isothermen Parametern (φ, ψ) und analytischen Funktionen $\Phi + i\Psi = F(\varphi + i\psi)$ ihrer komplexen Verbindung $\varphi + i\psi$ gefundenen konformen Abbildungen der reellen analytischen Fläche $\mathfrak{x}(\varphi, \psi)$ auf die Ebene $\mathfrak{X}(\Phi, \Psi)$ wirklich (abgesehen von der noch möglichen Änderung des Umlaufsinnes) die allgemeinsten ihrer Art sind.

Zum Beweise genügt es zu bemerken, daß bei konformer Abbildung jedem isothermen (d. h. wegen $E = G$ und $F = 0$: im Kleinen quadratischen) Netze (φ, ψ) der Fläche $\mathfrak{x}$ ein ebensolches Netz (Φ, Ψ) der Ebene $\mathfrak{X}$ entspricht. Die isothermen Bogenelementquadrate

$$ds^2 = \frac{d\varphi^2 + d\psi^2}{|\vartheta(\varphi, \psi)|} \quad \text{und} \quad dS^2 = \frac{d\Phi^2 + d\Psi^2}{|\vartheta(\Phi, \Psi)|} \tag{29.18}$$

der Fläche und der Ebene (in denen die Differentiatoren ϑ sich auf die jeweilige Metrik beziehen) müssen daher auf Grund der Abbildungsformeln

$$\Phi = \Phi(\varphi, \psi), \quad \Psi = \Psi(\varphi, \psi) \tag{29.19}$$

proportional sein, d. h. es muß für alle Paare entsprechender Richtungen

$$d\Phi = \Phi_\varphi d\varphi + \Phi_\psi d\psi, \quad d\Psi = \Psi_\varphi d\varphi + \Psi_\psi d\psi \tag{29.20}$$

gelten:

$$(29.21)\qquad d\Phi^2 + d\Psi^2 \equiv \lambda^2(\varphi, \psi)\cdot(d\varphi^2 + d\psi^2).$$

Durch Eintragen von (20) in (21) ergeben sich nun die Gleichungen

$$(29.22)\qquad \Phi_\varphi^2 + \Psi_\varphi^2 \equiv \Phi_\psi^2 + \Psi_\psi^2 = \lambda^2(\varphi,\psi),\quad \Phi_\varphi\Phi_\psi + \Psi_\varphi\Psi_\psi \equiv 0.$$

Aus der letzten Gleichung folgt

$$(29.23)\qquad \frac{\Phi_\varphi}{\Psi_\psi} = -\frac{\Psi_\varphi}{\Phi_\psi} = \varrho(\varphi,\psi) \text{ oder } \Phi_\varphi = +\varrho\Psi_\psi, \Psi_\varphi = -\varrho\Phi_\psi.$$

Trägt man dies in (22) ein, so ergibt sich durch nochmaliges Anwenden von (22)

$$\Phi_\varphi^2 + \Psi_\varphi^2 = \varrho^2(\Phi_\psi^2 + \Psi_\psi^2) = \varrho^2(\Phi_\varphi^2 + \Psi_\varphi^2),$$

also $\varrho^2 = 1$ oder $\varrho = \pm 1$. Es folgt der

Satz 4 (von Gauß, 1822): *Für konforme Abbildungen* (19) *gilt notwendig*

$$(29.24)\qquad \begin{aligned} &\textit{entweder:} & \Phi_\varphi &= +\Psi_\psi, & \Phi_\psi &= -\Psi_\varphi, \\ &\textit{oder:} & \Phi_\varphi &= -\Psi_\psi, & \Phi_\psi &= +\Psi_\varphi. \end{aligned}$$

Nach Gauß, Cauchy und Riemann ist daher entweder $\Phi + i\Psi$ oder $\Phi - i\Psi$ eine komplexe analytische Funktion $f(\varphi + i\psi)$ der komplexen Veränderlichen $\varphi + i\psi$.

Diese beiden (nur durch das Vorzeichen von Ψ verschiedenen) Arten konformer Abbildung unterscheiden sich für einen in der Flächennormalen $\mathfrak{n}$ bzw. $\mathfrak{N}$ befindlichen Beobachter nur durch den Umlaufsinn entsprechender Figuren (oder den Drehsinn der Winkel). Bilden diese Flächennormalen $\mathfrak{n}$, $\mathfrak{N}$ mit den Tangentenvektoren $\mathfrak{x}_\varphi$ und $\mathfrak{x}_\psi$ bzw. $\mathfrak{X}_\Phi$, $\mathfrak{X}_\Psi$ der isothermen Parameterlinien ein positives Dreibein (d. h. haben $\vartheta(\varphi,\psi)$ und $\vartheta(\Phi,\Psi)$ gleiches Vorzeichen), so ist die durch $\Phi + i\Psi = f(\varphi + i\psi)$ bestimmte konforme Abbildung gleichsinnig winkeltreu, die durch $\Phi - i\Psi = f(\varphi + i\psi)$ bestimmte ungleichsinnig winkeltreu.

Bemerkung 2: Nach C. F. Gauß ist es somit stets (sogar auf unendlich viele Arten) möglich, auf einem (reellen) regulären **analytischen** Flächenstück 1. isotherme Parameter (φ, ψ) einzuführen und 2. dieses Flächenstück konform auf die Ebene abzubilden.

Nach A. Korn (1914) genügt es sogar, das Flächenstück $\mathfrak{x}(u,v)$ bloß dreimal stetig ableitbar vorauszusetzen.

Wie Leon Lichtenstein (1916) gezeigt hat, gelten beide Aussagen auch noch für **glatte** (d.h. einmal stetig differenzierbare), metrisch reguläre (d.h. $W^2 = EG - F^2 > 0$) reelle Flächenstücke, welche einer Hölder-Bedingung der folgenden Art genügen: Ist d der geradlinige Abstand zweier beliebiger Flächenpunkte P_1, P_2 und ν der Winkel ihrer Flächennormalen $\mathfrak{n}_1$, $\mathfrak{n}_2$, so soll es eine Konstante $C > 0$ und einen Hölder-Exponenten λ (mit $0 < \lambda < 1$) so geben, daß stets $\nu < C d^\lambda$ ist.

30. Konforme Abbildung zweier reeller analytischer Flächen aufeinander. Nach C. F. Gauß (1822) kann man zwei verschiedene reelle analytische Flächen $\mathfrak{x} = \mathfrak{x}(u, v)$ und $\bar{\mathfrak{x}} = \bar{\mathfrak{x}}(\bar{u}, \bar{v})$ winkeltreu (konform) aufeinander abbilden, indem man auf jeder Fläche isotherme Parameter -

$$(30.1)\quad \varphi = \varphi(u,v),\ \psi = \psi(u,v) \ \text{bzw.}\ \bar{\varphi} = \bar{\varphi}(\bar{u}, \bar{v}),\ \bar{\psi} = \psi(\bar{u}, v)$$

einführt und Punkte $P(\varphi, \psi)$ und $\overline{P}(\overline{\varphi}, \overline{\psi})$ mit gleichen isothermen Parametern einander zuordnet, d. h. die Abbildungsgleichungen annimmt:

$$(30.2)\quad \overline{\varphi} = \varphi,\ \overline{\psi} = \psi .$$

Allgemeiner vermittelt jede beliebige zwischen diesen isothermen Parametern gewählte komplexe analytische Funktion

$$(30.3)\quad \overline{\varphi} + i\overline{\psi} = f(\varphi + i\psi),$$

d. h. das Gleichungspaar

$$(30.4)\quad \overline{\varphi} = \Re f(\varphi + i\psi),\ \overline{\psi} = \Im f(\varphi + i\psi)$$

stets eine konforme Abbildung zwischen den Punkten $P(\varphi, \psi)$ und $\overline{P}(\overline{\varphi}, \overline{\psi})$ der beiden analytischen Flächen $\mathfrak{x}$ und $\bar{\mathfrak{x}}$. Setzt man in (3) insbesondere $\overline{\varphi} + i\overline{\psi} = \varphi + i\psi$, so entstehen wieder die Formeln (2).

Beweis: Nach (29. Satz 3) ist dadurch nämlich im Falle der Abbildung (2) sowohl das Feld der Flächenpunkte $P(\varphi, \psi)$ als auch das Feld der Flächenpunkte $\overline{P}(\overline{\varphi}, \overline{\psi})$ winkeltreu auf das ebene Feld der Punkte $(X, Y) = (\varphi, \psi) = (\overline{\varphi}, \overline{\psi})$ bezogen; daher sind die Felder der Punkte P und $\overline{P}$ auch aufeinander winkeltreu abgebildet. In der gleichen Weise sieht man die Winkeltreue der Abbildung (4) ein.

Bemerkung 1: Ändert man in (2), (3) und (4) das Vorzeichen von $\overline{\psi}$, so erhält man eine konforme Abbildung mit verändertem Drehsinn der Winkel bzw. verändertem Umlaufsinn der Figuren der Fläche $\bar{\mathfrak{x}}$.

Zwischen den isothermen Bogenelementen

$$(30.5)\quad \begin{aligned} ds^2 &= \frac{d\varphi^2 + d\psi^2}{|\vartheta(\varphi, \psi)|} = \frac{|d(\varphi + i\psi)|^2}{|\vartheta(\varphi, \psi)|} \quad \text{und} \\ d\bar{s}^2 &= \frac{d\bar{\varphi}^2 + d\bar{\psi}^2}{|\vartheta(\bar{\varphi}, \bar{\psi})|} = \frac{|d(\bar{\varphi} + i\bar{\psi})|^2}{|\vartheta(\bar{\varphi}, \bar{\psi})|} \end{aligned}$$

der beiden Flächen $\mathfrak{x}$ und $\bar{\mathfrak{x}}$ besteht bei der konformen Abbildung (3) wegen $d(\bar{\varphi} + i\bar{\psi}) = f'(\varphi + i\psi) \cdot d(\varphi + i\psi)$ die Beziehung

$$(30.6)\quad |\vartheta(\bar{\varphi}, \bar{\psi})| \cdot d\bar{s}^2 = |f'(\varphi + i\psi)|^2 \cdot |\vartheta(\varphi, \psi)| \cdot ds^2.$$

Aus (6) folgt, daß bei konformer Abbildung den isotropen Linien $ds^2 = 0$ der einen Fläche die isotropen Linien $d\bar{s}^2 = 0$ der anderen entsprechen; den Linien $\varphi \pm i\psi = \text{const}$ sind also die Linien $\bar{\varphi} \pm i\bar{\psi} = \text{const}$ zugeordnet. Umgekehrt folgt aus dieser Forderung wieder der Satz von Gauß, daß bei einer konformen Abbildung entweder $\bar{\varphi} + i\bar{\psi}$ oder $\bar{\varphi} - i\bar{\psi}$ eine komplexe analytische Funktion $f(\varphi + i\psi)$ von $\varphi + i\psi$ ist.

Bemerkung 2: Schließlich folgt, daß man auf einer reellen analytischen Fläche $\mathfrak{x} \equiv \bar{\mathfrak{x}}$ aus einem isothermen Parametersystem (φ, ψ) alle anderen isothermen Parametersysteme $(\bar{\varphi}, \bar{\psi})$ gewinnen kann, indem man

$$(30.7)\quad \bar{\varphi} + i\bar{\psi} = f(\varphi + i\psi) \quad \text{oder} \quad \bar{\varphi} - i\bar{\psi} = f(\varphi + i\psi)$$

setzt, wobei $f(\varphi + i\psi)$ eine beliebige komplexe analytische Funktion von $\varphi + i\psi$ ist. Die Formeln

$$(30.8)\quad \bar{\varphi} = \Re f(\varphi + i\psi), \quad \bar{\psi} = \pm \Im f(\varphi + i\psi)$$

liefern dann die allgemeinste gleich- bzw. ungleichsinnige konforme Abbildung der Fläche auf sich selbst, bei der den Punkten $P(\varphi, \psi)$ die Punkte $\bar{P}(\bar{\varphi}, \bar{\psi})$ zugeordnet werden.

31. Beispiele von konformen (winkeltreuen) Abbildungen der Kugel auf die Ebene. (Mercatorkarte. Stereographische Projektion der Kugel und ihre Verallgemeinerung durch Lambert.[1]) Winkeltreue und flächentreue Abbildungen spielen eine Hauptrolle in der Lehre von den Kartenprojektionen, die sich mit dem mathematischen Entwurf von Landkarten,

[1]) Ausführliches Bildmaterial über winkeltreue Abbildungen der Kugel auf die Ebene findet sich in dem Büchlein von G. Scheffers-K. Strubecker in Nr. 8 des Literaturverzeichnisses.

Seekarten und Himmelskarten befaßt. Die Erde wird dabei als Kugel oder als abgeplattetes Drehellipsoid, das Himmelsgewölbe als eine Kugel aufgefaßt.

Die Kugel (Radius $r = 1$) mit der Gleichung

$$x^2 + y^2 + z^2 = 1 \tag{31.1}$$

hat in den geographischen Koordinaten u (Länge) und v (Breite) nach (9. 2) die Gaußsche Parameterdarstellung

$$\begin{gathered} \mathfrak{x} = \mathfrak{x}(u, v) = \cos u \cos v\, \mathfrak{e}_1 + \sin u \cos v\, \mathfrak{e}_2 + \sin v\, \mathfrak{e}_3 \\ (-\pi < u \leqq +\pi, \quad -\pi/2 \leqq v \leqq +\pi/2). \end{gathered} \tag{31.2}$$

Die u-Linien (Breitenkreise $v = \text{const}$, $dv = 0$) und die v-Linien (Längenkreise $u = \text{const}$, $du = 0$) bilden auf der Kugel ein Orthogonalnetz, das den Nordpol N ($u =$ beliebig, $v = +\pi/2$) und den Südpol S ($u =$ beliebig, $v = -\pi/2$) als singuläre Punkte besitzt.

Das Bogenelementquadrat der Kugel lautet nach (9. 7) und (10. 1)

$$ds^2 = \cos^2 v\, du^2 + dv^2 = \cos^2 v \left(du + i\,\frac{dv}{\cos v}\right)\left(du - i\,\frac{dv}{\cos v}\right). \tag{31.3}$$

Die aus (10. 3) bekannten isotropen Parameter

$$\begin{aligned} w &= \xi + i\eta = u + i \ln \operatorname{tg}\left(\frac{\pi}{4} + \frac{v}{2}\right), \\ \overline{w} &= \xi - i\eta = u - i \ln \operatorname{tg}\left(\frac{\pi}{4} + \frac{v}{2}\right) \end{aligned} \tag{31.4}$$

der Kugel führen zu den isothermen Parametern

$$\xi = u, \quad \eta = \ln \operatorname{tg}\left(\frac{\pi}{4} + \frac{v}{2}\right), \tag{31.5}$$

wobei die Beziehung zwischen η und v auch noch in einer der folgenden Formen geschrieben werden kann:

$$\begin{gathered} \mathfrak{Tg}\,\frac{\eta}{2} = \operatorname{tg}\frac{v}{2}, \\ \mathfrak{Cof}\,\eta = \frac{1}{\cos v}, \quad \mathfrak{Sin}\,\eta = \operatorname{tg} v, \quad \mathfrak{Tg}\,\eta = \sin v. \end{gathered} \tag{31.6}$$

Das isotherme Netz der (ξ, η)-Linien ist mit dem System der Breitenkreise und Meridiane der Kugel identisch und überdeckt die Kugel im Kleinen mit einem quadratischen Raster, wie aus der neuen Form des Bogenelementquadrates

$$(31.7) \qquad ds^2 = \frac{1}{\mathfrak{Cos}^2\,\eta}(d\xi^2 + d\eta^2)$$

hervorgeht.

Die allgemeinste (gleichsinnige) konforme Abbildung der Kugel (2) auf die (X, Y)-Ebene ist dann nach Gauß (29. Satz 3) in der Formel

$$(31.8) \qquad X + iY = f(\xi + i\eta)$$

enthalten, in der $f(\xi + i\eta) = f(w)$ eine beliebige komplexe analytische Funktion der komplexen Veränderlichen $w = \xi + i\eta$ bedeutet. Je nach der Wahl dieser Funktion erhält man in der Ebene die verschiedensten winkeltreuen Kartenentwürfe der Kugel.

Nach (8) folgt für das Bogenelement dS der (X, Y)-Ebene

$$(31.9) \qquad dS^2 = dX^2 + dY^2 = |dX + i dY|^2 = |df(\xi + i\eta)|^2$$
$$= |f'(\xi + i\eta)|^2 |d(\xi + i\eta)|^2 = |f'(\xi + i\eta)|^2 \cdot (d\xi^2 + d\eta^2).$$

Verglichen mit dem Bogenelementquadrat ds^2 der Kugel in (7) ist

$$(31.10) \qquad dS^2 = \mathfrak{Cos}^2\eta \cdot |f'(\xi + i\eta)|^2\, ds^2.$$

Daraus ergibt sich für den linearen Verzerrungsmodul $\lambda = dS/ds$ der konformen Abbildung (8) der Kugel auf die (X, Y)-Ebene der (von der Richtung $d\xi : d\eta$ unabhängige) Wert

$$(31.11) \qquad \lambda(\xi, \eta) = \frac{dS}{ds} = \mathfrak{Cos}\,\eta \cdot |f'(\xi + i\eta)|.$$

Beispiel 1: Wir setzen

$$f(w) = w, \quad \text{d. h.} \quad X + iY = \xi + i\eta,$$

und erhalten nach (5) die Formeln

$$(31.12) \qquad X = \xi = u, \; Y = \eta = \ln \operatorname{tg}\left(\frac{\pi}{4} + \frac{v}{2}\right)$$

des winkeltreuen **Mercator-Entwurfes,** so benannt nach dem Geographen Gerhard Kremer (lat. Mercator, 1512—1594), der seine Weltkarte (Mercator-Karte) 1569 veröffentlichte. Ihre mathematische Darstellung (12) gab Henry Bond (1645), deren Begründung jedoch erst der Mathematiker Nikolaus Kauffman (lat. Mercator, 1620—1687) im Jahre 1666 und der Astronom Edmund Halley (1695).

In der Mercator-Karte, d.h. in der (X, Y)-Ebene, erscheinen die Längen- und Breitenkreise der Kugel als vertikale und horizontale Geraden. Wegen $f'(\xi + i\eta) = (\xi + i\eta)' = 1$ folgt aus (10) und (6)

$$dS = \mathfrak{Cof}\,\eta \cdot ds = \frac{ds}{\cos v} \tag{31.13}$$

und damit für die Längenverzerrung der Mercator-Karte (12) die Formel

$$\lambda(u, v) = \frac{dS}{ds} = \mathfrak{Cof}\,\eta = \frac{1}{\cos v}\,. \tag{31.14}$$

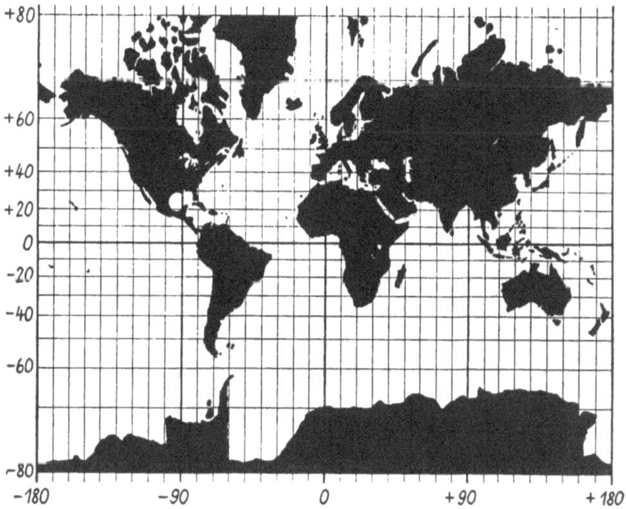

Bild 8. Winkeltreue Abbildung der Kugel auf die Ebene nach G. Mercator

Der Äquatorkreis $(v = 0)$ der Kugel wird folglich durch den Mercator-Entwurf längentreu abgebildet. Gegen die Pole zu $(v \to \pm \pi/2)$ wächst die Längenverzerrung unbeschränkt $(\lambda \to +\infty)$. Alle Breitenkreise $v = \text{const}$ (Radius $\varrho = \cos v$, Umfang $l = 2\pi \cos v$) erscheinen in der Mercator-Karte als horizontale Strecken der festen Länge $\lambda l = 2\pi$. Der ganzen

Kugeloberfläche ($-\pi \leqq u \leqq \pi$, $-\pi/2 \leqq v \leqq +\pi/2$) entspricht dabei der Parallelstreifen ($-\pi \leqq X \leqq +\pi$, $-\infty \leqq Y \leqq +\infty$). Der Nordpol N ($v = +\pi/2$) und der Südpol S ($v = -\pi/2$) haben unendlich ferne Bilder ($Y = \pm\infty$).

Man berechnet aus (12) leicht die folgende Liste von Kugelbreiten v (in Graden) und zugehörigen Bildordinaten Y

v	0°	10°	20°	30°	40°	50°	60°	70°	80°	90°
Y	0	0,1754	0,3564	0,5498	0,7629	1,0100	1,3170	1,7354	2,4362	∞

Die Kugelloxodromen (Linien fester Himmelsrichtung, d. h. festen Schiffskurses φ) erscheinen in der Mercator-Karte wegen der Winkeltreue als gerade Linien, welche gegen die Vertikalen unter dem Kurswinkel φ geneigt sind. Wegen der daraus folgenden Bedeutung für die Seeschiffahrt wird die Mercator-Karte meist schlechthin als Seekarte bezeichnet.

Bemerkung 1: Man bezeichnet in der Kartographie den Mercator-Entwurf meist als Mercatorprojektion der Kugel. Weil jedoch ein wirklicher geometrischer Projektionsvorgang nicht vorliegt, ist es besser, statt der unzutreffenden Benennung „Projektion" die einwandfreie Bezeichnung „Entwurf" zu wählen.

Beispiel 2: Eine wirkliche Projektion ist dagegen die schon aus (10. Bem. 2) bekannte **stereographische Projektion** der Kugel, welche ebenfalls winkeltreu ist. Setzen wir nämlich in (8)

$$f(w) = e^{iw}, \quad \text{d. h.} \quad X + iY = e^{i(\xi + i\eta)} = e^{-\eta}(\cos\xi + i\sin\xi),$$

so erhalten wir nach (5) wegen

$$e^{-\eta} = e^{-\ln \operatorname{tg}\left(\frac{\pi}{4} + \frac{v}{2}\right)} = \operatorname{ctg}\left(\frac{\pi}{4} + \frac{v}{2}\right)$$

die Formeln

$$(31.15) \qquad X = \cos u \operatorname{ctg}\left(\frac{\pi}{4} + \frac{v}{2}\right), \quad Y = \sin u \operatorname{ctg}\left(\frac{\pi}{4} + \frac{v}{2}\right)$$

der stereographischen Projektion der Kugel aus dem Südpol $S = (0, 0, -1)$ auf die (X, Y)-Ebene (Äquatorebene $z = 0$). Wir nehmen den Südpol als Projektionszentrum, damit die Arktis (Nordpolgegend) und die nördliche Halbkugel in der Mitte des Bildes erscheinen.

In ebenen Polarkoordinaten (R, Φ) lautet die stereographische Abbildung (15)

$$(31.16) \qquad R = \operatorname{ctg}\left(\frac{\pi}{4} + \frac{v}{2}\right), \quad \Phi = u.$$

Den Längenkreisen $u = \text{const}$ entsprechen dabei die Radien $\Phi = \text{const}$, den Breitenkreisen $v = \text{const}$ die konzentrischen Kreise $R = \text{const}$ des Polarkoordinatensystems. Insbesondere entspricht dem Nordpol $N(v = \pi/2)$ der Nullpunkt $O(R = 0)$ und dem Südpol $S(v = -\pi/2)$ der Fernpunkt $(R = \infty)$ der Bildebene.

Wegen der Identität

$$(31.17) \qquad \operatorname{ctg}\left(\frac{\pi}{4} + \frac{v}{2}\right) = \frac{1 - \sin v}{\cos v} = \frac{\cos v}{1 + \sin v}$$

folgt aus (15) und der Parameterdarstellung (2) der Kugel (1)

$$(31.18) \quad X = \frac{\cos u \cos v}{1 + \sin v} = \frac{x}{1 + z}, \quad Y = \frac{\sin u \cos v}{1 + \sin v} = \frac{y}{1 + z}.$$

Das sind, wie der Vergleich mit (10. 17) zeigt, tatsächlich die Formeln der stereographischen Projektion der Kugel aus dem Südpol $S = (0, 0, -1)$ auf die Äquatorebene $z = 0$.

Für die Längenverzerrung λ des stereographischen Bildes folgt aus (11) wegen $|f'(\xi + i\eta)| = |i\, e^{i(\xi + i\eta)}| = e^{-\eta}$ mit Rücksicht auf (17) und (18) der Wert

$$(31.19) \quad \lambda = \operatorname{Cof} \eta \cdot e^{-\eta} = \frac{\operatorname{ctg}\left(\frac{\pi}{4} + \frac{v}{2}\right)}{\cos v} = \frac{1}{1 + \sin v} = \frac{1}{1 + z}.$$

Der Äquator $(v = 0)$ wird somit längentreu abgebildet, der Nordpol $N(v = +\pi/2)$ hat die Längenverzerrung $\lambda_N = 1/2$; bei Annäherung an den Südpol $S(v \to -\pi/2)$ wächst die Längenverzerrung $\lambda \to +\infty$.

Beispiel 3: Winkeltreue Projektion von Lambert und Gauß. Man erhält diese von Johann Heinrich Lambert (1772) angegebene Verallgemeinerung der stereographischen Projektion, indem man in (8)

$$f(w) = e^{ikw} \qquad (k > 0, \text{reell})$$

setzt. Gegenüber Beispiel 2 ist w durch kw, d.h. ξ durch $k\xi$ und η durch $k\eta$ ersetzt. Die Abbildungsformeln lauten dann nach (5)

$$(31.20)\qquad \begin{aligned} X &= \cos ku \cdot \left[\operatorname{ctg}\left(\frac{\pi}{4} + \frac{v}{2}\right)\right]^k, \\ Y &= \sin ku \cdot \left[\operatorname{ctg}\left(\frac{\pi}{4} + \frac{v}{2}\right)\right]^k. \end{aligned}$$

Für $k = 1$ ist darin als Sonderfall die stereographische Abbildung (15) enthalten.

In ebenen Polarkoordinaten (R, Φ) lautet die Abbildung

$$(31.21)\qquad R = \left[\operatorname{ctg}\left(\frac{\pi}{4} + \frac{v}{2}\right)\right]^k, \qquad \Phi = ku;$$

d.h. den Längenkreisen $u = \text{const}$ entsprechen wieder die Radien $\Phi = \text{const}$ und den Breitenkreisen $v = \text{const}$ die konzentrischen Kreise $R = \text{const}$. Insbesondere entspricht wieder dem Nordpol $N(v = \pi/2)$ der Nullpunkt $O(R = 0)$ und dem Südpol $S(v = -\pi/2)$ der Fernpunkt $(R = \infty)$ der Bildebene.

Als Längenverzerrung $\lambda = dS/ds$ ergibt sich aus (11) wegen

$$f'(\xi + i\eta) = ike^{ik(\xi + i\eta)} = ike^{ik\xi} \cdot e^{-k\eta}$$

mit Rücksicht auf (17)

$$(31.22)\qquad \lambda = ke^{-k\eta}\operatorname{Cof}\eta = \frac{k(\cos v)^{k-1}}{(1 + \sin v)^k}.$$

Dieser Lambertsche winkeltreue Kartenentwurf ist nach einer Bemerkung von C. F. Gauß (1822) besonders zweckmäßig, wenn nur ein Teil der Kugelfläche darzustellen ist. Liegt seine Zone zwischen den Breiten v_1 und v_2, (mit $0 \leqq v_1 < v_2 < \pi/2$), so kann man nämlich die Zahl k so wählen, daß die Längenverzerrungen λ_1 und λ_2 für diese äußersten Breiten gleich groß werden. Nach (22) hat dann k den Wert

$$(31.23)\qquad k = \frac{\ln\cos v_1 - \ln\cos v_2}{\ln\operatorname{ctg}\left(\frac{\pi}{4} + \frac{v_1}{2}\right) - \ln\operatorname{ctg}\left(\frac{\pi}{4} + \frac{v_2}{2}\right)},$$

wobei $0 < k < 1$ ist. Gegen die Mitte der Karte zu wird λ am kleinsten und erreicht, wie man aus (22) leicht feststellt, seinen Minimalwert in jener Breite v, für die $k = \operatorname{Tg}\eta = \sin v$ ist.

32. Beispiele von flächentreuen Abbildungen der Kugel auf die Ebene. (Entwürfe von Archimedes, Sanson, Mollweide, Lambert, Bonne und Stab-Werner.) Flächentreue Karten der Erd- oder Himmelskugel verwendet man zweckmäßig dann, wenn in den Karten Größen veranschaulicht werden sollen, die von den Flächeninhalten abhängen, wie die Areale der Länder, die Bevölkerungsdichten, die Regenmengen, Verkehrsdichten, der Waldbestand usw.[1]).

Nach (9. 9) hat die Kugel $\mathfrak{x} = \mathfrak{x}(u, v)$ vom Radius $r = 1$ mit der Darstellung

$$\mathfrak{x} = \mathfrak{x}(u,v) = \cos u \cos v\, \mathfrak{e}_1 + \sin u \cos v\, \mathfrak{e}_2 + \sin v\, \mathfrak{e}_3 \qquad (-\pi \leqq u \leqq +\pi, \quad -\pi/2 \leqq v \leqq +\pi/2) \tag{32. 1}$$

das Flächenelement

$$dO = W du dv = \cos v \, du dv. \tag{32. 2}$$

Dabei bedeutet u die geographische Länge und v die geographische Breite (beide im Bogenmaß).

Soll die Kugel (1) durch die Gleichungen

$$\bar{x} = \bar{x}(u, v), \ \bar{y} = \bar{y}(u, v) \tag{32. 3}$$

flächentreu auf die Ebene $\mathfrak{x}(\bar{x}, \bar{y})$ abgebildet werden, deren Flächenelement

$$d\bar{O} = \bar{W} du dv = \frac{\partial(\bar{x}, \bar{y})}{\partial(u, v)} du dv = (\bar{x}_u \bar{y}_v - \bar{x}_v \bar{y}_u) du dv \tag{32. 4}$$

ist, so muß $\bar{W} \equiv W$ sein. Da bei geeigneter Bezeichnung der $\bar{x}$- und $\bar{y}$-Achse stets

$$\frac{\partial(\bar{x}, \bar{y})}{\partial(u, v)} = \bar{x}_u \bar{y}_v - \bar{x}_v \bar{y}_u > 0 \tag{32. 5}$$

wird (für einen in den Flächennormalen $\mathfrak{n} = \frac{[\mathfrak{x}_u \mathfrak{x}_v]}{W}$ bzw.

[1]) Ausführlicheres Bildmaterial über flächentreue Abbildungen der Kugel auf die Ebene findet man in dem Büchlein von G. Scheffers-K. Strubecker in Nr. 8 des Literaturverzeichnisses.

$\bar{\mathfrak{n}} = \frac{[\bar{\mathfrak{x}}_u \bar{\mathfrak{x}}_v]}{\bar{W}}$ stehenden Beobachter haben dann entsprechende Figuren $\mathfrak{B}$ und $\bar{\mathfrak{B}}$ auf der Kugel und in der Ebene gleichen Umlaufsinn), so folgt als notwendige und hinreichende Bedingung für die **flächentreue Abbildung der Kugel** (1) **auf die Ebene** (3) durch Vergleich von (2) und (4) die Identität

$$(32.6) \qquad \bar{x}_u \bar{y}_v - \bar{x}_v \bar{y}_u \equiv \cos v \qquad \{u, v\}.$$

Uns interessieren zuerst jene flächentreuen Abbildungen der Kugel $\mathfrak{x}$ auf die Ebene $\bar{\mathfrak{x}}$, bei denen die **Breitenkreise** ($v = \text{const}$) der Kugel auf **parallele Geraden** ($\bar{y} = \text{const}$) der Ebene abgebildet werden. Die Abbildungsgleichungen (3) haben dann die vereinfachte Gestalt

$$(32.7) \qquad \bar{x} = \bar{x}(u, v), \quad \bar{y} = \bar{y}(v).$$

Wegen $\bar{y}_u = 0$ lautet die Bedingung (6) dann

$$(32.8) \qquad \bar{x}_u \cdot \bar{y}_v = \cos v.$$

Daraus folgt, weil $\bar{y}$ nur von v abhängt,

$$(32.9) \qquad \bar{x}_u\,(u, v) = f(v), \quad \bar{y}_v\,(v) = \frac{\cos v}{f(v)},$$

wobei $f(v) \neq 0$ für $|\,v\,| \leqq \pi/2$ eine willkürliche stetige Funktion von v ist. Wenn dann c eine beliebige Konstante und $g(v)$ eine weitere willkürliche Funktion von v ist, so folgt daraus als Darstellung der allgemeinsten flächentreuen Abbildung der Kugel auf die Ebene, bei der die **Breitenkreise** ($v = \text{const}$) als **parallele Geraden** ($\bar{y} = \text{const}$) erscheinen

$$(32.10) \quad \bar{x}\,(u, v) = u \cdot f(v) + g(v), \quad \bar{y}\,(v) = c + \int_0^v \frac{\cos v}{f(v)}\,dv.$$

Verlangt man zusätzlich noch, daß dem Äquator ($v = 0$) der Kugel die $\bar{x}$-Achse ($\bar{y} = 0$) und dem Nullmeridian ($u = 0$) die geradlinige $\bar{y}$-Achse ($\bar{x} = 0$) entspricht, so ist $c = 0$ und $g(v) \equiv 0$ zu setzen, und man erhält schließlich die Abbildungsformeln

$$(32.11) \qquad \bar{x} = u \cdot f(v), \quad \bar{y} = \int_0^v \frac{\cos v}{f(v)}\, dv,$$

welche die *allgemeinste flächentreue Abbildung der Kugel auf die Ebene* liefern, *bei der Äquator und Nullmeridian als $\bar{x}$- und $\bar{y}$-Achse erscheinen und sich alle Breitenkreise als Parallelen zur $\bar{x}$-Achse darstellen.*

Bemerkung 1: Man kann die Integration in (11) durch eine Differentiation ersetzen. Wenn man nämlich

$$(32.12) \qquad \int_0^v \frac{\cos v}{f(v)}\, dv = F(v)$$

setzt, so ist mit $f(v) \neq 0$ auch $F(v)$ eine (für $|v| \leqq \pi/2$ stetig ableitbare) willkürliche Funktion von v, und man erhält aus

$$(32.13) \qquad F'(v) = \frac{\cos v}{f(v)} \neq 0 \quad \text{und} \quad f(v) = \frac{\cos v}{F'(v)}$$

die folgende integrallose Gestalt der Abbildungsformeln:

$$(32.14) \qquad \bar{x} = u \cdot \frac{\cos v}{F'(v)}, \quad \bar{y} = F(v).$$

Die Bildkurven zweier Meridiane $u = u_1$ und $u = u_2$ sind nach (14) zueinander orthogonal affin mit dem geradlinigen Bild $\bar{x} = 0$ des Nullmeridians als Affinitätsachse und dem Affinitätsverhältnis $u_2 : u_1$.

Zufolge (14) besteht zwischen den Koordinaten $\bar{x}$ und $\bar{y}$ der Meridianbilder $u = \text{const}$ die Gleichung

$$(32.15) \qquad u \cos v = \bar{x} \cdot \frac{d\bar{y}}{dv}.$$

Soll dann das Bild des Meridians $u = \text{const}$ z. B. die

	Gleichung	Parameterdarstellung
(32.16)	$\bar{x} = \bar{x}(\bar{y})$	$\bar{x} = \bar{x}(t),\ \bar{y} = \bar{y}(t)$ mit $\bar{y}(0) = 0$

haben, so führt (15) zu der Differentialgleichung

$$u \cos v \, dv = \bar{x}(\bar{y}) d\bar{y} \qquad \Big| \qquad u \cos v \, dv = \bar{x}(t) \cdot \dot{\bar{y}} \, dt$$

und durch Integration zu der Gleichung

$$(32.17) \quad u \sin v = \int_0^{\bar{y}} \bar{x}(\bar{y}) \, d\bar{y}, \qquad \Big| \qquad u \sin v = \int_0^t \bar{x}(t) \, \dot{\bar{y}}(t) dt,$$

aus der man zu jedem Parallelkreis der Breite v auf der Kugel die zugehörige Höhe $\bar{y}$ seiner Bildgeraden in der Ebene (bzw. den Parameter t dieser Höhe $\bar{y}(t)$) berechnen kann.

Beispiel 1: Der flächentreue Entwurf von Archimedes (287—212 v. Chr.) und Johann Heinrich Lambert (1772) entsteht für $f(v) = 1$. Die Abbildungsformeln (11) lauten dann

$$(32.18) \qquad \bar{x} = u, \quad y = \int_0^v \cos v \, dv = \sin v.$$

Die Meridianbilder ($u =$ const) sind Geraden parallel zur $\bar{y}$-Achse. Der ganzen Kugel entspricht ein Rechteck mit den Seitenlängen 2π und 2.

Um diesen Entwurf geometrisch zu erhalten, umschreibe man der Kugel längs ihres Äquators den berührenden Zylinder ζ, projiziere die Kugelpunkte P durch Lote zur Kugelachse (z-Achse) in Zylinderpunkte $\overline{P}$ und wickle schließlich den (längs einer Mantellinie aufgeschnittenen) Zylinder ζ in die Ebene ab. Die beiden Pole der Kugel ($u =$ beliebig, $v = \pm \pi/2$) erscheinen im Bilde als Strecken, nämlich als die höchste und tiefste Rechtecksseite. Es liegt somit eine wirkliche flächentreue Zylinderprojektion der Kugel vor.

Beispiel 2: Der flächentreue Entwurf von Nikolas Sanson (1650) entsteht, wenn man $f(v) = \cos v$ wählt. Die Abbildungsformeln (11) lauten dann

$$(32.19) \qquad \bar{x} = u \cos v, \ \bar{y} = v.$$

Die Bilder der Kugelmeridiane ($u =$ const) sind Kosinuslinien, deren gemeinsame Knoten in den Bildpunkten $v = \pm \pi/2$ der beiden Pole liegen. Das Bild der ganzen Kugelfläche wird von den beiden (zu $u = \pm \pi$ gehörenden) Kosinuslinien $\bar{x} = \pm \pi \cdot \cos \bar{y}$ als Randlinien umschlossen.

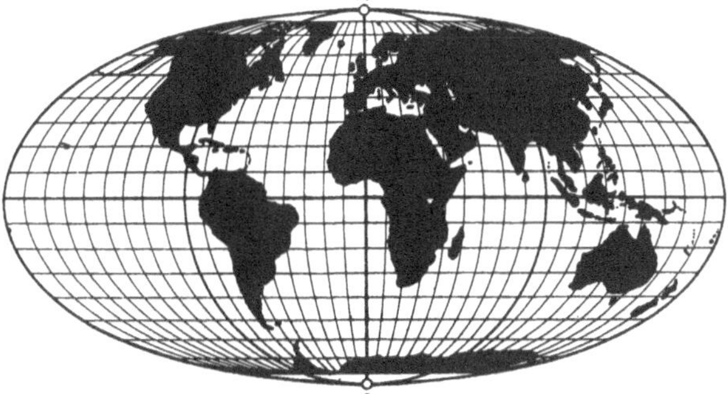

Bild 9. Flächentreue Abbildung der Kugel auf die Ebene nach Mollweide

Beispiel 3: Der von dem deutschen Astronomen Karl Brandan Mollweide (1805) angegebene Mollweidesche flächentreue Entwurf (Bild 9) hat als Bild der von den Meridianen $u = \pm\pi/2$ begrenzten Halbkugel (Flächeninhalt 2π) den flächengleichen Kreis (Radius $\bar{r} = \sqrt{2}$) mit der Parameterdarstellung

$$\bar{x} = \sqrt{2}\cos t, \quad \bar{y} = \sqrt{2}\sin t. \tag{32. 20}$$

Die Punkte ($\bar{x} = 0$, $\bar{y} = \pm\sqrt{2}$) sind die Bilder der beiden Pole. Die zum Kreise (20) orthogonal-affinen Ellipsen mit den Halbachsen $a = 2\sqrt{2}u/\pi$, $b = \sqrt{2}$ entsprechen den Meridianen mit den Längen $\pm u$. Die ganze Kugel ($-\pi \leqq u \leqq +\pi$) bildet sich flächentreu auf die Ellipse mit den Halbachsen $a = 2\sqrt{2}$ und $b = \sqrt{2}$ ab.

Mit Hilfe des Bildkreises (20) des Meridians $u = \pi/2$ folgt aus (17) zwischen der Breite v eines Parallelkreises der Kugel und dem Parameter t seiner Bildgeraden $\bar{y}(t) = \sqrt{2}\sin t$ in der Ebene die Gleichung

$$\frac{\pi}{2}\sin v = 2\int\limits_0^t \cos^2 t\, dt = (t + \sin t\cos t). \tag{32. 21}$$

Die Abbildungsgleichungen des Mollweideschen Entwurfes lauten daher nach (21)

$$(32.22)\qquad \begin{cases} \bar{x} = \dfrac{2\sqrt{2}}{\pi}\, u \cdot \cos t, \quad \bar{y} = \sqrt{2} \cdot \sin t, \\ \text{mit } \ \pi \sin v = 2t + \sin 2t. \end{cases}$$

Aus dieser letzten Keplerschen Gleichung ergibt sich die folgende Liste von Breiten v und zugehörigen Ordinaten $\bar{y}$ des Mollweideschen Entwurfes:

v	0°	10°	20°	30°	40°	50°	60°	70°	80°	90°
y	0,0000	0,1934	0,3847	0,5713	0,7509	0,9208	1,0782	1,2189	1,3370	1,4142

Besonders häufig angewandt werden flächentreue Abbildungen der Kugel (1), bei denen die **Breitenkreise** ($v = \text{const}$) in der Ebene (3) wieder als **konzentrische Kreise** ($\bar{r} = \text{const}$) erscheinen. Sind dann $\bar{r}$ und $\bar{\varphi}$ ebene Polarkoordinaten, so haben die Abbildungsformeln die Gestalt

$$(32.23)\qquad \begin{cases} \bar{r} = \bar{r}(v), \quad \bar{\varphi} = \bar{\varphi}(u, v), \quad \text{oder cartesisch:} \\ \bar{x} = \bar{r}(v) \cdot \cos \bar{\varphi}(u, v), \quad \bar{y} = \bar{r}(v) \cdot \sin \bar{\varphi}(u, v). \end{cases}$$

Bemerkung 1: Wir wollen dabei annehmen, daß $\bar{r}(v)$, wenn die geographische Breite v vom Äquator ($v = 0$) gegen den Nordpol ($v = \pi/2$) wächst, monoton abnimmt, d. h. $\bar{r}_v(v) < 0$ ist. Dagegen soll $\bar{\varphi}(u)$ mit wachsender geographischer Länge u zunehmen, d. h. $\bar{\varphi}_u(u) > 0$ sein.

Aus

$$\left\| \begin{matrix} \bar{\mathfrak{x}}_u \\ \bar{\mathfrak{x}}_v \end{matrix} \right\| = \left\| \begin{matrix} -\bar{r} \sin \bar{\varphi} \cdot \bar{\varphi}_u, & +\bar{r} \cos \bar{\varphi} \cdot \bar{\varphi}_u \\ \bar{r}_v \cos \bar{\varphi} - \bar{r} \sin \bar{\varphi} \cdot \bar{\varphi}_v, & \bar{r}_v \sin \bar{\varphi} + \bar{r} \cos \bar{\varphi} \cdot \bar{\varphi}_v \end{matrix} \right\|$$

folgen dann in der Bildebene $\bar{\mathfrak{x}}(\bar{r}, \bar{\varphi})$ die Fundamentalgrößen

$$(32.24)\quad \bar{E} = \bar{r}^2 \bar{\varphi}_u^2, \quad \bar{F} = \bar{r}^2 \bar{\varphi}_u \bar{\varphi}_v, \quad \bar{G} = \bar{r}_v^2 + \bar{r}^2 \bar{\varphi}_v^2; \quad \bar{W} = -\bar{r}\,\bar{r}_v \bar{\varphi}_u > 0$$

und das Bogenelementquadrat

$$(32.25)\qquad d\bar{s}^2 = \bar{r}^2 [\bar{\varphi}_u^2\, du^2 + 2 \bar{\varphi}_u \bar{\varphi}_v\, du\, dv + (\bar{r}_v^2/\bar{r}^2 + \bar{\varphi}_v^2) dv^2].$$

Die Abbildung (23) ist nach (32.6) dann und nur dann **flächentreu,** wenn

$$(32.26)\qquad -\bar{r}\,\bar{r}_v\,\bar{\varphi}_u = \cos v$$

ist. Daraus folgt

$$(32.27)\qquad \bar{\varphi}_u = -\frac{\cos v}{\bar{r}\,\bar{r}_v} = f(v), \text{ also } \bar{\varphi} = u\cdot f(v) + g(v),$$

wobei $f(v)$ und $g(v)$ zunächst ganz beliebige stetige Funktionen der Breite v sind.

Soll der Nullmeridian ($u = 0$) als Bild die Polarachse ($\bar{\varphi} = 0$) haben, so muß $g(v) \equiv 0$ sein. Die Abbildungsformeln lauten daher mit beliebigem stetigem $f(v) \neq 0$

$$(32.28)\qquad \bar{r} = \bar{r}(v), \qquad \bar{\varphi} = u\cdot f(v).$$

Für $\bar{r}(v)$ gilt dabei nach (26) die Gleichung

$$(32.29)\qquad \bar{r}\,\bar{r}_v = -\frac{\cos v}{f(v)},$$

oder, wenn wir nach v integrieren und dabei beachten, daß dem Nordpol $N(v = \pi/2)$ der Nullpunkt ($\bar{r} = 0$) entsprechen soll, die Gleichung

$$(32.30)\qquad \bar{r}^2(v) = 2\int_v^{\pi/2} \frac{\cos v}{f(v)}\,dv.$$

Beispiel 4: Der flächentreue azimutale Entwurf von Johann Heinrich Lambert (1772). Azimutal heißt der Entwurf, weil die vom Nordpol ($v = \pi/2$) ausstrahlenden Meridiane ($u =$ const) im Bilde als Geraden ($\bar{\varphi} =$ const) durch den Nullpunkt ($\bar{r} = 0$) erscheinen, wobei die Winkel zwischen den Meridianen (Azimute) erhalten bleiben. Es ist daher einfach $\bar{\varphi} = u$. Wir haben in (28) somit $f(v) \equiv 1$ zu setzen. Dann ist nach (30)

$$(32.31)\qquad \bar{r}^2 = 2\int_v^{\pi/2} \cos v\,dv = 2\,(1 - \sin v) = 4\cos^2\left(\frac{\pi}{4} + \frac{v}{2}\right).$$

Die Lambertschen Abbildungsformeln lauten daher schließlich in Polarkoordinaten

$$(32.32)\qquad \bar{r} = \sqrt{2(1 - \sin v)} = 2\cos\left(\frac{\pi}{4} + \frac{v}{2}\right), \qquad \bar{\varphi} = u.$$

Dem Südpol ($v = -\pi/2$) entspricht der ganze Umfang des Kreises vom Radius $\bar{r} = 2$, und die gesamte Kugelfläche wird flächentreu auf die Fläche des Kreises vom Radius 2 abgebildet.

Beispiel 5: Der flächentreue Entwurf von Bonne (1752), dessen Gradnetz schon (um 150 n. Chr.) Klaudios Ptolemaios für seine geographischen Karten (ohne Kenntnis der Flächentreue) verwendete, ergibt sich aus der sehr naheliegenden Forderung, daß alle Breitenkreise ($v =$ const, $dv = 0$) längentreu auf konzentrische Kreise $\bar{r} = \bar{r}(v)$ abgebildet werden. Die Bogenelemente der Breitenkreise $ds = \cos v\, du$ der Kugel und die Bogenelemente ihrer Bildkreise $d\bar{s} = \bar{r}\bar{\varphi}_u\, du$ sollen also gleich groß sein. D. h., es soll

(32. 33) $$\bar{r}\bar{\varphi}_u = \cos v$$

sein und folglich, wegen der Flächentreue, nach (26)

(32. 34) $$\bar{r}_v = -1 \quad \text{oder} \quad \bar{r} = k - v\,,$$

wobei die Integrationskonstante $k \geqq \pi/2$ sein soll, damit für $-\pi/2 \leqq v \leqq +\pi/2$ stets $\bar{r} \geqq 0$ bleibt.

Aus (33) ergibt sich dann

(32. 35) $$\bar{\varphi}_u = \frac{\cos v}{k - v} \quad \text{oder} \quad \bar{\varphi} = \frac{u \cdot \cos v}{k - v}\,,$$

und zwar ohne Integrationskonstante, weil dem Nullmeridian ($u = 0$) die Polarachse ($\bar{\varphi} = 0$) entsprechen soll.

Durch die Formeln

(32. 36) $$r = k - v, \quad \bar{\varphi} = \frac{u \cos v}{k - v}$$

wird also schließlich *die Kugel flächentreu so auf die Ebene* ($r, \bar{\varphi}$) *abgebildet, daß den Breitenkreisen* $v =$ const *in längentreuer Weise konzentrische Kreise* $\bar{r} =$ const *entsprechen, insbesondere dem Nordpol* $N(v = \pi/2)$ *der Punkt* ($\bar{r} = k - \pi/2$, $\bar{\varphi} = 0$), *dem Südpol* $S(v = -\pi/2)$ *der Punkt* ($\bar{r} = k + \pi/2$, $\bar{\varphi} = 0$) *und dem Nullmeridian die Polarachse* ($\bar{\varphi} = 0$) *zugeordnet ist.*

Die Bilder der Meridian- und Breitenkreise schneiden sich i. a. nicht unter rechten Winkeln; das ist nur für jenen Breitenkreis $v = v_0$ der Fall, dessen Breite der Gleichung

(32. 37) $$\cos v - (k - v) \sin v = 0 \quad \text{oder} \quad v + \operatorname{ctg} v = k$$

genügt. *Auf diesem (einzigen) Breitenkreis ist die Abbildung sogar (für alle Flächenrichtungen) längentreu* ($d\bar{s} = ds$).

In dieser von dem französischen Geographen Rigobert Bonne (1727—1795) im Jahre 1752 angegebenen Abbildung (36) entsprechen den Längenkreisen ($u = \text{const}$) die transzendenten Linien

(32. 38) $$\bar{r}\,\bar{\varphi} = u\cos(k - \bar{r}).$$

Für $u = \pm\pi$ entsteht als Begrenzung des Kugelbildes eine (transzendente) Linie mit der Gleichung $\bar{r}\,\bar{\varphi} = \pm\pi\cos(k - \bar{r})$, deren beide Äste im Bild des Nordpols $N(\bar{r} = k - \pi/2,\ \bar{\varphi} = 0)$ und Südpols $S(\bar{r} = k + \pi/2,\ \bar{\varphi} = 0)$ die Polarachse unter stumpfen Winkeln σ mit $|\operatorname{tg}\sigma| = \pi$ (d. h. $\sigma \approx \pm 72{,}5°$) schneiden.

Wählt man in den obigen Formeln (36) für die Integrationskonstante k den Wert

(32. 39) $$k = \frac{\pi}{2},$$

so erhält man als Sonderfall des Bonneschen Entwurfs den schon im Jahre 1514 (ohne Kenntnis der Flächentreue) von dem Nürnberger Kleriker Johann Werner (1468—1528) nach Angaben des Mechanikers Johann Stab (gest. 1522) hergestellten flächentreuen Entwurf. Diese Stab-Wernersche Erdkarte (Bild 10) besitzt den Nullpunkt ($\bar{r} = 0$) als Bild des Nordpols $N(v = \pi/2)$, in den auch der aus (37) folgende isometrische Breitenkreis hineinrückt. Das Bild des Südpols $S(v = -\pi/2)$ fällt in den Punkt ($\bar{r} = \pi$, $\bar{\varphi} = 0$). Die Längenkreise ($u = \text{const}$) haben als Bilder nach (36) die herzförmigen transzendenten Linien

(32. 40) $$\bar{r}\,\bar{\varphi} = u\sin\bar{r},$$

die sich im Nordpol unter Spitzenbildung, die Polarachse $\bar{\varphi} = 0$ berührend, aneinanderschließen. Für $u = \pm\pi$ entsteht aus (40) als Begrenzung des Stab-Wernerschen Entwurfes eine herzförmige Linie, deren Zweige im Nordpol N (Nullpunkt) die genannte Spitze bilden, im Südpol S aber unter dem alten Winkel σ (mit $\operatorname{tg}\sigma = \pm\pi$) gegen die Polarachse geneigt sind.

Bemerkung 2: In dem flächentreuen Bonneschen Entwurf wurde auf Befehl Napoleons (1808) die ältere Generalstabskarte von Frankreich im Maßstabe (1 : 80000) in 269 Blättern ausgeführt (1818—1863), ebenso amtliche Kartenwerke der Schweiz, Belgiens, Hollands, Schottlands und Irlands.

Bemerkung 3: Da man in den Atlanten zumeist nur Ausschnitte aus der Mitte solcher Landkarten benützt, schaden die bei einigen von ihnen auftretenden starken Randverzerrungen nicht besonders.

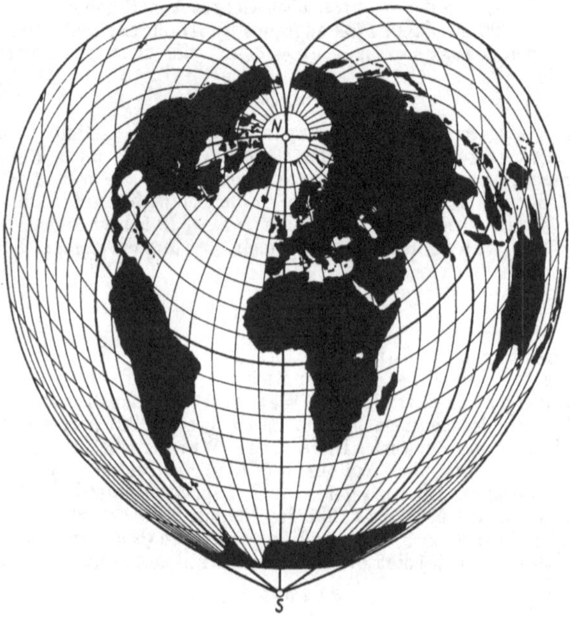

Bild 10. Flächentreue Abbildung der Kugel auf die Ebene nach Stab und Werner (Sonderfall des Entwurfes von Bonne)

Bemerkung 4: Kartographische Bezeichnungen. In der herkömmlichen Ausdrucksweise der Kartographen, Geographen und Geodäten bezeichnet man als echte Entwürfe solche, bei denen die Bilder der Längenkreise Geraden und die Bilder der Breitenkreise entweder Geraden oder Kreise sind; alle anderen Entwürfe heißen unecht.

Als Bildfläche denkt man sich in der Kartographie entweder 1) von vornherein eine Ebene (*ebener Entwurf*) oder 2) einen Drehzylinder (*Zylinderentwurf*) oder 3) einen Drehkegel (*Kegelentwurf*), wobei man sich den Zylinder und den Kegel nachträglich noch in die Ebene abgewickelt denkt. Die Kugel wird dabei von diesen drei Flächen 1) in einem Punkt oder 2) in einem

Großkreis oder 3) in einem Kleinkreis berührt, oder aber in den Fällen 2) und 3) in zwei gleichen bzw. ungleichen Kreisen (in parallelen Ebenen) geschnitten, längs denen die Abbildung dann isometrisch ist.

Bei den normalen (normalachsigen) oder polständigen Entwürfen berührt die Ebene die Kugel im Nordpol oder Südpol, und die Achse des Zylinders bzw. Kegels fällt in die Erdachse. Bei querachsigen, transversalen oder äquatorständigen Entwürfen tritt an die Stelle der Pole ein diametrales Punktepaar des Kugeläquators, bei zwischenständigen, schiefachsigen oder horizontalen Entwürfen tritt an die Stelle der Pole ein beliebiges diametrales Paar von Kugelpunkten (die Bildebene berührt in einem beliebigen Kugelpunkt, und die Zylinder- bzw. Kegelachse steht zur Erdachse schief).

Als Azimut (von arabisch *as-sumut* — die Wege, d. h. Richtungen) bezeichnet man bei Abbildungen auf die Ebene die im Berührpunkt vorhandenen Winkel der Flächenrichtungen gegen eine feste Richtung (z. B. im Nordpol die Winkel der Meridiane gegen den Nullmeridian). Bei einem azimutalen oder strahligen ebenen Entwurf der Kugel bleiben diese Winkel im Berührpunkt erhalten. Ein solcher Azimutalentwurf heißt perspektivisch, wenn er durch *Zentral- oder Parallelprojektion* der Kugel (aus einem Punkte des zur Ebene normalen Kugeldurchmessers) erzeugt werden kann; im Gegenfall ist der Entwurf nichtperspektivisch. Nur in den perspektivischen Fällen kann man mit Recht von einer Kartenprojektion sprechen.

Benutzt man diese, in der Kartographie hergebrachten, teilweise jedoch ziemlich unzweckmäßigen Bezeichnungen, so ist der oben durch (31. 12) dargestellte Mercator-Entwurf ein winkeltreuer, normalachsiger, echter Zylinderentwurf. Ersetzt man dabei die Pole der Kugel durch ein diametrales Paar von Äquatorpunkten, so entsteht der wichtige Sonderfall des winkeltreuen transversalen Mercator-Entwurfes (Entwurf von C. F. Gauß und Louis Krüger) der längs eines Längenkreises isometrisch ist und z. B. beim deutschen amtlichen Kartenwerk angewandt wird (ebenso in Finnland, England, Bulgarien und der Sowjetunion).

Die stereographische Projektion (31. 15) ist dann ein winkeltreuer, polständiger, perspektivischer Azimutalentwurf, der in seiner schiefen Abwandlung bei den amtlichen Kartenwerken der Niederlande, von Polen, Ungarn und Rumänien angewandt wird. Seine Verallgemeinerung (31. 20) von Lambert und Gauß ist dann nichtperspektivisch; man kann sie auch als Kegelentwurf mit zwei isometrischen Breitenkreisen erzeugt denken.

Der Archimedische Entwurf (18) ist ein flächentreuer, echter, normalachsiger Zylinderentwurf. Die Entwürfe von Sanson (19) und von Mollweide (22) sind jedoch flächentreue, normalachsige, unechte Zylinderentwürfe. Der Entwurf von Lambert (32) ist flächentreu, azimutal und polständig. Der Entwurf von Bonne (36) und sein Grenzfall von Stab und Werner sind schließlich Beispiele von flächentreuen, polständigen, unechten Kegelprojektionen[1]).

[1]) Vgl. zu diesen kartographischen Begriffen: Max Eckert-Greifendorff und Wilhelm Kleffner, Kartenkunde, 2. Aufl. (Sammlung Göschen Bd. 30), Berlin 1943.

D. Geodätische Krümmung. Geodätische Linien. Absoluter Parallelismus

33. Geodätische Krümmung einer Flächenkurve. Auf der (zweimal stetig ableitbaren) Fläche $\mathfrak{x} = \mathfrak{x}(u, v)$ sei die auf ihren Bogen s bezogene Flächenkurve

$$(33.1) \qquad \mathfrak{x} = \mathfrak{x}(s) \quad \text{d. h.} \quad u = u(s), \; v = v(s)$$

gegeben, wobei wegen $\mathfrak{x}'^2(s) \equiv 1$ für alle s gilt:

$$(33.2) \qquad E u'^2 + 2 F u' v' + G v'^2 \equiv 1 \quad \{s\}.$$

Um ein Maß für die zuerst von C. F. Gauß betrachtete **innere** oder **geodätische Krümmung** dieser Kurve auf der Fläche zu gewinnen, denken wir uns die Punkte s der Kurve $\mathfrak{x}(s)$ auf der Fläche in der Richtung des (zur Tangente $\mathfrak{t}$ normalen) Seitenvektors

$$(33.3) \qquad \mathfrak{s} = |\mathfrak{t} = [\mathfrak{n}\mathfrak{t}] = [\mathfrak{n}\mathfrak{x}'] \qquad \mathfrak{s}^2 = (|\mathfrak{t})^2 = 1$$

um ein festes, beliebig kleines Stück $\varepsilon \neq 0$ „nach rechts" verschoben, wodurch (bis auf Größen zweiter und höherer Ordnung in ε) die Begleitkurve

$$(33.4) \qquad \bar{\mathfrak{x}} = \mathfrak{x}(s) + \varepsilon[\mathfrak{x}'\mathfrak{n}]$$

von $\mathfrak{x} = \mathfrak{x}(s)$ mit der Tangentenrichtung

$$d\bar{\mathfrak{x}} = d\mathfrak{x} + \varepsilon d[\mathfrak{x}'\mathfrak{n}] = \{\mathfrak{x}' + \varepsilon([\mathfrak{x}''\mathfrak{n}] + [\mathfrak{x}'\mathfrak{n}'])\} ds$$

entsteht. Wir fragen nach dem Grenzwerte

$$(33.5) \qquad \varkappa_g = \lim_{\varepsilon \to 0} \frac{d\bar{s} - ds}{\varepsilon\, ds},$$

wobei $d\bar{s}$ das Bogenelement der Begleitkurve $\bar{\mathfrak{x}}$ bedeutet.

Wegen

$$\begin{aligned} d\bar{s}^2 = d\bar{\mathfrak{x}}^2 &= \{\mathfrak{x}'^2 + 2\varepsilon\mathfrak{x}'([\mathfrak{x}''\mathfrak{n}] + [\mathfrak{x}'\mathfrak{n}']) + \varepsilon^2(*)\}\, ds^2 \\ &= \big(1 + 2\varepsilon[\mathfrak{x}'\mathfrak{x}''\mathfrak{n}] + \varepsilon^2(*)\big)\, ds^2, \end{aligned}$$

oder, wenn wir nach dem binomischen Satze die Wurzel ziehen, aus

$$d\dot{s} = \left(1 + \varepsilon[\mathfrak{x}'\mathfrak{x}''\mathfrak{n}] + \varepsilon^2(**)\right)ds,$$

ergibt sich der Grenzwert

$$\varkappa_g = \lim_{\varepsilon\to 0} \frac{d\dot{s} - ds}{\varepsilon\, ds} = [\mathfrak{x}'\mathfrak{x}''\mathfrak{n}], \tag{33.6}$$

den man als die **innere Krümmung** der Flächenkurve (1) oder nach Ossian Bonnet (1848) als ihre **geodätische Krümmung** bezeichnet. C. F. Gauß nannte $\varkappa_g$ die **Seitenkrümmung** der Flächenkurve $\mathfrak{x}(s)$.

Nach ihrer Definition (5), die nur Flächenvektoren und nur die Flächenmetrik, also lediglich die innere Geometrie der Fläche benötigt, ist die Größe $\varkappa_g$ eine Biegungsinvariante der Flächenkurve. Die innere Krümmung $\varkappa_g$ der Flächenkurve bleibt, genauer gesagt, bei beliebigen isometrischen Abbildungen, insbesondere also auch bei allen stetigen Biegungen der Fläche ungeändert. Zu ihrer Bestimmung reichen Messungen in der Flächenhaut (geodätische Messungen) aus; deshalb heißt $\varkappa_g$ die geodätische Krümmung der Flächenkurve (1).

Bemerkung 1: Liegt die Kurve (1) in einer Ebene, so ist $\mathfrak{n} = \mathfrak{b}$, ferner wird nach den Frenetschen Formeln $\mathfrak{x}' = \mathfrak{t}$, $\mathfrak{x}'' = \mathfrak{t}' = \varkappa\mathfrak{h}$. Somit ist

$$\varkappa_g = [\mathfrak{x}'\mathfrak{x}''\mathfrak{n}] = [\mathfrak{t}, \varkappa\mathfrak{h}, \mathfrak{b}] = \varkappa[\mathfrak{t}\mathfrak{h}\mathfrak{b}] = \varkappa. \tag{33.7}$$

Die innere (geodätische) Krümmung $\varkappa_g$ einer Kurve der Ebene stimmt also mit ihrer gewöhnlichen Krümmung $\varkappa$ überein.

Die zuerst von Ferdinand Adolf Minding (1830) erkannte Biegungsinvarianz der geodätischen Krümmung $\varkappa_g = [\mathfrak{x}'\mathfrak{x}''\mathfrak{n}]$ läßt sich auch rechnerisch leicht bestätigen. Wegen (II. 1. 36) und $W\mathfrak{n} = [\mathfrak{x}_u\mathfrak{x}_v]$ ist nämlich

$$\varkappa_g = [\mathfrak{x}'\mathfrak{x}''\mathfrak{n}] = [\mathfrak{x}'\mathfrak{x}'']\mathfrak{n} = \frac{[\mathfrak{x}'\mathfrak{x}''][\mathfrak{x}_u\mathfrak{x}_v]}{W} = \frac{1}{W}\begin{vmatrix} \mathfrak{x}'\mathfrak{x}_u, & \mathfrak{x}''\mathfrak{x}_u \\ \mathfrak{x}'\mathfrak{x}_v, & \mathfrak{x}''\mathfrak{x}_v \end{vmatrix}, \tag{33.8}$$

und daraus ergibt sich wegen

$$(33.9)\qquad \begin{aligned} \mathfrak{x}' &= \mathfrak{x}_u u' + \mathfrak{x}_v v', \\ \mathfrak{x}'' &= \mathfrak{x}_{uu} u'^2 + 2\mathfrak{x}_{uv} u' v' + \mathfrak{x}_{vv} v'^2 + \mathfrak{x}_u u'' + \mathfrak{x}_v v'' \end{aligned}$$

zunächst

$$\varkappa_g = \frac{1}{W} \begin{vmatrix} (\mathfrak{x}_u u' + \mathfrak{x}_v v')\mathfrak{x}_u, & (\mathfrak{x}_{uu} u'^2 + 2\mathfrak{x}_{uv} u' v' + \mathfrak{x}_{vv} v'^2 + \mathfrak{x}_u u'' + \mathfrak{x}_v v'')\mathfrak{x}_u \\ (\mathfrak{x}_u u' + \mathfrak{x}_v v')\mathfrak{x}_v, & (\mathfrak{x}_{uu} u'^2 + 2\mathfrak{x}_{uv} u' v' + \mathfrak{x}_{vv} v'^2 + \mathfrak{x}_u u'' + \mathfrak{x}_v v'')\mathfrak{x}_v \end{vmatrix}$$

Nun folgt aus $\mathfrak{x}_u^2 = E$, $(\mathfrak{x}_u \mathfrak{x}_v) = F$, $\mathfrak{x}_v^2 = G$ durch Ableiten nach u und v

$$(33.10)\qquad \begin{cases} 2\mathfrak{x}_u \mathfrak{x}_{uu} = E_u, & \mathfrak{x}_{uu}\mathfrak{x}_v + \mathfrak{x}_u \mathfrak{x}_{uv} = F_u, \quad 2\mathfrak{x}_v \mathfrak{x}_{uv} = G_u, \\ 2\mathfrak{x}_u \mathfrak{x}_{uv} = E_v, & \mathfrak{x}_{uv}\mathfrak{x}_v + \mathfrak{x}_u \mathfrak{x}_{vv} = F_v, \quad 2\mathfrak{x}_v \mathfrak{x}_{vv} = G_v. \end{cases}$$

Wenn man die von Elwin Bruno Christoffel (1869) eingeführte Schreibweise der **Dreizeigersymbole 1. Art** (Christoffel-Klammern 1. Art) benützt, folgen daraus die schon bei Gauß (1827) stehenden Formeln

$$(33.11)\qquad \begin{cases} \mathfrak{x}_u \mathfrak{x}_{uu} = \Gamma_{1,11} = \left[{11 \atop 1}\right] = \frac{1}{2}E_u, & \mathfrak{x}_v \mathfrak{x}_{uu} = \Gamma_{2,11} = \left[{11 \atop 2}\right] = F_u - \frac{1}{2}E_v, \\ \mathfrak{x}_u \mathfrak{x}_{uv} = \Gamma_{1,12} = \left[{12 \atop 1}\right] = \frac{1}{2}E_v, & \mathfrak{x}_v \mathfrak{x}_{uv} = \Gamma_{2,12} = \left[{12 \atop 2}\right] = \frac{1}{2}G_u, \\ \mathfrak{x}_u \mathfrak{x}_{vv} = \Gamma_{1,22} = \left[{22 \atop 1}\right] = F_v - \frac{1}{2}G_u, & \mathfrak{x}_v \mathfrak{x}_{vv} = \Gamma_{2,22} = \left[{22 \atop 2}\right] = \frac{1}{2}G_v. \end{cases}$$

Damit folgt für die geodätische Krümmung $\varkappa_g$ die Formel

$$(33.12)\qquad \varkappa_g = \frac{1}{W} \begin{vmatrix} Eu' + Fv', & Eu'' + Fv'' + \left[{11 \atop 1}\right] u'^2 + 2\left[{12 \atop 1}\right] u'v' + \left[{22 \atop 1}\right] v'^2 \\ Fu' + Gv', & Fu'' + Gv'' + \left[{11 \atop 2}\right] u'^2 + 2\left[{12 \atop 2}\right] u'v' + \left[{22 \atop 2}\right] v'^2 \end{vmatrix}.$$

Weil die Christoffelsymbole $\left[{\alpha\,\beta \atop \gamma}\right]$ nach (11) durch E, F, G und ihre Ableitungen erster Ordnung nach u und v ausdrückbar sind, benötigt die Darstellung (12) von $\varkappa_g$ außer $u(s)$ und $v(s)$ nur gegenüber isometrischen Abbildungen der Fläche invariante Größen. Die geodätische Krümmung ist daher tatsächlich gegenüber isometrischen Abbildungen der Fläche invariant. Insbesondere ist sie auch eine Biegungsinvariante, d. h. ein mit der Flächenkurve $\mathfrak{x}(s)$ gegenüber stetigen Biegungen der Fläche $\mathfrak{x}(u, v)$ invariant verbundenes Maß ihrer (inneren) Krümmung.

Man kann der Formel (12) für die geodätische Krümmung $\varkappa_g$ durch Ausrechnen der Determinante und Umordnen noch die folgende einfachere Gaußsche Gestalt geben

$$(33.13)\qquad \varkappa_g = W\begin{vmatrix} u', & u'' + \left\{ {11 \atop 1} \right\} u'^2 + 2\left\{ {12 \atop 1} \right\} u'v' + \left\{ {22 \atop 1} \right\} v'^2 \\ v', & v'' + \left\{ {11 \atop 2} \right\} u'^2 + 2\left\{ {12 \atop 2} \right\} u'v' + \left\{ {22 \atop 2} \right\} v'^2 \end{vmatrix}.$$

Dabei treten die **Christoffelschen Dreizeigersymbole 2. Art** $\left\{ {\alpha\beta \atop \gamma} \right\}$ auf, die sich allgemein durch die metrischen Fundamentalgrößen E, F, G und ihre Ableitungen erster Ordnung nach u und v wie folgt ausdrücken:

$$(33.14)\qquad \begin{aligned} \left\{ {\alpha\beta \atop 1} \right\} &= \frac{\left[{\alpha\beta \atop 1} \right] G - \left[{\alpha\beta \atop 2} \right] F}{EG - F^2} = \Gamma^1_{\alpha\beta}, \\ \left\{ {\alpha\beta \atop 2} \right\} &= \frac{\left[{\alpha\beta \atop 2} \right] E - \left[{\alpha\beta \atop 1} \right] F}{EG - F^2} = \Gamma^2_{\alpha\beta}. \end{aligned}$$

Umgekehrt gilt

$$(33.15)\qquad \left[{\alpha\beta \atop 1} \right] = \left\{ {\alpha\beta \atop 1} \right\} E + \left\{ {\alpha\beta \atop 2} \right\} F, \quad \left[{\alpha\beta \atop 2} \right] = \left\{ {\alpha\beta \atop 1} \right\} F + \left\{ {\alpha\beta \atop 2} \right\} G.$$

Setzt man die Werte der Christoffel-Klammern $\left[{\alpha\beta \atop \gamma} \right]$ aus (11) ein, so erhält man ausführlich die folgenden Formeln von Gauß (1827) und Christoffel (1869):

$$(33.16)\qquad \begin{aligned} \left\{ {11 \atop 1} \right\} &= \Gamma^1_{11} = \frac{GE_u - 2FF_u + FE_v}{2(EG - F^2)}, \\ \left\{ {11 \atop 2} \right\} &= \Gamma^2_{11} = \frac{-FE_u + 2EF_u - EE_v}{2(EG - F^2)}, \\ \left\{ {12 \atop 1} \right\} &= \Gamma^1_{12} = \frac{GE_v - FG_u}{2(EG - F^2)}, \end{aligned}$$

$$\left\{ {12 \atop 2} \right\} = \Gamma^2_{12} = \frac{EG_u - FE_v}{2(EG - F^2)},$$

(33.16)
$$\left\{ {22 \atop 1} \right\} = \Gamma^1_{22} = \frac{-FG_v + 2GF_v - GG_u}{2(EG - F^2)},$$

$$\left\{ {22 \atop 2} \right\} = \Gamma^2_{22} = \frac{EG_v - 2FF_v + FG_u}{2(EG - F^2)}.$$

Bemerkung 2: Die Christoffel-Symbole 1. und 2. Art einer Fläche $\mathfrak{x}(u, v)$ beziehen sich immer auf eine bestimmte Form des Bogenelements (der metrischen Grundform); sie sind nämlich durch die metrischen Fundamentalgrößen $E(u, v)$, $F(u, v)$, $G(u, v)$ und deren Ableitungen erster Ordnung nach u und v darstellbar. Daraus folgt sofort die Invarianz der Christoffel-Klammern $\left[{\alpha\,\beta \atop \gamma} \right]$ und $\left\{ {\alpha\,\beta \atop \gamma} \right\}$ gegenüber isometrischen Abbildungen der Fläche, insbesondere auch ihre Invarianz bei stetigen Biegungen der Fläche (Biegungsinvarianz).

Bemerkung 3: Nach ihren Definitionen (11) und (14) sind die Christoffel-Klammern $\left[{\alpha\,\beta \atop \gamma} \right]$ und $\left\{ {\alpha\,\beta \atop \gamma} \right\}$ in den Indizes α und β symmetrisch:

$$\left[{\alpha\,\beta \atop \gamma} \right] = \left[{\beta\,\alpha \atop \gamma} \right], \quad \left\{ {\alpha\,\beta \atop \gamma} \right\} = \left\{ {\beta\,\alpha \atop \gamma} \right\} \text{ oder } \Gamma_{\gamma,\alpha\beta} = \Gamma_{\gamma,\beta\alpha}, \quad \Gamma^\gamma_{\alpha\beta} = \Gamma^\gamma_{\beta\alpha}.$$

Bemerkung 4: Ist die Flächenkurve $\mathfrak{x} = \mathfrak{x}(s)$ nicht auf den Bogen s, sondern auf einen beliebigen (zulässigen) Parameter $t = t(s)$ bezogen, d. h. ist $u = u(t)$, $v = v(t)$ und

$$\mathfrak{x} = \mathfrak{x}(u(t), v(t)) = \mathfrak{x}(t) \quad \text{mit} \quad \frac{ds}{dt} = \sqrt{\dot{\mathfrak{x}}^2(t)} \neq 0, \tag{33.17}$$

so nimmt die Formel (6) ihrer geodätischen Krümmung $\varkappa_g$ nach (II. 7. 3) die Gestalt

$$\varkappa_g = [\dot{\mathfrak{x}}\,\ddot{\mathfrak{x}}\,\mathfrak{n}] \left(\frac{dt}{ds} \right)^3 = \frac{[\dot{\mathfrak{x}}\,\ddot{\mathfrak{x}}\,\mathfrak{n}]}{(\dot{\mathfrak{x}}^2)^{3/2}} \tag{33.18}$$

an, und die Formel (13) erhält die Gestalt

$$\varkappa_g = \frac{W}{(\dot{\mathfrak{x}}^2)^{3/2}} \begin{vmatrix} \dot u, & \ddot u + \left\{ {11 \atop 1} \right\} \dot u^2 + 2 \left\{ {12 \atop 1} \right\} \dot u \dot v + \left\{ {22 \atop 1} \right\} \dot v^2 \\ \dot v, & \ddot v + \left\{ {11 \atop 2} \right\} \dot u^2 + 2 \left\{ {12 \atop 2} \right\} \dot u \dot v + \left\{ {22 \atop 2} \right\} \dot v^2 \end{vmatrix}. \tag{33.19}$$

Beispiel 1: In einem orthogonalen Parameternetz ($F \equiv 0$, $F_u \equiv F_v \equiv 0$) ist nach (16)

$$(33.20)\qquad \begin{aligned} \left\{ {11 \atop 1} \right\} &= +E_u/2E, & \left\{ {12 \atop 1} \right\} &= E_v/2E, & \left\{ {22 \atop 1} \right\} &= -G_u/2E, \\ \left\{ {11 \atop 2} \right\} &= -E_v/2G, & \left\{ {12 \atop 2} \right\} &= G_u/2G, & \left\{ {22 \atop 2} \right\} &= +G_v/2G. \end{aligned}$$

Daher ergibt sich aus (19) für die geodätische Krümmung der u-Linien ($v = \text{const}$, $\dot v = \ddot v = 0$; $u = t$, $\dot u = 1$, $\ddot u = 0$) wegen $W = \sqrt{EG}$ und $\dot{\mathfrak{x}}^2 = \mathfrak{x}_u^2 = E$ die Formel

$$(33.21)\qquad \varkappa_g = -\frac{E_v}{2E\sqrt{G}}.$$

Bemerkung 5: Wie schon die Formel (13) anzeigt, ist die geodätische Krümmung $\varkappa_g$ keine rationale, sondern (wegen des Auftretens der zweideutigen Wurzel $W = \sqrt{EG - F^2}$) eine irrationale Invariante der Flächenkurve $\mathfrak{x}(s)$. *Das Vorzeichen der geodätischen Krümmung $\varkappa_g$ hat also keine geometrische Bedeutung*, sondern hängt von der Wahl des Vorzeichens von W (d. h. von der gewählten Orientierung der Flächennormalen $\mathfrak{n} = [\mathfrak{x}_u \mathfrak{x}_v]/W$) ab.

Erst die Größe $\varkappa_g^2$ ist eine rationale Invariante der Flächenkurve $\mathfrak{x}(s)$. Man findet für sie aus

$$\varkappa_g = [\mathfrak{x}'\,\mathfrak{x}''\,\mathfrak{n}] = [\mathfrak{x}', \mathfrak{x}'']\,\mathfrak{n} = [\mathfrak{t}, \varkappa\mathfrak{h}]\,\mathfrak{n} = \varkappa(\mathfrak{b}\,\mathfrak{n})$$

die Formel

$$(33.22)\qquad \varkappa_g^2 = [\mathfrak{x}'\,\mathfrak{x}''\,\mathfrak{n}]^2 = \varkappa^2(\mathfrak{b}\,\mathfrak{n})^2 = \varkappa^2 \cos^2 \varphi,$$

wenn φ den Winkel der (beliebig orientierten) Binormalen $\mathfrak{b}$ der Flächenkurve $\mathfrak{x}(s)$ gegen die (beliebig orientierte) Flächennormale $\mathfrak{n}$ bedeutet.

Ist im Sonderfall die Fläche $\mathfrak{x}(u, v)$ eine Ebene, so fällt die Binormale der ebenen Kurve $\mathfrak{x}(s)$ in die Flächennormale ($\mathfrak{b} = \pm\,\mathfrak{n}$); wegen $(\mathfrak{b}\,\mathfrak{n}) = \pm\,1$ ist dann $\varkappa_g^2 = \varkappa^2$, in Übereinstimmung mit (7) und der Tatsache, daß nach (I. 10. 5) erst $\varkappa^2$ eine rationale Invariante der ebenen Kurve $\mathfrak{x}(s)$ ist.

Bemerkung 6: Um eine einfache **geometrische Deutung der geodätischen Krümmung** $\varkappa_g(s_0)$ der Flächenkurve $\mathfrak{x}(s)$ im Punkte $s = s_0$ zu finden, projizieren wir die Kurve $\mathfrak{x} = \mathfrak{x}(s)$ normal auf die Tangentenebene τ_0 des Flächenpunktes $\mathfrak{x}_0 = \mathfrak{x}(s_0)$.

Ist $\mathfrak{n}_0$ die Flächennormale von $\mathfrak{x}_0$ (Projektionsrichtung), so entsteht als Normalprojektion von $\mathfrak{x}(s)$ auf τ_0 die Kurve

$$(33.23)\qquad \hat{\mathfrak{x}} = \hat{\mathfrak{x}}(s) = \mathfrak{x}(s) - (\mathfrak{x}\mathfrak{n}_0)\,\mathfrak{n}_0.$$

Aus

$$(33.24)\qquad \hat{\mathfrak{x}}' = \mathfrak{x}' - (\mathfrak{x}'\mathfrak{n}_0)\,\mathfrak{n}_0, \quad \hat{\mathfrak{x}}'' = \mathfrak{x}'' - (\mathfrak{x}''\mathfrak{n}_0)\,\mathfrak{n}_0, \quad \hat{\mathfrak{x}}'^2 = 1 - (\mathfrak{x}'\mathfrak{n}_0)^2$$

findet man dann für die ebene Kurve $\hat{\mathfrak{x}}(s)$ an der Stelle s nach (18) die geodätische Krümmung $\hat{\varkappa}_g(s)$

$$\hat{\varkappa}_g(s) = \frac{[\hat{\mathfrak{x}}'(s), \hat{\mathfrak{x}}''(s), \mathfrak{n}_0]}{(\hat{\mathfrak{x}}'^2(s))^{3/2}} = \frac{[\mathfrak{x}', \mathfrak{x}'', \mathfrak{n}_0]}{(1-(\mathfrak{x}'\mathfrak{n}_0)^2)^{3/2}},$$

welche (nach Bemerkung 1) mit der gewöhnlichen ebenen Krümmung $\hat{\varkappa}(s)$ der Projektion (23) übereinstimmt.

An der Stelle $s = s_0$ folgt daraus wegen $(\mathfrak{x}_0' \mathfrak{n}_0) = (\mathfrak{t}_0 \mathfrak{n}_0) = 0$

$$\hat{\varkappa}(s_0) = \hat{\varkappa}_g(s_0) = [\mathfrak{x}_0' \, \mathfrak{x}_0'' \, \mathfrak{n}_0] = \varkappa_g(s_0), \tag{33. 25}$$

d. h. der

Satz 1: *Die geodätische Krümmung $\varkappa_g$ einer Flächenkurve $\mathfrak{x}(s)$ in einem ihrer Punkte P_0 ist gleich der gewöhnlichen Krümmung $\hat{\varkappa}$ ihrer Normalprojektion $\hat{\mathfrak{x}}(s)$ auf die Tangentenebene τ_0 des Flächenpunktes P_0.*

Wegen dieser Eigenschaft bezeichnete Gauß die Größe $\varkappa_g$ als die Seitenkrümmung der Flächenkurve $\mathfrak{x}(s)$.

Bemerkung 7: Flächenstreifen. Ist $P(u, v)$ ein Punkt der Fläche $\mathfrak{x}(u, v)$ und $\tau(u, v)$ seine Tangentenebene, so nennt man den Inbegriff von P und τ ein Flächenelement (P, τ) der Fläche $\mathfrak{x}(u, v)$.

Die Gesamtheit aller Flächenelemente (P, τ) in den Punkten $P(s)$ einer Flächenkurve $\mathfrak{x}(s)$ nennt man einen Flächenstreifen. Die Kurve $\mathfrak{x}(s)$ heißt der Punktort oder die Leitkurve des Streifens, die Schar der Tangentenebenen $\tau(s)$, d. h. die längs der Kurve $\mathfrak{x}(s)$ der Fläche $\mathfrak{x}(u, v)$ umschriebene Torse, heißt der Ebenenort des Streifens. Die Stellung dieser Ebenen $\tau(s)$ ist durch den Normalenvektor $\mathfrak{n}(s)$ der Fläche in den Punkten $P(s)$ eindeutig bestimmt.

Die geodätische Krümmung $\varkappa_g = [\mathfrak{x}', \mathfrak{x}'', \mathfrak{n}]$ der Flächenkurve $\mathfrak{x}(s)$ auf der Fläche $\mathfrak{x}(u, v)$ hängt außer von der Kurve $\mathfrak{x}(s)$ nur noch von den Flächennormalen $\mathfrak{n}(s)$, d. h. insgesamt nur von dem Flächenstreifen $\{\mathfrak{x}(s), \mathfrak{n}(s)\}$ ab, der längs der Kurve $\mathfrak{x}(s)$ die Fläche $\mathfrak{x}(u, v)$ berührt. Zwei einander längs der Kurve $\mathfrak{x}(s)$ berührende Flächen, z. B. die Fläche $\mathfrak{x}(u, v)$ und die ihr längs $\mathfrak{x}(s)$ umschriebene Torse $\ddot{\mathfrak{x}}(u, v)$, haben längs $\mathfrak{x}(s)$ denselben Flächenstreifen gemeinsam. Daraus folgt:

Satz 2: *Die Berührungslinie* $\mathfrak{x}(s)$ *zweier Flächen* $\mathfrak{x}(u, v)$ *und* $\bar{\mathfrak{x}}(u, v)$ *hat auf beiden Flächen dieselbe geodätische Krümmung:* $\varkappa_g = \bar{\varkappa}_g$.

Wegen der Biegungsinvarianz der geodätischen Krümmung folgt weiter, wenn man als $\bar{\mathfrak{x}}(u, v)$ die längs der Kurve $\mathfrak{x}(s)$ der Fläche $\mathfrak{x}(u, v)$ umschriebene Torse wählt, aus Satz 1. und Satz 2., der

Satz 3: *Die geodätische Krümmung* $\varkappa_g$ *der Flächenkurve* $\mathfrak{x}(s)$ *stimmt mit der gewöhnlichen Krümmung* $\varkappa^*$ *jener ebenen Kurve* $\mathfrak{x}^*(s)$ *überein, die aus* $\mathfrak{x}(s)$ *entsteht, wenn man die der Fläche* $\mathfrak{x}(u, v)$ *längs* $\mathfrak{x}(s)$ *umschriebene Torse* $\bar{\mathfrak{x}}(u, v)$ *(d. h. den Flächenstreifen von* $\mathfrak{x}(s)$*) in die Ebene* $\mathfrak{x}^*(u, v)$ *abwickelt.*

Man bezeichnet die geodätische Krümmung $\varkappa_g = \varkappa^*$ daher auch als die **Abwickelkrümmung** der Flächenkurve $\mathfrak{x}(s)$.

34. Geodätische Linien. Liegen auf dem (reellen) zweimal stetig ableitbaren Flächenstück $\mathfrak{x} = \mathfrak{x}(u, v)$ die beiden (verschiedenen) Punkte $P_0(u_0, v_0)$ und $P_1(u_1, v_1)$ genügend nahe, so erhebt sich die Frage nach der kürzesten sie verbindenden stetig gekrümmten Flächenkurve.

Es ist leicht, unter der Annahme der Existenz einer solchen kürzesten Verbindungslinie

$$(34.1) \qquad \mathfrak{x} = \mathfrak{x}(s), \text{ d. h. } u = u(s), \quad v = v(s)$$

(s = Bogen) für sie die folgende notwendige Bedingung herzuleiten:

Satz 1 (von Johann Bernoulli, 1697): *Soll die stetig gekrümmte Kurve* $\mathfrak{x} = \mathfrak{x}(s)$ *auf der zweimal stetig ableitbaren Fläche* $\mathfrak{x} = \mathfrak{x}(u, v)$ *eine kürzeste Verbindungslinie der beiden genügend nahen Punkte* P_0 *und* P_1 *sein, so fällt ihre Hauptnormale* $\mathfrak{h}(s)$ *in allen Kurvenpunkten s notwendig in die Flächennormale, d.h.* $\mathfrak{h}(s) \equiv \pm\, \mathfrak{n}(s)$. *Ihre Schmieg-*

ebene σ enthält dann stets die Flächennormale $\mathfrak{n}$, und ihre geodätische Krümmung $\varkappa_g$ verschwindet in allen Punkten s der Kurve:

$$(34.2)\qquad \varkappa_g = [\mathfrak{x}'\,\mathfrak{x}''\,\mathfrak{n}] \equiv 0.$$

Beweis: Wir denken uns die (als existent vorausgesetzte) kürzeste Verbindungslinie $\mathfrak{x} = \mathfrak{x}(s)$ der Punkte P_0 $(s = s_0)$ und P_1 $(s = s_1)$ in eine beliebige (zweimal stetig ableitbare) einparametrige Kurvenschar

$$(34.3)\qquad \mathfrak{x} = \mathfrak{x}(s, \varepsilon)$$

(Parameter ε) eingebettet, deren stetig gekrümmte Kurven sämtlich auf der Fläche $\mathfrak{x}(u, v)$ von P_0 nach P_1 laufen, d. h. für die

$$(34.4)\qquad \mathfrak{x}(s_0, \varepsilon) = \mathfrak{x}(s_0) \text{ und } \mathfrak{x}(s_1, \varepsilon) = \mathfrak{x}(s_1) \qquad \{\varepsilon\}$$

ist, und die für $\varepsilon = 0$ die kürzeste Linie $\mathfrak{x}(s)$ enthält, d. h.

$$(34.5)\qquad \mathfrak{x}(s, 0) = \mathfrak{x}(s).$$

Man kann (3) als die Parameterdarstellung eines gewissen Stückes der Fläche $\mathfrak{x} = \mathfrak{x}(u, v)$ auffassen, das sich längs der Kurve $\mathfrak{x}(s)$ erstreckt und das von den Kurven $\varepsilon = \text{const}$ (s-Linien) und $s = \text{const}$ (ε-Linien) schlicht überdeckt wird, wenn nur

$$(34.6)\qquad [\mathfrak{x}_s, \mathfrak{x}_\varepsilon] = [\mathfrak{x}'(s, \varepsilon), \mathfrak{x}_\varepsilon(s, \varepsilon)] \neq \mathfrak{o}$$

ist. Der Parameter s ist dabei die Bogenlänge auf der Kurve (5). Dabei sind

$$(34.7)\qquad \mathfrak{x}_s(s, \varepsilon) = \frac{\partial \mathfrak{x}(s, \varepsilon)}{\partial s} = \mathfrak{x}'(s, \varepsilon) \text{ und } \mathfrak{x}_\varepsilon(s, \varepsilon) = \frac{\partial \mathfrak{x}(s, \varepsilon)}{\partial \varepsilon}$$

die linear unabhängigen Tangentenvektoren der s-Linien und der ε-Linien im Punkte (s, ε) der Fläche (3); für $\varepsilon = 0$ sind daher

$$(34.8)\qquad \mathfrak{x}'(s, 0) = \mathfrak{x}'(s) \text{ und } \left.\frac{\partial \mathfrak{x}(s, \varepsilon)}{\partial \varepsilon}\right|_{\varepsilon = 0} = \frac{\partial \mathfrak{x}(s, 0)}{\partial \varepsilon} = \mathfrak{x}_\varepsilon(s, 0)$$

Flächentangenten in den Punkten s der kürzesten Linie (5).

Soll dann die Bogenlänge $s_{01}(\varepsilon)$ der „Vergleichskurven" $\mathfrak{x}(s, \varepsilon)$ zwischen den Punkten P_0 und P_1

$$(34.9)\qquad s_{01}(\varepsilon) = \int_{s_0}^{s_1} \sqrt{\mathfrak{x}'^2(s, \varepsilon)}\, ds$$

für alle genügend kleinen $|\varepsilon| > 0$ die Länge

$$(34.10)\quad s_{01} = s_{01}(0) = \int_{s_0}^{s_1} \sqrt{\mathfrak{x}'^2(s, 0)}\,ds = \int_{s_0}^{s_1} \sqrt{\mathfrak{x}'^2(s)}\,ds = \int_{s_0}^{s_1} ds = s_1 - s_0$$

der kürzesten Linie $\mathfrak{x}(s)$ übertreffen, so muß die Funktion $s_{01}(\varepsilon)$ an der Stelle $\varepsilon = 0$ ein absolutes Minimum besitzen. Nach Leibniz ist dafür notwendig

$$(34.11)\quad \frac{ds_{01}(\varepsilon)}{d\varepsilon}\bigg|_{\varepsilon=0} = \frac{ds_{01}(0)}{d\varepsilon} = 0.$$

Differenziert man in (9) unter dem Integralzeichen nach ε, was wegen der Stetigkeit des Ergebnisses statthaft ist, so erhält man

$$\frac{ds_{01}(\varepsilon)}{d\varepsilon} = \int_{s_0}^{s_1} \frac{\partial}{\partial \varepsilon} \sqrt{\mathfrak{x}'^2(s, \varepsilon)}\,ds = \int_{s_0}^{s_1} \frac{\mathfrak{x}'(s, \varepsilon) \cdot \mathfrak{x}_\varepsilon(s, \varepsilon)}{\sqrt{\mathfrak{x}'^2(s, \varepsilon)}}\,ds$$

und daraus für $\varepsilon = 0$ wegen (8) und $\mathfrak{x}'^2(s, 0) = \mathfrak{x}'^2(s) \equiv 1$

$$(34.12)\quad \frac{ds_{01}(0)}{d\varepsilon} = \int_{s_0}^{s_1} \mathfrak{x}'(s) \cdot \mathfrak{x}_\varepsilon(s, 0)\,ds = 0.$$

Weil aus den für alle ε gültigen Identitäten (4) durch Ableiten nach ε folgt

$$(34.13)\quad \mathfrak{x}_\varepsilon(s_0, \varepsilon) = \mathfrak{x}_\varepsilon(s_1, \varepsilon) \equiv \mathfrak{o} \qquad \{\varepsilon\}$$

und diese Gleichungen auch für $\varepsilon = 0$ bestehen, verschwindet bei partieller Integration von (12)

$$(34.14)\quad \frac{ds_{01}(0)}{d\varepsilon} = \Big[\mathfrak{x}'(s) \cdot \mathfrak{x}_\varepsilon(s, 0)\Big]_{s_0}^{s_1} - \int_{s_0}^{s_1} \mathfrak{x}''(s) \cdot \mathfrak{x}_\varepsilon(s, 0)\,ds = 0$$

der herausintegrierte Teil, und die Leibnizsche notwendige Minimumsbedingung (11) erhält schließlich die Gestalt

$$(34.15)\quad \frac{ds_{01}(0)}{d\varepsilon} = -\int_{s_0}^{s_1} \mathfrak{x}''(s) \cdot \mathfrak{x}_\varepsilon(s, 0)\,ds = 0.$$

Wegen der willkürlichen Wahl der Schar der Vergleichskurven (3) bedeutet darin $\mathfrak{x}_\varepsilon(s, 0)$ nach (6) und (8) einen beliebigen von $\mathfrak{x}'(s)$ verschiedenen Tangentenvektor der Fläche $\mathfrak{x}(u, v)$ im Punkte $\mathfrak{x}(s)$; wegen (6) ist $\mathfrak{x}_\varepsilon(s, 0) \neq \mathfrak{o}$. Der Integrand in (15) stellt daher eine willkürliche (stetige) Funktion dar, deren Integral nach dem Fundamentalsatz der Variationsrechnung dann und nur dann verschwindet, wenn der Integrand

(34. 16) $$\mathfrak{x}''(s) \cdot \mathfrak{x}_\varepsilon(s, 0) \equiv 0 \quad \{s\}$$

ist.

Die Gleichung (16) ist 1) erfüllt für $\mathfrak{x}''(s) \equiv \mathfrak{o}$ oder $\mathfrak{x}(s) \equiv \mathfrak{a}s + \mathfrak{b}$ mit konstanten Vektoren $\mathfrak{a}$, $\mathfrak{b}$ und $|\mathfrak{a}| = 1$, d.h. wenn die Fläche die Verbindungsgerade $[P_0 P_1]$ enthält, die dann sicher die kürzeste Verbindungslinie von P_0 und P_1 darstellt.

Ist 2) jedoch $\mathfrak{x}''(s) \not\equiv \mathfrak{o}$, so ist die kürzeste Verbindungslinie $\mathfrak{x}(s)$ von P_0 und P_1 krummlinig. Weil $\mathfrak{x}'' = \varkappa\mathfrak{h}$ ein Hauptnormalenvektor von $\mathfrak{x}(s)$ und $\mathfrak{x}_\varepsilon(s, 0) \neq \mathfrak{o}$ ein beliebiger Tangentenvektor der Fläche $\mathfrak{x}(u, v)$ im Punkte s von $\mathfrak{x}(s)$ ist, verschwindet das Innenprodukt (16) dann und nur dann, wenn die Hauptnormale $\mathfrak{x}''(s)$ in allen Punkten s der kürzesten Linie $\mathfrak{x}(s)$ in die Flächennormale $\mathfrak{n}$ fällt, d. h. $\mathfrak{h} = \pm \mathfrak{n}$ ist.

Diese notwendigen Bedingungen sind in beiden Fällen gleichbedeutend mit den Bedingungen

(34. 17) $$\mathfrak{x}''(s) \cdot \mathfrak{x}_u \equiv 0, \quad \mathfrak{x}''(s) \cdot \mathfrak{x}_v \equiv 0$$

aus denen

(34. 18) $$\mathfrak{x}'' = \lambda[\mathfrak{x}_u \mathfrak{x}_v] = \lambda W \mathfrak{n}$$

folgt, d. h. das Verschwinden der geodätischen Krümmung

(34. 19) $$\varkappa_g = [\mathfrak{x}' \mathfrak{x}'' \mathfrak{n}] \equiv 0, \quad \text{w. z. b. w.}$$

Man bezeichnet nach Joseph Liouville (1844) allgemein alle stetig gekrümmten Flächenkurven $\mathfrak{x}(s)$ mit verschwindender geodätischer Krümmung (19) als **geodätische Linien** der Fläche. Dann gilt

Satz 2: *Die kürzeste auf einer (stetig gekrümmten) Fläche verlaufende (stetig gekrümmte) Verbindungslinie zweier Flächenpunkte P_0 und P_1 ist unter den von P_0 nach P_1 laufenden geodätischen Flächenkurven zu suchen.*

Diese geodätischen Flächenkurven $\mathfrak{x}(s)$ sind nach (19) durch die Eigenschaft gekennzeichnet, daß in allen ihren Punkten s

die Vektoren $\mathfrak{x}'$, $\mathfrak{x}''$, $\mathfrak{n}$ komplanar sind. Weil (im nicht geradlinigen Falle) $\mathfrak{x}'(s)$ und $\mathfrak{x}''(s)$ die Schmiegebene $\sigma(s)$ von $\mathfrak{x}(s)$ aufspannen, folgt der

Satz 3: *Kennzeichnend für die (krummen) geodätischen Linien einer Fläche ist, daß ihre Schmiegebenen σ stets die Flächennormale $\mathfrak{n}$ enthalten.*

Bemerkung 1: Mechanische Deutung der geodätischen Linien. Spannt man zwischen den beiden (genügend nahen) Punkten P_0 und P_1 des (stetig gekrümmten und einfach zusammenhängenden) Flächenstücks (auf seiner richtigen Seite) einen (vollkommen biegsamen und undehnbaren) Faden, so nimmt er in seiner Gleichgewichtslage auf der Fläche die Gestalt der kürzesten Flächenkurve zwischen P_0 und P_1 an. Damit ist die Existenz dieser geodätischen Linie zwischen P_0 und P_1 mechanisch plausibel gemacht.

Man kann aus dieser mechanischen Erzeugung der kürzesten Linien auch leicht erkennen, daß die Schmiegebene σ ihrer Punkte $\mathfrak{x}(s)$ die Flächennormale $\mathfrak{n}$ enthält. Am gespannten Faden müssen sich nämlich die in den Nachbarpunkten $\mathfrak{x}(s - ds)$ und $\mathfrak{x}(s + ds)$ vorhandenen Fadenspannkräfte, deren Richtungen $\mathfrak{x}'(s - ds)$ und $\mathfrak{x}'(s + ds)$ sind, zusammen mit dem Normaldruck des Fadens im Punkte $\mathfrak{x}(s)$ auf die Fläche, dessen Richtung $\mathfrak{n}(s)$ ist, das Gleichgewicht halten. Diese drei Richtungen sind folglich komplanar. Aus $[\mathfrak{x}'(s - ds), \mathfrak{x}'(s + ds), \mathfrak{n}(s)] = 0$ folgt aber, wenn man nur Glieder erster Ordnung in $ds \neq 0$ berücksichtigt und $ds \to 0$ gehen läßt, $[\mathfrak{x}'(s), \mathfrak{x}''(s), \mathfrak{n}(s)] = 0$, w. z. b. w.

Bemerkung 2: Zwischen zwei nicht genügend nahen Punkten P_0 und P_1 eines genügend großen Flächenstückes kann es möglicherweise mehrere oder sogar unendlich viele geodätische Linien geben. Z. B. kann man zwei diametrale Punkte eines Drehzylinders durch die beiden Halbkreisbogen ihres Normalschnittes geodätisch verbinden und zwei diametrale Kugelpunkte durch die unendlich vielen sie enthaltenden Großkreisbögen. Die Normalschnitte des Drehzylinders und die Großkreise der Kugel sind dabei geodätische Linien, weil ihre Schmiegebenen (Kreisebenen) in allen Punkten der Linie flächennormal sind.

Ähnlich kann man zwei beliebige Punkte P_0, P_1 eines Drehzylinders oder einer Ringfläche auf unendlich viele Arten durch Geodätische verbinden. Befestigt man nämlich in P_0 einen Faden, wickelt ihn (in einem der beiden möglichen Sinne) beliebig oft um den Zylinder oder Ring, bevor man ihn gespannt durch P_1 laufen läßt, so liefert jede der entstehenden Gleichgewichtslagen des Fadens eine andere geodätische Verbindungslinie der Punkte P_0 und P_1.

Beispiel 1: Die geodätischen Linien eines beliebigen (reellen, stetig gekrümmten) Zylinders ζ sind die auf ihm liegenden, aus (II. 18. Bem. 5) bekannten allgemeinen Schraublinien (Böschungslinien). Weil die geodätischen Linien nämlich verschwindende geodätische Krümmung (Abwickelkrümmung) haben, werden sie bei der Abwicklung des Zylinders in die Ebene geradlinig und schneiden daher in der Abwicklung und im Raume die Mantellinien des Zylinders unter festem Winkel.

Im besonderen sind die Geodätischen des Drehzylinders die auf ihm liegenden gemeinen Schraublinien. Tatsächlich stimmen deren Hauptnormalen nach (II. 9) mit den Zylindernormalen überein.

Beispiel 2: Strecktorse einer Raumkurve. Wir können jetzt auch die in (II. 4) und (II. 18. Bem. 1) zur Begründung der Namen Streckebene und Strecktorse angegebene Eigenschaft der Strecktorse einer (stetig gekrümmten) Raumkurve $\mathfrak{x} = \mathfrak{x}(s)$ einsehen, daß bei ihrer Abwicklung in die Ebene die Raumkurve geradegestreckt wird. Die Schmiegebene σ der Raumkurve $\mathfrak{x}(s)$ enthält nämlich die (mit der Hauptnormalen $\mathfrak{h}$ identische) Normale $\mathfrak{n}$ der Strecktorse; also ist die Raumkurve auf ihr geodätisch ($\varkappa_g = 0$) und geht daher nach (33. Satz 3) bei der Abwicklung der Strecktorse in eine gerade Linie ($\varkappa^* = 0$) über.

Bemerkung 3: Geodätische Streifen einer Fläche $\mathfrak{x}(u, v)$ sind solche, welche der Fläche längs einer geodätischen Linie berührend umschrieben sind. Wegen der Biegungsinvarianz ihrer geodätischen Krümmung ($\varkappa_g = 0$) werden die geodätischen Linien bei der Abwicklung des Streifens in die Ebene in gerade Linien ($\varkappa^* = \varkappa_g = 0$) verwandelt.

Bemerkung 4: Aus obigen Beispielen erhellt, daß nicht jede die Flächenpunkte P_0 und P_1 verbindende geodätische Linie einer Fläche auch eine kürzeste Linie ist. Die Forderung verschwindender geodätischer Krümmung $\varkappa_g = [\mathfrak{x}'\mathfrak{x}''\mathfrak{n}] = 0$, welche die geodätischen Linien der Fläche kennzeichnet, ist also nur eine notwendige, aber keine hinreichende Bedingung für die kürzesten Verbindungslinien zweier Flächenpunkte P_0 und P_1.

35. Minimaleigenschaft der geodätischen Linien. Nach Weierstraß bezeichnet man eine einfache Schar von geodätischen Linien, welche ein reguläres (einfach zusammenhängendes) Flächenstück schlicht, d. h. so überdecken, daß jeder Flächenpunkt auf genau einer Geodätischen der Schar liegt, als ein **Feld** von Geodätischen (ein geodätisches Feld).

Wählt man die geodätischen Feldkurven als u-Linien und die sie normal schneidenden Kurven als v-Linien (Bild 11),

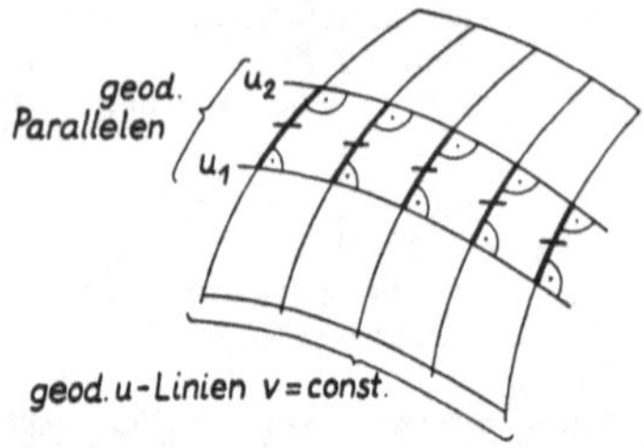

Bild 11. Gaußsches geodätisches Koordinatensystem auf einer Fläche, gebildet von einem Feld geodätischer u-Linien (Parameter = Bogen u) und den dazu orthogonalen geodätischen Parallelen als v-Linien

so entsteht auf der Fläche ein von Gauß eingeführtes geodätisches Koordinatensystem. In einem solchen ist $F \equiv 0$, und das Bogenelementquadrat der Fläche hat zunächst die Gestalt

$$ds^2 = E(u, v)du^2 + G(u, v)dv^2. \tag{35. 1}$$

Weil die u-Linien geodätisch sind, verschwindet ihre in (33. 21) berechnete geodätische Krümmung

$$\varkappa_g = -\frac{E_v}{2E\sqrt{G}} = 0 \quad \text{für alle } v;$$

es folgt $E_v = 0$ für alle v, also

$$E = E(u). \tag{35. 2}$$

Ersetzt man dann den Parameter u durch $u^* = \int \sqrt{E(u)}\,du$, d. h. wählt man auf den geodätischen u-Linien den Bogen u^* als Parameter, so nimmt das Bogenelementquadrat (1), wenn man statt u^* wieder u schreibt, die Gestalt

(35. 3) $$ds^2 = du^2 + G(u, v)\,dv^2$$

an. Man bezeichnet Parameter (u, v) mit dem Bogenelementquadrat (3) als Gaußsche geodätische Koordinaten oder als geodätische Parallelkoordinaten auf der Fläche. Aus (3) folgt nun der

Satz 1 (von Gauß, 1827): *Zwei beliebige v-Linien $u = u_1$ und $u = u_2$ eines Gaußschen geodätischen Koordinatennetzes (u, v) schneiden aus allen geodätischen u-Linien ($v =$ const, $dv = 0$) Bogen gleicher Länge aus, nämlich Bogen der festen Länge*

(35. 4) $$s = \int_{u_1}^{u_2} du = u_2 - u_1.$$

Bemerkung 1: Man bezeichnet die Schar der Orthogonalkurven $u =$ const der geodätischen Feldlinien $v =$ const nach Gauß als geodätische Parallelen. In der Ebene besteht ein Feld von geodätischen Linien nämlich aus einem schlichten (d. h. keinen Punkt der Einhüllenden enthaltenden) Ausschnitt einer Geradenschar, während die Orthogonalkurven als Evolventen der Einhüllenden zueinander gewöhnliche Parallelkurven sind, welche nach (I. 15) zu zweien aus den Geraden der Schar gleichlange Strecken ausschneiden.

Von dem Gaußschen Satze gilt die folgende Umkehrung:

Satz 2: *Sind in einem orthogonalen Parameternetz (u, v) auf einer Fläche die Stücke auf den u-Linien, die zwischen irgend zwei v-Linien liegen, stets längengleich, so sind die u-Linien geodätisch.*

Beweis: Das aus (1) folgende Bogenelementquadrat der u-Linien $ds^2 = E(u, v)\,du^2$ ist dann nämlich von v unabhängig, d. h. $E_v \equiv 0$. Daher verschwindet nach (33. 21) auch die geodätische Krümmung der u-Linien, und diese Linien sind Geodätische, w. z. b. w.

Bemerkung 2: Sind in dem Gaußschen geodätischen Koordinatennetz außer den u-Linien auch noch die v-Linien geodätisch, so folgt durch den zu (3) führenden Schluß, daß das Bogenelementquadrat der Fläche auf die Gestalt

$$ds^2 = du^2 + dv^2 \tag{35.5}$$

gebracht werden kann, d. h. daß die Fläche in die Ebene abwickelbar ist.

Wir sind nun in der Lage, eine **hinreichende Bedingung** für die (relative) Minimaleigenschaft einer geodätischen Linie anzugeben. Es gilt (Bild 12)

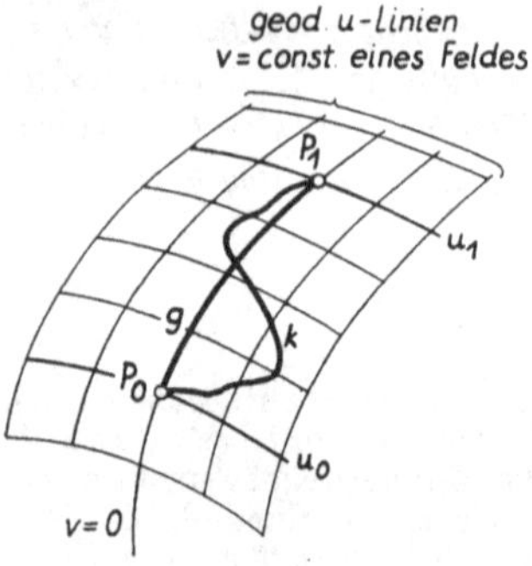

Bild 12. Geodätische Verbindungslinie g der Punkte P_0 und P_1, die als Linie $v = 0$ in ein geodätisches Feld eingebettet ist, mit Vergleichskurve k

Satz 3: *Ist auf einer reellen, einfach zusammenhängenden Fläche die Verbindungslinie g der beiden (eigentlichen) Flächenpunkte P_0 und P_1 1) eine geodätische Linie und kann man 2) diese Linie g in ein geodätisches Feld einbetten, so hat diese geodätische Linie g kürzere Länge als jede andere im Bereiche des Feldes auf der Fläche verlaufende glatte Verbindungskurve k der Punkte P_0 und P_1.*

Beweis: Sind in dem zugehörigen Gaußschen geodätischen Koordinatensystem $v = \text{const}$ die geodätischen Feldlinien und ist $v = 0$ die auf ihre Minimaleigenschaft zu prüfende geodätische Verbindungslinie der Punkte $P_0(u = u_0)$ und $P_1(u = u_1 > u_0)$, so folgt aus dem Bogenelement (3) der Fläche als Länge der Geodätischen $v = 0$

$$g(P_0 P_1) = \int_{u_0}^{u_1} du = u_1 - u_0 \tag{35.6}$$

und als Länge der glatten Vergleichskurve $v = v(u)$

$$(35.7)\qquad k(P_0P_1) = \int\limits_{u_0}^{u_1} \sqrt{1 + G(u,v)\left(\frac{dv(u)}{du}\right)^2}\, du\,.$$

Wegen $G(u, v) > 0$ und $\frac{dv(u)}{du} \not\equiv 0$, d.h. wegen $v \neq \text{const}$, ist

$$g(P_0P_1) < k(P_0P_1), \qquad \text{w. z. b. w.}$$

Daneben gilt noch als wichtiger Sonderfall

Satz 4: *Die auf einer (zweimal stetig ableitbaren) Fläche $\mathfrak{x} = \mathfrak{x}(u,v)$ von einem Flächenpunkte P_0 als Zentrum ausstrahlenden geodätischen Linien g bilden (ausgenommen den Punkt P_0 selbst) in einer einfach zusammenhängenden Umgebung $\mathfrak{B}$ von P_0, die keinen Punkt der Einhüllenden der geodätischen Schar enthält, ein geodätisches Feld. Ihre Bogenstücke $g(P_1P_2)$ sind daher kürzer als irgendwelche andere im Felde verlaufende Vergleichsbögen $k(P_1P_2)$. Dieses Ergebnis ist aus Stetigkeitsgründen auch dann noch richtig, wenn man die Bögen im Zentrum P_0 beginnen läßt.*

Beispiel 1: Auf der Kugel treffen sich alle von einem festen Zentrum (Nordpol N) ausstrahlenden Geodätischen (Großkreise) im diametralen Kugelpunkt (Südpol S), der daher keinem N enthaltenden geodätischen Felde angehören kann. Die kürzeste Verbindungslinie der Kugelpunkte N und $P \neq S$ ist daher jener Bogen des N und P verbindenden Großkreises, der S nicht enthält.

Beispiel 2: In der Ebene sind alle Geraden geodätische Linien. Da man die Verbindungsgerade $g = [P_0P_1]$ zweier beliebiger Punkte P_0 und P_1 stets in ein geodätisches Feld einbetten kann (z.B. in das Feld der Parallelen zu g), ist die Gerade g auch die kürzeste Verbindungslinie der Punkte P_0 und P_1.

36. Differentialgleichung der geodätischen Linien. Die auf der (reellen) zweimal stetig ableitbaren Fläche $\mathfrak{x} = \mathfrak{x}(u,v)$ liegende, auf den beliebigen zulässigen Parameter t bezogene, stetig gekrümmte Flächenkurve

$$(36.1)\qquad \mathfrak{x} = \mathfrak{x}(t), \quad \text{d. h.} \quad u = u(t), \quad v = v(t),$$

ist nach (34. 2) dann und nur dann geodätisch, wenn ihre geodätische Krümmung $\varkappa_g = 0$ ist, d. h. nach (33. 19) wegen $W \neq 0$ dann und nur dann, wenn

$$(36.\,2)\qquad \begin{vmatrix} du, & d^2u + \left\{ {11 \atop 1} \right\} du^2 + 2\left\{ {12 \atop 1} \right\} du\,dv + \left\{ {22 \atop 1} \right\} dv^2 \\ dv, & d^2v + \left\{ {11 \atop 2} \right\} du^2 + 2\left\{ {12 \atop 2} \right\} du\,dv + \left\{ {22 \atop 2} \right\} dv^2 \end{vmatrix} = 0.$$

Dies ist die Differentialgleichung 2. Ordnung der geodätischen Linien der Fläche $\mathfrak{x}(u, v)$.

Bemerkung 1: Wählt man $t = u$ als Parameter, d. h. $v = v(u)$ als Gleichung der geodätischen Linien, so ist $du = \text{const}$, $d^2u = 0$, und die Differentialgleichung der Geodätischen erhält die Gestalt

$$(36.\,3)\qquad \frac{d^2v}{du^2} = \alpha(u, v)\left(\frac{dv}{du}\right)^3 + \beta(u, v)\left(\frac{dv}{du}\right)^2 + \gamma(u, v)\frac{dv}{du} + \delta(u, v)$$

mit

$$(36.\,4)\qquad \alpha = \left\{ {22 \atop 1} \right\}, \beta = 2\left\{ {12 \atop 1} \right\} - \left\{ {22 \atop 2} \right\}, \gamma = \left\{ {11 \atop 1} \right\} - 2\left\{ {12 \atop 2} \right\}, \delta = -\left\{ {11 \atop 2} \right\}.$$

Die allgemeine Theorie der Differentialgleichungen 2. Ordnung liefert dann, auf (3) angewandt, wegen der stetigen Ableitbarkeit der Vorzahlen (4) den folgenden

Existenz- und Eindeutigkeitssatz: *Jedes reguläre, einfach zusammenhängende, zweimal stetig ableitbare, genügend kleine Flächenstück $\mathfrak{x} = \mathfrak{x}(u, v)$ ist von ∞^2 geodätischen Linien bedeckt, wobei durch jeden regulären Flächenpunkt $P_0(u_0, v_0)$ in jeder Richtung $du:dv = \dot{u}_0:\dot{v}_0$ genau eine geodätische Linie läuft. Ist $P(u, v)$ ein zum Punkte $P_0(u_0, v_0)$ genügend naher Punkt (d. h. sind die Beträge der Differenzen $u - u_0$ und $v - v_0$ genügend klein), so gibt es genau eine geodätische Linie, welche die Punkte P_0 und P verbindet.*

Die auf ihren Bogen s bezogene (krumme) Flächenkurve

$$(36.\,5)\qquad \mathfrak{x} = \mathfrak{x}(s),\ \text{d. h.}\ u = u(s),\ v = v(s)$$

(mit $\mathfrak{x}''(s) \not\equiv \mathfrak{o}$) ist nach (34. 17) dann und nur dann geodätisch, wenn in allen ihren Punkten $\mathfrak{x}(s)$

$$(36.6) \qquad \mathfrak{x}''\mathfrak{x}_u = 0 \quad \text{und} \quad \mathfrak{x}''\mathfrak{x}_v = 0$$

ist. Wegen

$$(36.7) \qquad \begin{aligned} \mathfrak{x}' &= \mathfrak{x}_u u' + \mathfrak{x}_v v', \\ \mathfrak{x}'' &= \mathfrak{x}_u u'' + \mathfrak{x}_v v'' + \mathfrak{x}_{uu} u'^2 + 2\mathfrak{x}_{uv} u' v' + \mathfrak{x}_{vv} v'^2 \end{aligned}$$

lauten die Gleichungen (6) zufolge (5. 4) und (33. 11) ausführlich

$$(36.8) \qquad \begin{aligned} Eu'' + Fv'' + \left[{11 \atop 1}\right] u'^2 + 2\left[{12 \atop 1}\right] u'v' + \left[{22 \atop 1}\right] v'^2 = 0, \\ Fu'' + Gv'' + \left[{11 \atop 2}\right] u'^2 + 2\left[{12 \atop 2}\right] u'v' + \left[{22 \atop 2}\right] v'^2 = 0 \end{aligned}$$

oder, nach u'' und v'' aufgelöst, wegen (33. 14)

$$(36.9) \qquad \boxed{\begin{aligned} u'' + \left\{{11 \atop 1}\right\} u'^2 + 2\left\{{12 \atop 1}\right\} u'v' + \left\{{22 \atop 1}\right\} v'^2 = 0, \\ v'' + \left\{{11 \atop 2}\right\} u'^2 + 2\left\{{12 \atop 2}\right\} u'v' + \left\{{22 \atop 2}\right\} v'^2 = 0. \end{aligned}}$$

Die Gaußschen Koordinaten $u(s)$ und $v(s)$ einer auf ihren Bogen s als Parameter bezogenen geodätischen Flächenkurve (5) *genügen also schließlich den beiden Differentialgleichungen* (9). *Dabei sind $u(s)$ und $v(s)$ nach* (33. 2) *noch an die Identität*

$$(36.9^*) \qquad \mathfrak{x}'^2(s) = Eu'^2 + 2Fu'v' + Gv'^2 \equiv 1$$

gebunden, welche jedoch eine unmittelbare Folge der beiden Gleichungen (9) *ist, also neben* (9) *nicht weiter angeschrieben werden muß.*

Beweis: Die beiden Gleichungen (9) sind nämlich äquivalent zu den beiden Gleichungen (8), also auch zu den beiden Gleichungen (6). Multipliziert man aber die erste Gleichung (6) mit $2u'$, die zweite mit $2v'$, so erhält man durch Addieren die Identität

$$2(\mathfrak{x}_u u' + \mathfrak{x}_v v')\mathfrak{x}'' = 2\mathfrak{x}'\,\mathfrak{x}'' = (\mathfrak{x}'^2)' \equiv 0,$$

also $\mathfrak{x}'^2 \equiv$ const, und bei geeigneter Wahl der Längeneinheit für die Bogenmessung $\mathfrak{x}'^2 \equiv 1$, d. h. die Identität (9*).

Umgekehrt folgt somit auch aus jeder der beiden Gleichungen (9) zusammen mit (9*) die andere Gleichung (9).

Beispiel 1: Um die geodätischen Linien der Drehfläche

$$\mathfrak{x} = \mathfrak{x}(r, \varphi) = r \cos\varphi\, \mathfrak{e}_1 + r \sin\varphi\, \mathfrak{e}_2 + z(r)\, \mathfrak{e}_3 \tag{36.10}$$

mit dem Bogenelementquadrat (12. 7):

$$ds^2 = (1 + z_r^2(r))dr^2 + r^2 d\varphi^2 \tag{36.11}$$

zu berechnen, bestimmen wir, $u = r$, $v = \varphi$ setzend, aus (12. 6) und (33. 20) zuerst die Christoffel-Symbole

$$\begin{aligned} &\begin{Bmatrix}11\\1\end{Bmatrix} = \frac{z_r z_{rr}}{1 + z_r^2}, \quad \begin{Bmatrix}12\\1\end{Bmatrix} = 0, \quad \begin{Bmatrix}22\\1\end{Bmatrix} = \frac{-r}{1 + z_r^2}, \\ &\begin{Bmatrix}11\\2\end{Bmatrix} = 0, \quad \begin{Bmatrix}12\\2\end{Bmatrix} = \frac{1}{r}, \quad \begin{Bmatrix}22\\2\end{Bmatrix} = 0. \end{aligned} \tag{36.12}$$

Wir erhalten damit aus (9) die beiden folgenden Differentialgleichungen der (auf ihren Bogen s bezogenen) geodätischen Linien $r = r(s) \neq 0$, $\varphi = \varphi(s)$:

$$r'' + \frac{z_r z_{rr}}{1 + z_r^2} r'^2 - \frac{r}{1 + z_r^2} \varphi'^2 = 0, \quad \varphi'' + \frac{2}{r} r' \varphi' = 0. \tag{36.13}$$

Aus der zweiten Gleichung folgt für $\varphi' \not\equiv 0$ oder $\varphi \neq \text{const}$, d. h. für die von Meridianen verschiedenen Geodätischen der Drehfläche (10)

$$\frac{\varphi''}{\varphi'} + 2\frac{r'}{r} = 0 \quad \text{oder} \quad r^2 \frac{d\varphi}{ds} = k = \text{const}. \tag{36.14}$$

Ist nun α der Winkel, den die Geodätische mit dem Parallelkreis der Drehfläche bildet, so ist $\cos\alpha = r d\varphi/ds$.

Für die geodätischen Linien einer Drehfläche gilt daher nach (14) der Satz von Alexis Claude Clairaut (1731):

$$r \cdot \cos\alpha = k = \text{const}. \tag{36.15}$$

Diese Formel gilt auch noch für die Meridiane der Drehfläche ($\alpha = \pi/2$, $k = 0$).

Eliminiert man aus den Gleichungen (11) und (14) das Bogendifferential ds, so erhält man

$$k^2(1 + z_r^2)dr^2 = r^2(r^2 - k^2)d\varphi^2;$$

daraus ergibt sich die Polargleichung des Normalrisses der geodätischen Linien der Drehfläche (10) auf die Ebene $z = 0$ durch eine Quadratur in der Form

$$(36.16)\qquad \pm(\varphi - \varphi_0) = k\int\sqrt{\frac{1 + z_r^2(r)}{r^2 - k^2}}\cdot\frac{dr}{r} = f(r).$$

Beispiel 2: Aus (15) folgt, daß auf dem Drehzylinder $r = a = \text{const}$ die Geodätischen (gemeine Schraublinien) alle Parallelkreise unter dem festen Winkel α mit $\cos\alpha = k/a$ schneiden.

Beispiel 3: Ist der Drehkegel $z = qr$ gegen die Horizontalebene $z = 0$ (Grundrißebene) unter dem festen Winkel γ mit $q = \operatorname{tg}\gamma = \text{const}$ geneigt, so erhält man aus (16) wegen $z_r = q = \operatorname{tg}\gamma$ als Grundrisse seiner Geodätischen die Kurven

$$(36.17)\qquad \pm(\varphi - \varphi_0) = \frac{k}{\cos\gamma}\int\frac{dr}{r\sqrt{r^2 - k^2}} = \frac{1}{\cos\gamma}\cdot\arccos\frac{k}{r}$$

oder, wenn man $\cos\gamma = p = \text{const}$ setzt, die Kurven

$$(36.18)\qquad r\cdot\cos p(\varphi - \varphi_0) = k,$$

die aus der Geraden $r\cdot\cos(\varphi - \varphi_0) = k$ durch jene „Winkelstreckung" entstehen, bei der (mit ungeändertem r) der Polarwinkel φ durch $p\varphi$ ersetzt wird. Man bezeichnet die Kurven (18) nach A. Aubry (1895) als Ährenkurven. Für rationale Werte von $p = \cos\gamma$ (d. h. rationales Verhältnis von Basiskreisradius und Seitenlänge des Kegels) sind die Ährenkurven (18) und damit auch die Kegelgeodätischen algebraisch.

37. Invariante Darstellung der geodätischen Krümmung. Nach (33. 21) lautet die geodätische Krümmung der u-Linie $v = \text{const}$ eines orthogonalen Parameternetzes ($F = 0$) der Fläche $\mathfrak{x} = \mathfrak{x}(u, v)$

$$(37.1)\qquad \varkappa_g = -\frac{E_v}{2E\sqrt{G}}.$$

Man kann dafür auch schreiben

$$(37.2)\qquad \varkappa_g = -\sqrt{G}\cdot\frac{1}{\sqrt{EG}}\frac{\partial}{\partial v}\sqrt{\frac{E}{G}} - \frac{1}{G}\cdot\frac{\partial\sqrt{G}}{\partial v}.$$

Bildet man für die Ortsfunktion $\varphi = v$ der Fläche nach (22.13) und (25.2) die Beltramischen Differentiatoren

$$(37.\ 3)\qquad \nabla v = \frac{1}{G}\,,\quad \Delta v = \frac{1}{\sqrt{EG}}\frac{\partial}{\partial v}\sqrt{\frac{E}{G}}$$

und nach (22. 12) den Ausdruck

$$(37.\ 4)\qquad \nabla(v, \sqrt{G}) = \frac{1}{G}\frac{\partial\sqrt{G}}{\partial v} = \nabla\left(v, \frac{1}{\sqrt{\nabla v}}\right),$$

so nimmt die Formel (2) die Gestalt

$$(37.\ 5)\qquad \varkappa_g = -\frac{\Delta v}{\sqrt{\nabla v}} - \nabla\left(v, \frac{1}{\sqrt{\nabla v}}\right) = \Theta v$$

an. Θv ist dabei ein neuer, zusammengesetzter Differentiator.

Die Formel (5) überträgt sich wegen der Parameterinvarianz des Differentiators Θ sofort auf die Kurven einer beliebigen Kurvenschar $\varphi(u, v) = \text{const}$ der Fläche, die ja zusammen mit ihrer Orthogonalschar $\psi(u, v) = \text{const}$ als Gaußsches Parameternetz dienen kann. Die geodätische Krümmung der Linien $\varphi(u, v) = \text{const}$ kann also in der folgenden invarianten Form geschrieben werden:

$$(37.\ 6)\qquad \varkappa_g = -\frac{\Delta\varphi}{\sqrt{\nabla\varphi}} - \nabla\left(\varphi, \frac{1}{\sqrt{\nabla\varphi}}\right) = \Theta\varphi\,(u, v).$$

Ausführlich angeschrieben, ergibt (6) für $\varkappa_g$ die Darstellung

$$(37.\ 7)\qquad \varkappa_g = \Theta\varphi = \frac{1}{W}\left\{\frac{\partial}{\partial u}\frac{F\varphi_v - G\varphi_u}{\sqrt{E\varphi_v^2 - 2F\varphi_u\varphi_v + G\varphi_u^2}} + \right.$$
$$\left. + \frac{\partial}{\partial v}\frac{F\varphi_u - E\varphi_v}{\sqrt{E\varphi_v^2 - 2F\varphi_u\varphi_v + G\varphi_u^2}}\right\}.$$

Diese von Ossian Bonnet (1860) stammende Formel beweist, ebenso wie die parameterinvariante Beltramische Formel (6), nochmals die Biegungsinvarianz der geodätischen Krümmung $\varkappa_g$ der Flächenkurve $\varphi(u, v) = \text{const}$. Die Formel (6) erhellt wieder die Bedeutung der Beltramischen Differentiatoren für die innere Geometrie der Flächen.

Beispiel 1: Für die geodätische Krümmung der Linien $\varphi = u = \text{const}$ (v-Linien) eines orthogonalen Koordinatennetzes ($F = 0$) erhält man aus (7) wegen $\varphi_u = 1$, $\varphi_v = 0$ die Formel

$$\varkappa_g = \Theta u = -\frac{1}{\sqrt{EG}}\frac{\partial\sqrt{G}}{\partial u} = -\frac{G_u}{2G\sqrt{E}}. \tag{37.8}$$

Über das Vorzeichen der geodätischen Krümmung $\varkappa_g$, das keine geometrische Bedeutung hat, wurde in (33. Bem. 5) gesprochen.

Bemerkung 1: Notwendig und hinreichend dafür, daß die Kurvenschar $\varphi(u, v) = \text{const}$ aus geodätischen Linien ($\varkappa_g = 0$) besteht, ist $\Theta\,\varphi(u, v) \equiv 0$.

Bemerkung 2: Nach (22. 43) lautet das Bogenelementquadrat der auf die orthogonalen Parameterlinien $\varphi(u, v) = \text{const}$ und $\psi(u, v) = \text{const}$ bezogenen Fläche

$$ds = \frac{d\varphi^2}{\nabla\varphi} + \frac{d\psi^2}{\nabla\psi}. \tag{37.9}$$

Nach (35. 2) bestehen dabei die Linien $\varphi(u, v) = \text{const}$ dann und nur dann aus geodätischen Parallelen, wenn die Größe $E = 1/\nabla\varphi$ allein von φ abhängt, d. h. $\nabla\varphi = f(\varphi)$ ist. Für die dazu orthogonalen geodätischen Linien $\psi(u, v) = \text{const}$ gilt dann nach (37. Bem. 1) stets $\Theta\psi = 0$. Ist insbesondere φ der Bogen der geodätischen Linien $\psi = \text{const}$, so muß nach (35. 3) $E = 1$ sein oder $\nabla\varphi = 1$.

Ist umgekehrt für eine Kurvenschar $\varphi(u, v) = \text{const}$

$$\nabla\varphi(u, v) \equiv 1, \tag{37.10}$$

so besteht sie aus geodätischen Parallelen und φ ist der Bogen ihrer (orthogonalen) geodätischen Linien.

38. Parallelverschiebung auf einer Fläche. Absoluter Parallelismus von Levi-Civita. Wir denken uns auf der reellen (zweimal stetig ableitbaren) Fläche $\mathfrak{x} = \mathfrak{x}(u, v)$ die beiden genügend nahen Punkte P und P^* durch eine stetig gekrümmte Flächenkurve (Leitkurve)

$$\mathfrak{x} = \mathfrak{x}(t), \text{ d. h. } u = u(t),\ v = v(t) \tag{38.1}$$

verbunden. Zu P gehöre der Parameter t, zu P^* der Parameter $t^* = t + \Delta t$ mit $\Delta t = t^* - t \neq 0$. Es sei ferner

$$(38.2) \qquad \mathfrak{p} = \mathfrak{p}(t) = p_1(t)\mathfrak{x}_u + p_2(t)\mathfrak{x}_v$$

eine in den Punkten der Kurve (1) erklärte Schar von Vektoren, zwischen denen der folgende differentielle Zusammenhang besteht, den man als den zur Leitkurve (1) gehörigen **absoluten Parallelismus** der Vektoren $\mathfrak{p}(t)$ oder als **Parallelismus von Levi-Civita** (1917) bezeichnet:

Wird der Flächenvektor $\mathfrak{p}(t)$ von P im Raume parallel in den Nachbarpunkt P^* des Kurvenpunktes P verschoben, so hört er i. a. auf, Flächenvektor zu sein; projiziert man dagegen seine neue Lage normal (d. h. in Richtung der Flächennormalen $\mathfrak{n}^* = \mathfrak{n}(t + \Delta t)$ von P^*) in die Tangentenebene τ^* von P^*, so entsteht in P^* wieder ein Flächenvektor $\mathfrak{p}^*$ der Form:

$$(38.3) \qquad \mathfrak{p}^* = \mathfrak{p} + \lambda\mathfrak{n}^* = \mathfrak{p}(t) + \lambda\mathfrak{n}(t + \Delta t).$$

Für die Größe λ ergibt sich dabei aus $(\mathfrak{p}^*\mathfrak{n}^*) = 0$ und $\mathfrak{n}^{*2} = 1$, indem man (3) beiderseits innerlich mit $\mathfrak{n}^*$ multipliziert, der Wert

$$\begin{aligned}\lambda = -(\mathfrak{p}\mathfrak{n}^*) &= -\mathfrak{p}(t)\cdot\mathfrak{n}(t+\Delta t)\\ &= -\mathfrak{p}(t)\cdot(\mathfrak{n}(t) + \dot{\mathfrak{n}}(t)\Delta t + (*)\Delta t^2)\\ &= -\mathfrak{p}(t)\cdot\mathfrak{n}(t) - \mathfrak{p}(t)\cdot\dot{\mathfrak{n}}(t)\Delta t + (**)\Delta t^2\end{aligned}$$

oder, weil aus $\mathfrak{p}(t)\cdot\mathfrak{n}(t) \equiv 0$ durch Ableiten nach t noch $\mathfrak{p}(t)\cdot\dot{\mathfrak{n}}(t) + \dot{\mathfrak{p}}(t)\cdot\mathfrak{n}(t) \equiv 0$ folgt,

$$(38.4) \qquad \lambda = \dot{\mathfrak{p}}(t)\cdot\mathfrak{n}(t)\Delta t + (**)\Delta t^2.$$

Der aus $\mathfrak{p}$ durch Parallelverschiebung und Projektion auf die Tangentenebene τ^* im Nachbarpunkt P^* von P konstruierte Flächenvektor $\mathfrak{p}^*$ lautet daher schließlich, wenn wir die Argumente t und t^* unterdrücken,

$$\begin{aligned}(38.5) \qquad \mathfrak{p}^* &= \mathfrak{p} + ((\dot{\mathfrak{p}}\mathfrak{n})\Delta t + (**)\Delta t^2)\cdot(\mathfrak{n} + \dot{\mathfrak{n}}\Delta t + ({}^{**}_{*})\Delta t^2)\\ &= \mathfrak{p} + (\dot{\mathfrak{p}}\mathfrak{n})\mathfrak{n}\Delta t + ({}^{**}_{**})\Delta t^2.\end{aligned}$$

Lassen wir nun $\Delta t \to 0$ gehen, so folgt daraus für die momentane Änderungsgeschwindigkeit $\dot{\mathfrak{p}} = d\mathfrak{p}/dt$ des Flächenvektors $\mathfrak{p}(t)$ die Formel

$$(38.\ 6)\qquad \dot{\mathfrak{p}} = \frac{d\mathfrak{p}}{dt} = \lim_{\Delta t \to 0} \frac{\Delta \mathfrak{p}}{\Delta t} = \lim_{\Delta t \to 0} \frac{\mathfrak{p}^* - \mathfrak{p}}{\Delta t} = (\dot{\mathfrak{p}}\mathfrak{n})\mathfrak{n}.$$

Flächenvektoren $\mathfrak{p}(t)$, welche längs der Leitkurve $\mathfrak{x}(t)$ dieser parameterinvarianten Differentialgleichung

$$(38.\ 7)\qquad \boxed{\dot{\mathfrak{p}} = (\dot{\mathfrak{p}}\mathfrak{n})\mathfrak{n}}$$

genügen, heißen zueinander **absolut-parallel** oder längs der Flächenkurve $\mathfrak{x}(t)$ **im Sinne von Levi-Civita parallel verschoben.**

Sind $\mathfrak{p}$ und $\mathfrak{q}$ zwei beliebige Flächenvektoren des Punktes P, also $(\mathfrak{p}\mathfrak{n}) = (\mathfrak{q}\mathfrak{n}) = 0$, so bleibt ihr **Innenprodukt** $(\mathfrak{p}\mathfrak{q}) = |\mathfrak{p}| \cdot |\mathfrak{q}| \cdot \cos\varphi$ bei simultaner absoluter Parallelverschiebung der Vektoren $\mathfrak{p}$ und $\mathfrak{q}$ längs der Flächenkurve $\mathfrak{x}(t)$ **unveränderlich.** Nach (7) ist nämlich

$$(38.8)\qquad \frac{d}{dt}(\mathfrak{p}\mathfrak{q}) = (\dot{\mathfrak{p}}\mathfrak{q}) + (\mathfrak{p}\dot{\mathfrak{q}}) = (\dot{\mathfrak{p}}\mathfrak{n})(\mathfrak{q}\mathfrak{n}) + (\dot{\mathfrak{q}}\mathfrak{n})(\mathfrak{p}\mathfrak{n}) = 0,$$
$$\text{d. h.}\quad (\mathfrak{p}\mathfrak{q}) = \text{const.}$$

Daraus folgt der von Tullio Levi-Civita (1873—1941) stammende

Satz 1: *Sowohl die Länge $|\mathfrak{p}|$ eines Vektors als auch der Winkel φ zweier Vektoren bleibt bei absoluter Parallelverschiebung der Vektoren längs einer Flächenkurve unverändert.*

Bemerkung 1: In die Konstruktion und die vektorielle Differentialgleichung (7) der absoluten Parallelverschiebung geht außer dem Vektor $\mathfrak{p}(t)$ nur der die Fläche $\mathfrak{x}(u, v)$ längs der Leitkurve $\mathfrak{x}(t)$ berührende Flächenstreifen (nämlich nur die Flächenkurve $\mathfrak{x}(t)$ und die Flächennormale $\mathfrak{n}(t)$) ein. Der absolute Parallelismus der Flächenvektoren $\mathfrak{p}(t)$ hängt also nur von dem zur Leitkurve $\mathfrak{x}(t)$ gehörigen Flächenstreifen ab, nicht jedoch von der speziellen den Streifen berührenden Fläche $\mathfrak{x}(u, v)$, die man z. B. durch die den Streifen enthaltende **Torse** ersetzen könnte.

Für die in (2) erklärten Koordinaten $p_1(t)$ und $p_2(t)$ der längs der Leitlinie (1) absolut parallelen Vektoren $\mathfrak{p}(t)$

ergibt die Definitionsgleichung (7) des absoluten Parallelismus zwei simultane gewöhnliche Differentialgleichungen erster Ordnung, die man wie folgt gewinnen kann:

Multipliziert man die Vektordifferentialgleichung (7) innerlich mit $\mathfrak{x}_u$ und $\mathfrak{x}_v$, so erhält man wegen $\mathfrak{x}_u\mathfrak{n} = 0$ und $\mathfrak{x}_v\mathfrak{n} = 0$, die parameterinvarianten Gleichungen

$$(38.9) \qquad (\mathfrak{x}_u\dot{\mathfrak{p}}) = 0, \quad (\mathfrak{x}_v\dot{\mathfrak{p}}) = 0.$$

Nach (2) ist nun

$$(38.10) \quad \dot{\mathfrak{p}} = (\mathfrak{x}_u\dot{p}_1 + \mathfrak{x}_v\dot{p}_2) + \mathfrak{x}_{uu}p_1\dot{u} + \mathfrak{x}_{uv}(p_1\dot{v} + p_2\dot{u}) + \mathfrak{x}_{vv}p_2\dot{v}.$$

Dieser Vektor $\dot{\mathfrak{p}}(t)$, den man auch als die Ableitung des Flächenvektors $\mathfrak{p}(t)$ längs der Flächenkurve $\mathfrak{x}(t)$ bezeichnet, ist i. a. kein Flächenvektor. Trägt man ihn in die Gleichungen (9) ein, so nehmen diese parameterinvarianten **Differentialgleichungen des absoluten Parallelismus** wegen (33. 11) die ausführlichere Gestalt an

$$(38.11) \quad \begin{cases} E\dot{p}_1 + F\dot{p}_2 + \left[{11 \atop 1}\right] p_1\dot{u} + \left[{12 \atop 1}\right](p_1\dot{v} + p_2\dot{u}) + \left[{22 \atop 1}\right] p_2\dot{v} = 0 \\ F\dot{p}_1 + G\dot{p}_2 + \left[{11 \atop 2}\right] p_1\dot{u} + \left[{12 \atop 2}\right](p_1\dot{v} + p_2\dot{u}) + \left[{22 \atop 2}\right] p_2\dot{v} = 0 \end{cases}$$

oder, wenn man nach $\dot{p}_1$ und $\dot{p}_2$ auflöst, wegen (33.14) die einfachere Gestalt

$$(38.12) \quad \boxed{\begin{aligned} \dot{p}_1 + \left\{{11 \atop 1}\right\} p_1\dot{u} + \left\{{12 \atop 1}\right\}(p_1\dot{v} + p_2\dot{u}) + \left\{{22 \atop 1}\right\} p_2\dot{v} = 0, \\ \dot{p}_2 + \left\{{11 \atop 2}\right\} p_1\dot{u} + \left\{{12 \atop 2}\right\}(p_1\dot{v} + p_2\dot{u}) + \left\{{22 \atop 2}\right\} p_2\dot{v} = 0. \end{aligned}}$$

Zusammenfassend folgt daraus der

Satz 2: *Ist auf der Fläche $\mathfrak{x} = \mathfrak{x}(u, v)$ die Leitkurve $\mathfrak{x}(t)$, d. h. $\{u = u(t),\ v = v(t)\}$ gegeben und auf ihr im Punkte $P_0\{u_0 = u(t_0), v_0 = v(t_0)\}$ der Flächenvektor (Anfangsvektor)*

$$(38.13) \qquad \mathfrak{p}_0 = p_1(t_0)\mathfrak{x}_u + p_2(t_0)\mathfrak{x}_v,$$

so liefert die Integration des linearen Differentialgleichungs-

systems (12) *mit der Anfangsbedingung* $\mathfrak{p}(t_0) = \mathfrak{p}_0$ *jene (parameterinvariante) Schar von Flächenvektoren*

$$\mathfrak{p}(t) = p_1(t)\mathfrak{x}_u + p_2(t)\mathfrak{x}_v, \tag{38.14}$$

welche aus dem Anfangsvektor $\mathfrak{p}_0$ *durch absolute Parallelverschiebung längs der Leitkurve* $\mathfrak{x}(t)$ *entsteht.*

Beispiel 1: In der euklidischen Ebene $z = 0$ mit der cartesischen Darstellung $\mathfrak{x} = u\mathfrak{e}_1 + v\mathfrak{e}_2$ und dem Bogenelementquadrat $ds^2 = du^2 + dv^2$ sind nach (33.16) alle $\left\{ {\alpha\beta \atop \gamma} \right\} = 0$. Die Differentialgleichungen (12) der absoluten Parallelverschiebung lauten daher

$$\dot{p}_1 = 0, \quad \dot{p}_2 = 0.$$

Also gilt für absolut parallele Vektoren der Ebene

$$p_1(t) = p_1(t_0) = \text{const}, \quad p_2(t) = p_2(t_0) = \text{const oder } \mathfrak{p}(t) = \mathfrak{p}_0.$$

Es folgt

Satz 3: *In der euklidischen Ebene stimmt der absolute Parallelismus von Vektoren mit dem gewöhnlichen Parallelismus überein.*

Bemerkung 2: Während auf beliebigen Flächen die **absolute Parallelverschiebung vom Wege abhängig** ist, d. h. durch absolute Parallelverschiebung eines Flächenvektors $\mathfrak{p}_0$ vom Punkte P_0 nach dem Punkte P auf verschiedenen Wegen $\mathfrak{x}(t)$ und $\bar{\mathfrak{x}}(t)$ sich im allgemeinen verschiedene Endvektoren $\mathfrak{p}(t)$ und $\bar{\mathfrak{p}}(t)$ ergeben, ist die absolute Parallelverschiebung in der euklidischen Ebene vom Wege unabhängig.

Aus der in (33. Bem. 2) begründeten Biegungsinvarianz der Christoffelsymbole $\left\{ {\alpha\beta \atop \gamma} \right\}$ folgt, daß auch der **absolute Parallelismus** eine **biegungsinvariante Eigenschaft** der Flächenvektoren ist.

Daraus folgt mit Rücksicht auf (Bem. 1) und (Bem. 2) die folgende einfache **Konstruktion der absoluten Parallelverschiebung** eines Flächenvektors längs einer Leitkurve $\mathfrak{x}(t)$.

Satz 4: *Um die aus einem Flächenvektor $\mathfrak{p}_0$ durch absolute Parallelverschiebung längs der Leitkurve $\mathfrak{x}(t)$ entstehenden Vektoren $\mathfrak{p}(t)$ zu konstruieren, wickle man erstens den der Fläche $\mathfrak{x}(u, v)$ längs der Leitkurve $\mathfrak{x}(t)$ umschriebenen Flächenstreifen $\sigma(t)$ in die Ebene ab, verschiebe dann zweitens den dabei aus $\mathfrak{p}_0$ entstehenden ebenen Vektor $\hat{\mathfrak{p}}_0$ längs der dabei aus $\mathfrak{x}(t)$ entstehenden ebenen Leitkurve $\hat{\mathfrak{x}}(t)$ euklidisch-parallel in die Lagen $\hat{\mathfrak{p}}(t)$ und mache danach drittens die Verbiegung der Ebene wieder rückgängig. Die dabei mitgenommenen Vektoren $\hat{\mathfrak{p}}(t)$ erhalten dann die Lagen $\mathfrak{p}(t)$ der gesuchten, zum Vektor $\mathfrak{p}_0$ längs der Leitkurve $\mathfrak{x}(t)$ absolut-parallelen Vektoren.*

Aus dieser Konstruktion des absoluten Parallelismus erhellt unmittelbar die in Satz 1 gefundene Invarianz der Längen und Winkel der mitgeführten Vektoren und Vektorenpaare.

Beispiel 2: Auf stetig gekrümmten Kegeln, Zylindern und Torsen, die man als Ganzes in die Ebene abwickeln kann, ist die absolute Parallelverschiebung wegen (38. Bem. 2) ebenfalls vom Wege unabhängig.

Beispiel 3: Verschiebt man (Bild 13) auf einer Kugel (Radius $r = 1$) längs eines Breitenkreises (geogr. Breite v, Umfang $U = 2\varrho\pi = 2\pi\cos v$) den Vektor $\mathfrak{p}_0$ der Meridiantangente in absolutem Sinne parallel nach Osten, so dreht sich $\mathfrak{p}_0$ stetig in der Tangentenebene nach Westen und schließt nach einmaligem Umlauf des Breitenkreises in der Endlage $\mathfrak{p}_\omega$ mit $\mathfrak{p}_0$ den Winkel $\omega = 2\pi\sin v$ ein. Dabei ist $\omega = U/S$ der Winkel, der von der Abwicklung jenes Drehkegels bedeckt wird, den man der Kugel längs des Breitenkreises umschreiben kann und dessen Seitenlänge $S = \operatorname{ctg} v$ ist.

Eine einfache physikalische Veranschaulichung dieser absoluten Parallelverschiebung gibt der bekannte Foucaultsche Pendelversuch, durch den Léon Foucault (1851) die Drehung der Erde nachgewiesen hat. Dieser Versuch beruht auf der absoluten Invarianz der Schwingungsebene des Pendels. Die scheinbare irdische Drehung der Schwingungsrichtung entsteht durch die obige absolute Parallelverschiebung dieser Richtung längs des Breitenkreises bei der Erddrehung und beträgt daher in der geogr. Breite v in 24 Stunden $\alpha° = \frac{180°}{\pi}\,\omega = 360° \cdot \sin v$.

Bemerkung 3: Aus der vektoriellen Differentialgleichung (7) des absoluten Parallelismus $\dot{\mathfrak{p}} = (\dot{\mathfrak{p}}\mathfrak{n})\mathfrak{n}$ einer längs der Leitkurve $\mathfrak{x}(t)$ im Sinne von Levi-Civita parallel verschobenen Schar von Flächenvektoren $\mathfrak{p}(t)$ folgt wegen $(\mathfrak{p}\mathfrak{n}) = 0$ und $(\dot{\mathfrak{x}}\mathfrak{n}) = 0$, daß

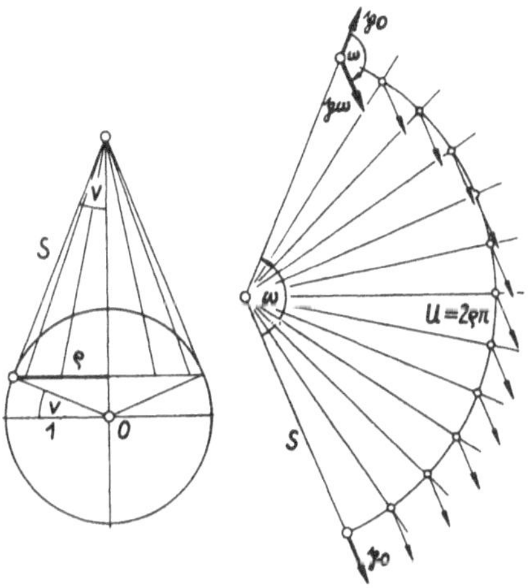

Bild 13. Die absolute Parallelverschiebung der Meridiantangente $\mathfrak{p}_0$ der Kugel längs eines Breitenkreises in die Endlage $\mathfrak{p}_\omega \neq \mathfrak{p}_0$ ist äquivalent der Foucaultschen Drehung der Pendelebene aus der Anfangsrichtung $\mathfrak{p}_0$ in die Endrichtung $\mathfrak{p}_\omega$

$(\mathfrak{p}\dot{\mathfrak{p}}) = (\dot{\mathfrak{p}}\mathfrak{n})(\mathfrak{p}\mathfrak{n}) = 0$ und $(\dot{\mathfrak{p}}\dot{\mathfrak{x}}) = (\dot{\mathfrak{p}}\mathfrak{n})(\dot{\mathfrak{x}}\mathfrak{n}) = 0$ ist. Diese beiden Gleichungen

$$(38.15) \qquad \mathfrak{p}(t)\cdot\dot{\mathfrak{p}}(t) \equiv 0 \quad \text{und} \quad \dot{\mathfrak{p}}(t)\cdot\dot{\mathfrak{x}}(t) \equiv 0 \qquad \{t\}$$

definieren den absoluten Parallelismus eindeutig, weil aus ihnen rückwärts wieder die Definitionsgleichung (7) der absoluten Parallelverschiebung folgt.

Beweis: Nach (15) ist nämlich zunächst $\dot{\mathfrak{p}} = \alpha(t)\,[\mathfrak{p}\dot{\mathfrak{x}}]$. Ist dann 1) $[\mathfrak{p}\dot{\mathfrak{x}}] \not\equiv \mathfrak{o}$, also $\dot{\mathfrak{p}} = \beta(t)\mathfrak{n}$, so folgt $(\dot{\mathfrak{p}}\mathfrak{n}) = \beta(t)\cdot\mathfrak{n}^2 = \beta(t)$, also $\dot{\mathfrak{p}} = (\dot{\mathfrak{p}}\mathfrak{n})\mathfrak{n}$, d. h. die ursprüngliche Definition (7) des absoluten Parallelismus. Ist jedoch 2) $[\mathfrak{p}\dot{\mathfrak{x}}] \equiv \mathfrak{o}$, so wird $\dot{\mathfrak{p}} \equiv \mathfrak{o}$, also ebenfalls $\dot{\mathfrak{p}} = (\dot{\mathfrak{p}}\mathfrak{n})\,\mathfrak{n}$, w. z. b. w.

39. Autoparallelismus. Verschiebt man den Flächenvektor $\mathfrak{p}_0$ des Punktes P_0 mit der Länge $|\mathfrak{p}_0| = 1$ nach Levi-Civita (im absoluten Sinne) ständig in seiner eigenen Richtung, d. h. läßt man die Tangentenrichtung der Leitkurve $u = u(s)$, $v = v(s)$

$$(39.\,1) \qquad \mathfrak{x}' = \frac{d\mathfrak{x}}{ds} = \mathfrak{x}_u \frac{du}{ds} + \mathfrak{x}_v \frac{dv}{ds} = \mathfrak{x}_u u' + \mathfrak{x}_v v'$$

(s = Bogen, $|\mathfrak{x}'| = 1$) beständig mit der aus $\mathfrak{p}_0$ entstehenden absolut parallelen Richtung $\mathfrak{p}(s) = p_1(s)\mathfrak{x}_u + p_2(s)\mathfrak{x}_v$ zusammenfallen, indem man

$$(39.\,2) \qquad p_1 = u', \quad p_2 = v', \quad \text{also} \quad p_1' = u'', \quad p_2' = v''$$

setzt, so liefern die Differentialgleichungen (38. 12) der absoluten Parallelverschiebung für die so entstehende Leitkurve $\mathfrak{x}(s) = \mathfrak{x}(u(s), v(s))$ die Gleichungen

$$(39.\,3) \qquad \begin{cases} u'' + \left\{ {11 \atop 1} \right\} u'^2 + 2 \left\{ {12 \atop 1} \right\} u'v' + \left\{ {22 \atop 1} \right\} v'^2 = 0, \\ v'' + \left\{ {11 \atop 2} \right\} u'^2 + 2 \left\{ {12 \atop 2} \right\} u'v' + \left\{ {22 \atop 2} \right\} v'^2 = 0. \end{cases}$$

Das sind genau die Differentialgleichungen (36. 9) der (auf ihren Bogen s bezogenen) geodätischen Linie durch das Linienelement (Anfangselement) P_0, $\mathfrak{p}_0$.

Es folgt

Satz 1: *Verschiebt man den im Flächenpunkte P_0 angehefteten Flächenvektor $\mathfrak{p}_0$ beständig in seiner eigenen Richtung im absoluten Sinne parallel, so beschreibt er, sie ständig berührend, jene geodätische Linie $\mathfrak{x}(s)$, welche im Punkt P_0 in der Richtung $\mathfrak{p}_0 = \mathfrak{x}_0'$ anläuft.*

Daraus folgt:

Satz 2: *Die Tangentenvektoren $\mathfrak{x}'$ einer festen geodätischen Linie $\mathfrak{x} = \mathfrak{x}(s)$ sind sämtlich zueinander im absoluten Sinne parallel (selbstparallel, autoparallel).*

Bemerkung 1: Verschiebt man den Flächenvektor $\mathfrak{p}_0$ des Punktes P_0 im absoluten Sinn längs einer geodätischen Linie $\mathfrak{x}(t)$

durch P_0 (Anfangstangente $\dot{\mathfrak{x}}_0$), so schließen die so entstehenden Lagen $\mathfrak{p}(t)$ von $\mathfrak{p}_0$ mit den Tangenten $\dot{\mathfrak{x}}(t)$ der geodätischen Leitkurve stets den festen Winkel $\varphi = \sphericalangle(\mathfrak{p}_0 \dot{\mathfrak{x}}_0)$ ein.

Bemerkung 2: Die in (38. Satz 4) beschriebene Konstruktion des absoluten Parallelismus versagt auch dann nicht, wenn die Leitkurve $\mathfrak{x}(t)$ geradlinig ist. Weil eine gerade Linie stets geodätisch ist, folgt dann aus Bemerkung 1: Die längs der Geraden im absoluten Sinne parallel verschobenen Vektoren $\mathfrak{p}(t)$ liegen in den Tangentenebenen und bilden mit der geraden Leitkurve feste Winkel.

Bemerkung 3: Die absolute Parallelverschiebung liefert auch eine biegungsinvariante Definition der geodätischen Krümmung $\varkappa_g$ der Flächenkurve $\mathfrak{x}(s)$, die eine sinngemäße Übertragung der für ebene Kurven aus (I. 10. 1) bekannten Erklärung der Krümmung $\varkappa$ durch die Formel

$$(39.4) \qquad \varkappa = \lim_{\Delta s \to 0} \frac{\Delta\varphi}{\Delta s} = \frac{d\varphi}{ds} = \frac{\text{Kontingenzwinkel}}{\text{Bogenelement}}$$

ist.

Bedeuten nämlich auf einer beliebigen, stetig gekrümmten Fläche $\mathfrak{x} = \mathfrak{x}(u, v)$ (Bild 14) Δs den Bogen zwischen zwei Nachbarpunkten P (Parameter s) und P_1 (Parameter $s + \Delta s$) der Flächenkurve $\mathfrak{x}(s)$ und $\Delta\varphi$ den Winkel, den die Kurventangente $\mathfrak{p} = \mathfrak{x}'(s)$ nach ihrer absoluten Parallelverschiebung längs der Kurve von P nach P_1 in die Lage $\mathfrak{p}(s + \Delta s)$ mit der Kurventangente $\mathfrak{x}'(s + \Delta s)$ in P_1 bildet, so gilt als Verallgemeinerung von (4) die Formel

$$(39.5) \qquad \varkappa_g = \lim_{\Delta s \to 0} \frac{\Delta\varphi}{\Delta s} = \frac{d\varphi}{ds}.$$

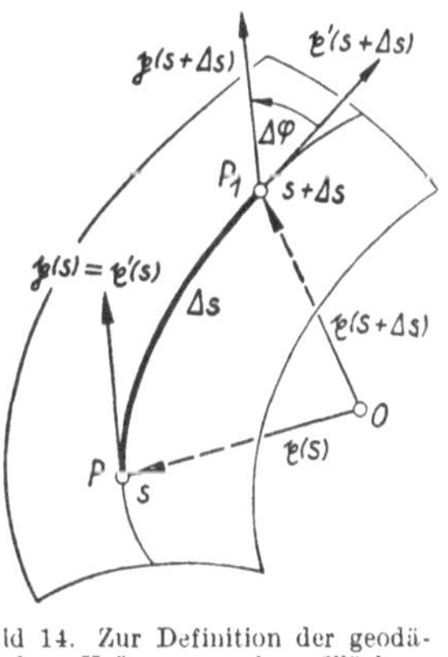

Bild 14. Zur Definition der geodätischen Krümmung einer Flächenkurve $\mathfrak{x} = \mathfrak{x}(s)$

Weil die in (5) auftretenden Größen $\Delta\varphi$ und Δs durch geodätische Messungen auf der Fläche bestimmbar sind, ist auch durch diese Formel die Bezeichnung von $\varkappa_g$ als geodätische Krümmung gerechtfertigt.

Zum Beweis von (5) muß man nur bemerken, daß wegen des biegungsinvarianten Charakters der absoluten Parallelverschiebung Δs und $\Delta\varphi$ Biegungsinvarianten sind, folglich auch $\Delta\varphi/\Delta s$ und $d\varphi/ds$. Diese Werte sind daher mit jenen identisch, die man aus ihnen erhält, wenn man die der Fläche $\mathfrak{x}(u, v)$ längs der Flächenkurve $\mathfrak{x}(s)$ umschriebene Torse in die Ebene abwickelt. In der Ebene ist aber nach (4) der Grenzwert (5) mit der gewöhnlichen Krümmung $\varkappa$ der abgewickelten Kurve identisch, die ihrerseits nach (33. Bem. 1) mit der geodätischen Krümmung $\varkappa_g$ der Flächenkurve $\mathfrak{x}(s)$ übereinstimmt, w. z. b. w.

40. Absolute Differentiation längs einer Flächenkurve. Frenetsche Formeln der absoluten Theorie der Flächenkurven. Ist auf der reellen (zweimal stetig ableitbaren) Fläche $\mathfrak{x} = \mathfrak{x}(u, v)$ längs der glatten Flächenkurve (Leitkurve)

(40. 1) $$\mathfrak{x} = \mathfrak{x}(t), \text{ d. h. } u = u(t), \; v = v(t),$$

eine beliebige (stetig ableitbare) Schar von Flächenvektoren

(40. 2) $$\mathfrak{p} = \mathfrak{p}(t) = p_1(t)\mathfrak{x}_u + p_2(t)\mathfrak{x}_v$$

gegeben, so erhält man aus ihr durch Ableitung nach dem Parameter t die Schar der längs der Leitkurve $\mathfrak{x}(t)$ abgeleiteten Vektoren

(40. 3)
$$\dot{\mathfrak{p}} = \dot{\mathfrak{p}}(t) = \dot{p}_1\mathfrak{x}_u + \dot{p}_2\mathfrak{x}_v + p_1\dot{u}\mathfrak{x}_{uu} + (p_1\dot{v} + p_2\dot{u})\mathfrak{x}_{uv} + p_2\dot{v}\mathfrak{x}_{vv},$$

welche i. a. nicht mehr Flächenvektoren sind, sondern aus den Tangentenebenen $\tau(t)$ der Punkte $\mathfrak{x}(t)$ in den Raum heraustreten.

Um wieder Flächenvektoren zu erhalten, projizieren wir die Raumvektoren $\dot{\mathfrak{p}}(t)$ in der Richtung der Flächennormalen $\mathfrak{n}(t)$ auf die Tangentenebenen $\tau(t)$ von $\mathfrak{x}(t)$ und erhalten wegen $(\mathfrak{n}\mathfrak{n}) = \mathfrak{n}^2 = 1$ als Flächenkomponenten von (3) die Vektoren der Schar

$$(40.\ 4)\qquad \dot{\mathfrak{p}}_\tau = [\mathfrak{n}[\dot{\mathfrak{p}}\mathfrak{n}]] = (\mathfrak{n}\mathfrak{n})\dot{\mathfrak{p}} - (\mathfrak{n}\dot{\mathfrak{p}})\mathfrak{n} = \dot{\mathfrak{p}} - (\mathfrak{n}\dot{\mathfrak{p}})\mathfrak{n},$$

die wir als die **absolute Ableitung der Vektorschar** $\mathfrak{p}(t)$ **längs der Leitkurve** $\mathfrak{x}(t)$ auf der Fläche $\mathfrak{x}(u,v)$ bezeichnen. Wir fassen also den Übergang von $\mathfrak{p}(t)$ zu $\dot{\mathfrak{p}}_\tau(t)$ als eine neue „absolute" Differentiation auf, die wir durch das Zeichen D/Dt beschreiben, und definieren also

$$(40.\ 5)\qquad \frac{D\mathfrak{p}(t)}{Dt} = \dot{\mathfrak{p}}_\tau = \dot{\mathfrak{p}} - (\mathfrak{n}\dot{\mathfrak{p}})\mathfrak{n}.$$

Setzt man $Dt = dt$, (das eine willkürliche Konstante $\neq 0$ bedeutet), so ergibt sich aus (5)

$$(40.\ 6)\qquad D\mathfrak{p}(t) = \frac{D\mathfrak{p}(t)}{Dt}\cdot Dt = \dot{\mathfrak{p}}_\tau\, dt = d\mathfrak{p} - (\mathfrak{n}d\mathfrak{p})\mathfrak{n}$$

als absolutes Differential des Vektors $\mathfrak{p}(t)$ längs der Leitkurve $\mathfrak{x}(t)$ auf der Fläche $\mathfrak{x}(u, v)$.

Während sich also durch gewöhnliche Ableitung des Flächenvektors $\mathfrak{p}(t)$ längs der Leitkurve $\mathfrak{x}(t)$ i. a. ein Raumvektor $\dot{\mathfrak{p}}(t)$ ergibt, entsteht durch absolute Ableitung des Flächenvektors $\mathfrak{p}(t)$ längs der Leitkurve $\mathfrak{x}(t)$ ein neuer Flächenvektor $D\mathfrak{p}(t)/Dt$ mit der Darstellung (5).

Um diesen Flächenvektor (5) ausführlicher zu berechnen und seine genaue Komponentenzerlegung zu gewinnen, die wir sinngemäß in der Gestalt

$$(40.\ 7)\qquad \frac{D\mathfrak{p}(t)}{Dt} = \frac{Dp_1(t)}{Dt}\,\mathfrak{x}_u + \frac{Dp_2(t)}{Dt}\,\mathfrak{x}_v$$

schreiben wollen, haben wir nur den einfachen Rechengang zu wiederholen, der uns von der Formel (38. 7) zu der Formel (38. 12) geführt hat. Wir erhalten so die folgenden Darstellungen der beiden Koordinaten Dp_1/Dt und Dp_2/Dt der absoluten Ableitung (5) oder (7) der Vektorschar $\mathfrak{p}(t)$ längs der Leitkurve $\mathfrak{x}(t)$ auf der Fläche $\mathfrak{x}(u, v)$:

$$
(40.8)\qquad \boxed{\begin{aligned} \frac{Dp_1}{Dt} &= \dot p_1 + \left\{\begin{matrix}11\\1\end{matrix}\right\} p_1\dot u + \left\{\begin{matrix}12\\1\end{matrix}\right\}(p_1\dot v + p_2\dot u) + \left\{\begin{matrix}22\\1\end{matrix}\right\} p_2\dot v,\\ \frac{Dp_2}{Dt} &= \dot p_2 + \left\{\begin{matrix}11\\2\end{matrix}\right\} p_1\dot u + \left\{\begin{matrix}12\\2\end{matrix}\right\}(p_1\dot v + p_2\dot u) + \left\{\begin{matrix}22\\2\end{matrix}\right\} p_2\dot v. \end{aligned}}
$$

Die absolute Ableitung eines Flächenvektors $\mathfrak{p}(t)$ längs einer Flächenkurve $\mathfrak{x}(t)$ ist nach den Formeln (8) außer von dem Vektor $\mathfrak{p}(t)$ selbst und der Leitkurve $\mathfrak{x}(t)$ nur von den Christoffel-Symbolen der Fläche $\mathfrak{x}(u, v)$ abhängig und somit eine interne Operation der Fläche; ihr Schauplatz ist die Flächenhaut und ihre innere Geometrie, mit denen sie biegungsinvariant verbunden ist. Darin liegt auch die Rechtfertigung des Namens absolute Ableitung.

Die Formel (5) lehrt überdies genauer, daß es für die Berechnung der absoluten Ableitung des Flächenvektors $\mathfrak{p}(t)$ genügt, den Flächenstreifen längs der Leitkurve $\mathfrak{x}(t)$ zu kennen. Schon mit diesem Flächenstreifen $\{\mathfrak{x}(t), \mathfrak{n}(t)\}$ ist die absolute Ableitung $D\mathfrak{p}(t)/Dt$ des Flächenvektors $\mathfrak{p}(t)$ biegungsinvariant verbunden.

Eine auf der Fläche $\mathfrak{x}(u, v)$ längs der Leitkurve $\mathfrak{x}(t)$ absolut parallele Vektorschar $\mathfrak{p}(t)$ ist nach (38. 12) wegen (7) und (8) durch die Gleichungen

$$
(40.9)\qquad \frac{D\mathfrak{p}(t)}{Dt} = \mathfrak{o}, \quad \text{d.h.} \quad \frac{Dp_1(t)}{Dt} = 0, \quad \frac{Dp_2(t)}{Dt} = 0
$$

gekennzeichnet; ihre absolute Ableitung längs der Leitkurve $\mathfrak{x}(t)$ verschwindet.

Bemerkung 1: Auf einer Fläche mit euklidischer Metrik (Ebene, Kegel, Zylinder, Torse) kann man nach (38. Beisp. 1) stets Koordinaten (u, v) mit $\left\{\begin{matrix}\alpha\beta\\\gamma\end{matrix}\right\} = 0$ einführen. Nach (8) gilt dann

$$
(40.10)\qquad \frac{Dp_1}{Dt} = \frac{dp_1}{dt}, \quad \frac{Dp_2}{Dt} = \frac{dp_2}{dt},
$$

d. h. die absolute Differentiation fällt für diese Koordinaten mit der gewöhnlichen Differentiation zusammen.

Für absolut parallele Vektoren ist dann (unabhängig vom Wege) nach (9) $dp_1 = 0$, $dp_2 = 0$, d.h. $p_1 = \text{const}$, $p_2 = \text{const}$.

Bemerkung 2: Man kann übrigens in jedem Punkte P_0 einer beliebigen Fläche $\mathfrak{x}(u, v)$ stets solche lokale Koordinatensysteme (u, v) angeben, für welche in P_0 alle $\left\{{\alpha\,\beta \atop \gamma}\right\} = 0$ sind und damit lokal in P_0 auch (10) gilt. Man erhält ein solches Koordinatensystem z. B., indem man in der Tangentenebene τ_0 von P_0 irgendein affines Koordinatensystem (u, v) mit P_0 als Nullpunkt wählt und es in der zu τ_0 normalen Richtung auf die Fläche $\mathfrak{x}(u, v)$ projiziert.

Bemerkung 3: Absolute Differentiationsregeln. Wenn auf der Fläche $\mathfrak{x}(u, v)$ eine skalare Ortsfunktion $\varphi = \varphi(u, v)$ gegeben ist, so steht es uns frei, unter ihrer absoluten Ableitung längs der Leitkurve $\mathfrak{x}(t)$ ihre gewöhnliche Ableitung längs $\mathfrak{x}(t)$ zu verstehen. Wir setzen also

$$(40.11) \qquad \frac{D\varphi(u, v)}{Dt} = \frac{d\varphi(u, v)}{dt} = \varphi_u \cdot \dot{u} + \varphi_v \cdot \dot{v},$$

woraus für eine Konstante $Dc/Dt = dc/dt = 0$ folgt.

Sind weiter $\mathfrak{p}(t)$ und $\mathfrak{q}(t)$ zwei längs der Leitkurve $\mathfrak{x}(t)$ auf der Fläche $\mathfrak{x}(u, v)$ gegebene Flächenvektoren, für die also

$$(40.12) \qquad (\mathfrak{n}\mathfrak{p}) = (\mathfrak{n}\mathfrak{q}) = 0$$

ist, so folgt aus (5) sofort, daß für die absoluten Ableitungen ihrer Summe $\mathfrak{p}(t) + \mathfrak{q}(t)$ und ihres Innenproduktes $\mathfrak{p}(t) \cdot \mathfrak{q}(t)$ die gewöhnliche Summenregel und Produktregel der Differentialrechnung gelten:

$$(40.13) \qquad \frac{D(\mathfrak{p} + \mathfrak{q})}{Dt} = \frac{D\mathfrak{p}}{Dt} + \frac{D\mathfrak{q}}{Dt}, \quad \frac{D(\mathfrak{p} \cdot \mathfrak{q})}{Dt} = \frac{D\mathfrak{p}}{Dt} \cdot \mathfrak{q} + \mathfrak{p} \cdot \frac{D\mathfrak{q}}{Dt}.$$

Beweis: Tatsächlich ist nach (5) die Summenregel evident. Für das Produkt ergibt sich ebenso, weil $(\mathfrak{p}\mathfrak{q})$ ein Skalar ist, wegen (12)

$$\frac{D\mathfrak{p}}{Dt} \cdot \mathfrak{q} + \mathfrak{p} \cdot \frac{D\mathfrak{q}}{Dt} = (\dot{\mathfrak{p}} - (\mathfrak{n}\dot{\mathfrak{p}})\mathfrak{n}) \cdot \mathfrak{q} + \mathfrak{p} \cdot (\dot{\mathfrak{q}} - (\mathfrak{n}\dot{\mathfrak{q}})\mathfrak{n}) =$$

$$= \dot{\mathfrak{p}}\mathfrak{q} + \mathfrak{p}\dot{\mathfrak{q}} - (\mathfrak{n}\dot{\mathfrak{p}})(\mathfrak{n}\mathfrak{q}) - (\mathfrak{n}\dot{\mathfrak{q}})(\mathfrak{n}\mathfrak{p}) = \dot{\mathfrak{p}}\mathfrak{q} + \dot{\mathfrak{q}}\mathfrak{p} = \frac{d(\mathfrak{p}\mathfrak{q})}{dt} = \frac{D(\mathfrak{p}\mathfrak{q})}{Dt}.$$

Ist dann auf der stetig gekrümmten Fläche $\mathfrak{x}(u, v)$ längs der (auf ihren Bogen s bezogenen) stetig gekrümmten Leitkurve $\mathfrak{x}(s)$ mit den Koordinaten $u = u(s), v = v(s)$ die **Vektorschar ihrer Tangenten**

$$\mathfrak{t}(s) = \mathfrak{x}'(s) = \mathfrak{x}_u u' + \mathfrak{x}_v v' \tag{40. 14}$$

gegeben, so lautet ihre **absolute Ableitung** nach (7)

$$\frac{D\mathfrak{t}(s)}{Ds} = \frac{Du'}{Ds}\mathfrak{x}_u + \frac{Dv'}{Ds}\mathfrak{x}_v, \tag{40. 15}$$

wobei nach (8)

$$\begin{aligned} \frac{Du'}{Ds} &= u'' + \left\{ {1\,1 \atop 1} \right\} u'^2 + 2\left\{ {1\,2 \atop 1} \right\} u'v' + \left\{ {2\,2 \atop 1} \right\} v'^2, \\ \frac{Dv'}{Ds} &= v'' + \left\{ {1\,1 \atop 2} \right\} u'^2 + 2\left\{ {1\,2 \atop 2} \right\} u'v' + \left\{ {2\,2 \atop 2} \right\} v'^2 \end{aligned} \tag{40. 16}$$

ist.

Beispiel 1: Für eine geodätische Leitkurve $\mathfrak{x}(s)$ ist wegen des absoluten Parallelseins ihrer Tangentenvektoren $\mathfrak{t}(s)$ nach (9) stets

$$\frac{D\mathfrak{t}(s)}{Ds} = \mathfrak{o}, \quad \text{d. h.} \quad \frac{Du'}{Ds} = 0 \quad \text{und} \quad \frac{Dv'}{Ds} = 0, \tag{40.17}$$

in Übereinstimmung mit den Differentialgleichungen (36. 9) der geodätischen Linien.

Man kann, wie in der Kurventheorie der Ebene, auch auf der Fläche $\mathfrak{x}(u, v)$ mit der **Flächenkurve** $\mathfrak{x}(s)$ ein **flächeneigenes begleitendes Zweibein** verbinden, bestehend aus ihrem **Tangentenvektor** $\mathfrak{t}(s) = \mathfrak{x}'(s)$ und ihrem **Seitenvektor** $\mathfrak{s}(s) = |\,\mathfrak{t}(s) = [\mathfrak{n}\mathfrak{t}]$, die zueinander normal sind und die Länge 1 haben, d. h.

$$\mathfrak{t}^2(s) \equiv 1, \ (\mathfrak{t} \cdot \mathfrak{s}) \equiv 0, \ \mathfrak{s}^2(s) \equiv 1. \tag{40. 18}$$

Durch absolutes Ableiten dieser Identitäten folgt nach (13)

$$\mathfrak{t} \cdot \frac{D\mathfrak{t}}{Ds} \equiv 0, \ \frac{D\mathfrak{t}}{Ds} \cdot \mathfrak{s} + \mathfrak{t} \cdot \frac{D\mathfrak{s}}{Ds} \equiv 0, \ \mathfrak{s} \cdot \frac{D\mathfrak{s}}{Ds} \equiv 0. \tag{40. 19}$$

Wegen der ersten Gleichung (19) ist der Flächenvektor $D\mathfrak{t}/Ds$ normal zu $\mathfrak{t}$, also parallel zu $\mathfrak{s}$, und wegen der letzten ist der

Flächenvektor $D\mathfrak{s}/Ds$ normal zu $\mathfrak{s}$, also parallel zu $\mathfrak{t}$. Berücksichtigt man noch die mittlere Gleichung (19), so gelten auf der Fläche $\mathfrak{x}(u, v)$ für die beiden Vektoren $\mathfrak{t}(s)$ und $\mathfrak{s}(s)$ des begleitenden Zweibeins der Flächenkurve $\mathfrak{x}(s)$ die (schiefsymmetrischen) **absoluten Ableitungsgleichungen**

$$(40.20)\qquad \boxed{\frac{D\mathfrak{t}(s)}{Ds} = +\gamma(s)\,\mathfrak{s}(s), \quad \frac{D\mathfrak{s}(s)}{Ds} = -\gamma(s)\,\mathfrak{t}(s)},$$

welche im Falle der Ebene (z. B. wenn man den Flächenstreifen von $\mathfrak{x}(s)$ in die Ebene verbiegt) mit den Frenetschen Formeln (I. 9. 11) der ebenen Kurventheorie übereinstimmen.

Die in diesen beiden **Frenetschen Formeln der absoluten Theorie der Flächenkurven** vorkommende Größe $\gamma(s)$ ist dabei das Gegenstück der Krümmung $\varkappa(s)$ der ebenen Kurven (mit der sie im Falle der Ebene identisch wird) und beschreibt das innere Krümmungsverhalten der Flächenkurve $\mathfrak{x}(s)$ in der Flächenhaut. Die Größe $\gamma(s)$ ist wegen des absoluten Charakters der Gleichungen (20) eine Biegungsinvariante der Flächenkurve $\mathfrak{x}(s)$, nämlich ihre aus (33.13) bekannte **geodätische Krümmung** $\gamma(s) = \varkappa_g(s)$.

Beweis: Aus (20) folgt zunächst wegen $\mathfrak{s}^2 = 1$ sowie (15) und (6. Bem. 2) die Formel

$$\gamma(s) = \frac{D\mathfrak{t}}{Ds}\cdot\mathfrak{s} =$$

$$(40.21)\qquad = \left(\frac{Du'}{Ds}\mathfrak{x}_u + \frac{Dv'}{Ds}\mathfrak{x}_v\right)\cdot\frac{(Eu'+Fv')\mathfrak{x}_v-(Fu'+Gv')\mathfrak{x}_u}{W}$$

$$= \frac{1}{W}\begin{vmatrix} Eu'+Fv', & E\dfrac{Du'}{Ds}+F\dfrac{Dv'}{Ds} \\ Fu'+Gv', & F\dfrac{Du'}{Ds}+G\dfrac{Dv'}{Ds}\end{vmatrix} = W\begin{vmatrix} u', & \dfrac{Du'}{Ds} \\ v', & \dfrac{Dv'}{Ds}\end{vmatrix}.$$

Dies ist nach (16) genau die Formel (33. 13) der geodätischen Krümmung $\varkappa_g$ der Flächenkurve $\mathfrak{x}(s)$, w. z. b. w.

Namen- und Sachverzeichnis

Geisteswissenschaften

Philosophie

Einführung in die Philosophie von *H. Leisegang†*. 3. Aufl. 145 S. 1957 *(Bd. 281)*

Hauptprobleme der Philosophie von *G. Simmel* †. 7., unveränd. Aufl. 177 S. 1950 *(Bd. 500)*

Geschichte der Philosophie

I: Die Griechische Philosophie von *W. Capelle*. 1. Teil. Von Thales bis Leukippos. 2., erw. Aufl. 135 S. 1953 *(Bd. 857)*

II: Die griechische Philosophie von *W. Capelle*. 2. Teil. Von der Sophistik bis zum Tode Platons. 2., stark erw. Aufl. 144 S. 1953 *(Bd. 858)*

III: Die griechische Philosophie von *W. Capelle*. 3. Teil. Vom Tode Platons bis zur Alten Stoa. 2., stark erw. Aufl. 132 S. 1954 *(Bd. 859)*

IV: Die griechische Philosophie von *W. Capelle*. 4. Teil. Von der Alten Stoa bis zum Eklektizismus im 1. Jh. v. Chr. 2., stark erw. Aufl. 132 S. 1954 *(Bd. 863)*

V: Die Philosophie des Mittelalters von *J. Koch*. In Vorb. *(Bd. 826)*

VI: Von der Renaissance bis Kant von *K. Schilling*. 234 S. 1954 *(Bd. 394/394a)*

VII: Immanuel Kant von *G. Lehmann*. In Vorb. *(Bd. 536)*

VIII: Die Philosophie des 19. Jahrhunderts von *G. Lehmann*. 1. Teil. 151 S. 1953 *(Bd. 571)*

IX: Die Philosophie des 19. Jahrhunderts von *G. Lehmann*. 2. Teil. 168 S. 1953 *(Bd. 709)*

X: Die Philosophie im ersten Drittel des 20. Jahrhunderts I von *G. Lehmann*. 128 S. 1957 *(Bd. 845)*

Die geistige Situation der Zeit (1931) von *K. Jaspers*. 4., unveränd. Abdruck der 1932 bearb. 5. Aufl. 211 S. 1955 *(Bd. 1000)*

Erkenntnistheorie von *G. Kropp*. 1. Teil: Allgemeine Grundlegung. 143 S. 1950 *(Bd. 807)*

Philosophisches Wörterbuch von *M. Apel†*. 5. Aufl., neub. von *P. Ludz* 1958 In Vorb. *(Bd. 1031/1031a)*

Philosophische Anthropologie. Menschliche Selbstdeutung in Geschichte und Gegenwart von *M. Landmann*. 266 S. 1955 *(Bd. 156/156a)*

Pädagogik, Psychologie Soziologie

Geschichte der Pädagogik von *Herm. Weimer*. 12., neub. u. verm. Aufl. von *Heinz Weimer*. 177 S. 1956 *(Bd. 145)*

Therapeutische Psychologie. Ihr Weg durch die Psychoanalyse von *W. M. Kranefeldt*. Mit einer Einführung von *C. G. Jung*. 3., unveränd. Aufl. 152 S. 1956 *(Bd. 1034)*

Allgemeine Psychologie von *Th. Erismann*. 3 Bde.

I: Grundprobleme. 2., neub. Aufl. 144 S. 1958 *(Bd. 831)*

Soziologie. Geschichte und Hauptprobleme von *L. von Wiese*. 5. Aufl. 162 S. 1954 *(Bd. 101)*

Sozialpsychologie von *P. R. Hofstätter*. 181 S., 15 Abb., 22 Tab. 1956 *(Bd. 104/104a)*

Psychologie des Berufs- und Wirtschaftslebens von *W. Moede*. 1958 In Vorb. *(Bd. 851/851a)*

Industrie- und Betriebssoziologie von *R. Dahrendorf*. 120 S. 1956 *(Bd. 103)*

Religionswissenschaften

Jesus von *M. Dibelius†*. 2. Aufl. Unveränd. Nachdr. 137 S. 1949 *(Bd. 1130)*

Paulus von *M. Dibelius†*. Nach dem Tode des Verfassers herausgegeben und zu Ende geführt von *W. G. Kümmel*. 2. Aufl. 155 S. 1956 *(Bd. 1160)*

Römische Religionsgeschichte von *F. Altheim*. 2 Bde. 2., umgearb. Aufl.

I: Grundlagen und Grundbegriffe. 116 S. 1956 *(Bd. 1035)*

II: Der geschichtliche Ablauf. 164 S. 1956 *(Bd. 1052)*

Geschichte Israels von *E.-L. Ehrlich*. 1958 In Vorb. *(Bd. 231/231a)*

Musik

Musikästhetik von *H. J. Moser.* 180 S. 1953 *(Bd. 344)*

Systematische Modulation von *R. Hernried.* 2. Aufl. 136 S. 1950 *(Bd. 1094)*

Der polyphone Satz von *E. Pepping.* 2 Bde.
1. Teil: Der cantus-firmus-Satz. 2. Aufl. 223 S. 1950 *(Bd. 1148)*
2. Teil: Übungen im doppelten Kontrapunkt und im Kanon. 137 S. 1957 *(Bd. 1164/1164a)*

Allgemeine Musiklehre von *H. J. Moser.* 2., durchges. Aufl. 155 S. 1955 *(Bd. 220/220a)*

Harmonielehre von *H. J. Moser.* 2 Bde. I: 109 S. 1954 *(Bd. 809)*

Die Musik des 19. Jahrhunderts von *W. Oehlmann.* 180 S. 1953 *(Bd. 170)*

Die Musik des 20. Jahrhunderts von *W. Oehlmann.* 1958 In Vorb. *(Bd. 171/171a)*

Technik der deutschen Gesangskunst von *H. J. Moser.* 3., durchges. und verb. Aufl. 144 S., 5 Fig. 1954 *(Bd. 576/576a)*

Die Kunst des Dirigierens von *H. W. von Waltershausen*†. 2. Aufl. 138 S. 1954 *(Bd. 1147)*

Die Technik des Klavierspiels aus dem Geiste des musikalischen Kunstwerkes von *K. Schubert*† 3. Aufl. 110 S. 1954 *(Bd. 1045)*

Kunst

Stilkunde von *H. Weigert.* 2 Bde. 3., durchges. Aufl.
I: Vorzeit, Antike, Mittelalter. 136 S., 94 Abb. 1958 *(Bd. 80)*
II: Spätmittelalter und Neuzeit. 1958 In Vorb. *(Bd. 781)*

Archäologie von *A. Rumpf.* 2 Bde.
I: Einleitung, historischer Überblick. 143 S., 6 Abb., 12 Taf. 1953 *(Bd. 538)*
II: Die Archäologensprache. Die antiken Reproduktionen. 136 S., 7 Abb., 12 Taf. 1956 *(Bd. 539)*

Geschichte

Einführung in die Geschichtswissenschaft von *P. Kirn.* 2. Aufl. 121 S. 1952 *(Bd. 270)*

Zeitrechnung d. röm. Kaiserzeit, des Mittelalters und der Neuzeit für die Jahre 1—2000 n. Chr. von *H. Lietzmann*†. 3. Aufl., durchges. von *K. Aland.* 130 S. 1956 *(Bd. 1085)*

Kultur der Urzeit von *F. Behn.* 3 Bde. 4. Aufl. der „Kultur der Urzeit" Bd. I—III von *M. Hoernes.*
I: Die vormetallischen Kulturen. (Die Steinzeiten Europas. Gleichartige Kulturen in anderen Erdteilen). 172 S., 48 Abb. 1950 *(Bd. 564)*
II: Die älteren Metallkulturen. (Der Beginn der Metallbenutzung. Kupfer- und Bronzezeit in Europa, im Orient und in Amerika). 160 S., 67 Abb. 1950 *(Bd. 565)*
III: Die jüngeren Metallkulturen. (Das Eisen als Kulturmetall. Hallstatt-Latène-Kultur in Europa. Das erste Auftreten des Eisens in den anderen Erdteilen). 149 S., 60 Abb. 1950 *(Bd. 566)*

Vorgeschichte Europas von *F. Behn.* Völlig neue Bearbeitung der 7. Aufl. der „Urgeschichte der Menschheit" von *M. Hoernes.* 125 S., 47 Abb. 1949 *(Bd. 42)*

Der Eintritt der Germanen in die Geschichte von *J. Haller.* 3. Aufl., durchges. von *H. Dannenbauer.* 120 S., 6 Ktnskizz. 1957 *(Bd. 1117)*

Von den Karolingern zu den Staufern von *J. Haller* †. Die altdeutsche Kaiserzeit (900—1250). 4., durchges. Aufl. von *H. Dannenbauer.* 1958 In Vorb. *(Bd. 1065)*

Deutsche Geschichte im Zeitalter der Reformation, der Gegenreformation und des 30jährigen Krieges von *F. Hartung.* 129 S. 1951 *(Bd. 1105)*

Deutsche Geschichte von 1648 bis 1740 von *W. Treue.* 120 S. 1956 *(Bd. 35)*

Deutsche Geschichte von 1713 bis 1806 von *W. Treue.* 168 S. 1957 *(Bd. 39)*

Quellenkunde der deutschen Geschichte im Mittelalter (bis zur Mitte des 15. Jahrhunderts) von *K. Jacob*†. 3 Bde.
II: Die Kaiserzeit (911—1250). 4. Aufl. 127 S. 1949 *(Bd. 280)*
III: Das Spätmittelalter (vom Interregnum bis 1500). Herausgeg. von

F. Weden. 152 S. 1952 *(Bd. 284)*

Geschichte Englands von *H. Preller.* I: bis 1815. 3., stark umgearb. Aufl. 135 S., 7 Stammtaf., 2 Ktn. 1952 *(Bd. 375)*
II: von 1815 bis 1910. 2., völlig umgearb. Aufl. 118 S., 1 Stammtaf., 7 Ktn. 1954 *(Bd. 1088)*

Römische Geschichte von *F. Altheim.* 4 Bde. 2., verb. Aufl.
I: Bis zur Schlacht bei Pydna (168 v. Chr.). 123 S. 1956 *(Bd. 19)*
II: Bis zur Schlacht bei Actium (31 v. Chr.). 130 S. 1956 *(Bd. 677)*

Geschichte der Vereinigten Staaten von Amerika von *O. Graf zu Stolberg-Wernigerode.* 192 S., 10 Ktn. 1956 *(Bd. 1051/1051 a)*

Deutsche Sprache und Literatur

Geschichte der deutschen Sprache von *H. Sperber.* 2. Aufl., durchges. von *W. Fleischhauer.* 1958 In Vorb. *(Bd. 915)*

Deutsches Rechtschreibungswörterbuch von *M. Gottschald.* 2., verb. Aufl. 269 S. 1953 *(Bd. 200/200a)*

Deutsche Wortkunde. Eine kulturgeschichtliche Betrachtung des deutschen Wortschatzes von *A. Schirmer.* 3., durchges. Aufl. 109 S. 1949 *(Bd. 929)*

Deutsche Sprachlehre von *W. Hofstaetter.* 9., neubearb. Aufl. von *G. Spree.* 144 S. 1953 *(Bd. 20)*

Stimmkunde für Beruf, Kunst und Heilzwecke von *H. Biehle.* 111 S. 1955 *(Bd. 60)*

Redetechnik. Einführung in die Rhetorik von *H. Biehle.* 115 S. 1954 *(Bd. 61)*

Sprechen und Sprachpflege (Die Kunst des Sprechens) von *H. Feist.* 2., verb. Aufl. 99 S., 25 Abb. 1952 *(Bd. 1122)*

Deutsches Dichten und Denken von der germanischen bis zur staufischen Zeit von *H. Naumann.* (Deutsche Literaturgeschichte vom 5.—13. Jahrhundert). 2., verb. Aufl. 166 S. 1952 *(Bd. 1121)*

Deutsches Dichten und Denken vom Mittelalter zur Neuzeit von *G. Müller* (1270—1700). 2., durchges. Aufl. 159 S. 1949 *(Bd. 1086)*

Deutsches Dichten und Denken von der Aufklärung bis zum Realismus (1700—1890). von *K. Viëtor* † 3., durchges. Aufl. von *G. Erdmann.* 1958 In Vorb. *(Bd. 1096)*

Der Nibelunge Nôt in Auswahl mit kurzem Wörterbuch von *K. Langosch.* 10., durchges. Aufl. 164 S. 1956 *(Bd. 1)*

Kudrun- und Dietrich-Epen in Auswahl mit Wörterbuch von *O. L. Jiriczek.* 6. Aufl. bearb. von *R. Wisniewski.* 173 S. 1957. *(Bd. 10)*

Wolfram von Eschenbach. Parzival. Eine Auswahl mit Anmerk. und Wörterbuch. Von *H. Jantzen.* 2. Aufl., bearb. von *H. Kolb.* 128 S. 1957 *(Bd. 921)*

Die deutschen Personennamen von *M. Gottschald.* 2., verb. Aufl. 151 S. 1955 *(Bd. 422)*

Althochdeutsches Elementarbuch von *H. Naumann*† und *W. Betz.* 2. Aufl. 156 S. 1954 *(Bd. 1111)*

Mittelhochdeutsche Grammatik von *H. de Boor* und *R. Wisniewski.* 141 S. 1956 *(Bd. 1108)*

Indogermanisch, Germanisch

Gotisches Elementarbuch. Grammatik, Texte mit Übersetzung und Erläuterungen von *H. Hempel.* 2., umgearb. Aufl. 165 S. 1953 *(Bd. 79)*

Indogermanische Sprachwissenschaft von *H. Krahe.* 2 Bde. 3. Aufl.
I: Einleitung und Lautlehre. 1958. In Vorb. *(Bd. 59)*

Germanische Sprachwissenschaft von *H. Krahe.* 2 Bde. 3., neub. Aufl.
I: Einleitung und Lautlehre. 147 S. 1956 *(Bd. 238)*
II: Formenlehre. 149 S. 1957 *(Bd. 780)*

Altnordisches Elementarbuch von *F. Ranke.* Schrifttum, Sprache, Texte mit Übersetzung und Wörterbuch. 2., durchges. Aufl. 146 S. 1949 *(Bd. 1115)*

Englisch, Französisch Italienisch

Altenglisches Elementarbuch von *M. Lehnert.* Einführung, Grammatik, Texte mit Übersetzung und Wörterbuch. 3., verb. Aufl. 178 S. 1955 *(Bd. 1125)*

Historische neuenglische Laut- und Formenlehre von *E. Ekwall.* 3., durchges. Aufl. 150 S. 1956 *(Bd. 735)*
Englische Phonetik von *H. Mutschmann†.* 117 S. 1956 *(Bd. 601)*
Englische Literaturgeschichte. 4 Bde.
I: Die alt- und mittelenglische Periode v. *F. Schubel.* 163 S. 1954 *(Bd. 1114)*
II: Von der Renaissance bis zur Aufklärung von *F. Schubel.* 160 S. 1956 *(Bd. 1116)*
III: Romantik und Viktorianismus von *P. Meissner†.* 150 S. 1938 *(Bd. 1124)*
IV: Das 20. Jahrhundert von *P. Meissner†.* 150 S. 1939 *(Bd. 1136)*
Beowulf von *M. Lehnert.* Eine Auswahl mit Einführung, teilweiser Übersetzung, Anmerkungen und etymologischem Wörterbuch. 2., verb. Aufl. 135 S. 1949 *(Bd. 1135)*
Shakespeare von *P. Meissner†.* 2. Aufl. neubearb. von *M. Lehnert.* 136 S. 1954 *(Bd. 1142)*
Italienische Literaturgeschichte von *K. Vossler†.* Unveränd. Nachdr. der 1927 erschien. 4., durchges. und verb. Aufl. 148 S. 1948 *(Bd. 125)*
Romanische Sprachwissenschaft von *H. Lausberg.* 2 Bde. 1956.
I: Einleitung und Vokalismus. 160 S. *(Bd. 128/128a)*
II: Konsonantismus. 95 S. *(Bd. 250)*

Griechisch, Lateinisch

Griechische Sprachwissenschaft von *W. Brandenstein.* 2 Bde.
I: Einleitung, Lautsystem, Etymologie. 160 S. 1954 *(Bd. 117)*
Geschichte der griechischen Sprache. 2 Bde.
I: Bis zum Ausgang der klassischen Zeit von *O. Hoffmann†.* 3. Aufl. bearb. von *A. Debrunner.* 156 S. 1954 *(Bd. 111)*
II: Grundfragen und Grundzüge des nachklass. Griechisch. Von *A. Debrunner.* 144 S. 1954 *(Bd. 114)*
Geschichte der griechischen Literatur von *W. Nestle.* 2 Bde. 2., verb. Aufl.
II: Von Alexander d. Gr. bis zum Ausgang der Antike. 128 S. 1948 *(Bd. 557)*
Geschichte der lateinischen Sprache von *F. Stolz†.* 3., stark umgearb. Auflage von *A. Debrunner.* 136 S. 1953 *(Bd. 492)*

Hebräisch, Sanskrit, Russisch

Hebräische Grammatik von *G. Beer†.* 2 Bde. 2., völlig neub. Aufl. von *R. Meyer.*
I: Schrift-, Laut- und Formenlehre I. 157 S. 1952 *(Bd. 763/763a)*
II: Formenlehre II. Syntax und Flexionstabellen. 195 S. 1955 *(Bd. 764/764a)*
Sanskrit-Grammatik von *M. Mayrhofer.* 89 S. 1953 *(Bd. 1158)*
Russische Grammatik von *E. Berneker.* 6., unveränd. Aufl. von *M. Vasmer.* 155 S. 1947 *(Bd. 66)*

Erd- und Länderkunde

Afrika von *F. Jaeger.* Ein geograph. Überblick. 2 Bde. 2., umgearb. Aufl.
I: Der Lebensraum. 179 S., 18 Abb. 1954 *(Bd. 910)*
II: Mensch und Kultur. 152 S., 6 Abb. 1954 *(Bd. 911)*
Australien und Ozeanien von *H. J. Krug.* 176 S., 46 Skizz. 1953 *(Bd. 319)*
Kartenkunde von *M. Eckert-Greifendorff†.* 3., durchges. Aufl. von *W. Kleffner.* 149 S., 63 Abb. 1950 *(Bd. 30)*

Volkswirtschaft, Publizistik

Allgemeine Betriebswirtschaftslehre von *K. Mellerowicz.* 3 Bde. 9., unveränd. Aufl.
I: 142 S. 1956 *(Bd. 1008)*
II: 112 S. 1956 *(Bd. 1153)*
III: 143 S. 1956 *(Bd. 1154)*
Allgemeine Volkswirtschaftslehre von *A. Paulsen.* 4 Bde.
I: Grundlegung, Wirtschaftskreislauf. 2., durchges. u. erg. Aufl. 140 S. 1958 *(Bd. 1169)*
II: Haushalte, Unternehmungen, Marktformen. 1. Aufl. 163 S., 32 Abb. 1956 *(Bd. 1170)*
Zeitungslehre von *E. Dovifat.* 2 Bde. 3., neubearb. Aufl.
I: Theoretische und rechtliche Grundlagen — Nachricht und Meinung — Sprache und Form. 148 S. 1955 *(Bd. 1039)*
II: Redaktion — Die Sparten Verlag und Vertrieb, Wirtschaft und Technik, Sicherung der öffentlichen Aufgabe. 158 S. 1955 *(Bd. 1040)*

Naturwissenschaften

Mathematik

Geschichte der Mathematik von *J. E. Hofmann.* 3 Bde.
I: Von den Anfängen bis zum Auftreten von Fermat und Descartes. 200 S. 1953 *(Bd. 226)*
II: Von Fermat und Descartes bis zur Erfindung des Calculus und bis zum Ausbau der neuen Methoden. 109 S. 1957 *(Bd. 875)*
III: Von den Auseinandersetzungen um den Calculus bis zur Französischen Revolution. 107 S. 1957 *(Bd. 882)*

Mathematische Formelsammlung von *F. Ringleb.* Vollst. umgearb. Neuausg. des Werkes von *O. Th. Bürklen.* 6., erw. Aufl. 278 S., 53 Fig. 1956 *(Bd. 51/51a)*

Fünfstellige Logarithmen von *A. Adler.* Mit mehreren graphischen Rechentafeln und häufig vorkommenden Zahlwerten. 2. Aufl. Neudr. 127 S., 1 Taf. 1949 *(Bd. 423)*

Arithmetik von *P. B. Fischer†* 3. Aufl. von *H. Rohrbach.* 1958 In Vorb. *(Bd. 47)*

Höhere Algebra von *H. Hasse.* 2 Bde. 4., durchges. Aufl.
I: Lineare Gleichungen. 152 S. 1957 *(Bd. 931)*
II: Gleichungen höheren Grades. 158 S., 5 Fig. 1958 *(Bd. 932)*

Aufgabensammlung zur höheren Algebra von *H. Hasse* und *W. Klobe.* 2., verb. und verm. Aufl. 181 S. 1952 *(Bd. 1082)*

Elementare und klassische Algebra vom modernen Standpunkt von *W. Krull.* 2 Bde. 2., erw. Aufl.
I: 136 S. 1952 *(Bd. 930)*

Einführung in die Zahlentheorie von *A. Scholz†.* Überarb. und herausgeg. von *B. Schoeneberg.* 2. Aufl. 128 S. 1955 *(Bd. 1131)*

Elemente der Funktionentheorie von *K. Knopp†.* 4. Aufl. 144 S., 23 Fig. 1955 *(Bd. 1109)*

Funktionentheorie von *K. Knopp†.* 2 Bde.
I: Grundlagen der allgem. Theorie der analytischen Funktionen. 9., neub. Aufl. 144 S., 8 Fig. 1957 *(Bd. 668)*
II: Anwendungen und Weiterführung der allgemeinen Theorie. 8./9. Aufl. 130 S., 7 Fig. 1955 *(Bd. 703)*

Aufgabensammlung zur Funktionentheorie von *K. Knopp†.* 2 Bde.
I: Aufgaben zur elementaren Funktionentheorie. 5. Aufl. 135 S. 1958 *(Bd. 877)*
II: Aufgaben zur höheren Funktionentheorie. 4. Aufl. 151 S. 1949 *(Bd. 878)*

Gewöhnliche Differentialgleichungen von *G. Hoheisel.* 5., durchges. Aufl. 129 S. 1956 *(Bd. 920)*

Partielle Differentialgleichungen v. *G. Hoheisel.* 3., neub. Aufl. 130 S. 1953 *(Bd. 1003)*

Aufgabensammlung zu den gewöhnlichen und partiellen Differentialgleichungen von *G. Hoheisel.* 2., umgearb. Aufl. 124 S. 1952 *(Bd. 1059)*

Integralgleichungen von *G. Hoheisel.* 2., durchges. Aufl. 1958 In Vorb. *(Bd. 1099)*

Mengenlehre von *E. Kamke.* 3., neub. Auflage. 194 S., 6 Fig. 1955 *(Bd. 999/999a)*

Ebene und sphärische Trigonometrie von *G. Hessenberg.* 5. Aufl., durchges. von *H. Kneser.* 172 S., 60 Fig. 1957 *(Bd. 99)*

Darstellende Geometrie von *W. Haack.* 3 Bde.
I: Die wichtigsten Darstellungsmethoden. Grund- und Aufriß ebenflächiger Körper. 2. Aufl. 1958 In Vorb. *(Bd. 142)*
II: Körper mit krummen Begrenzungsflächen. Kotierte Projektionen. 129 S., 86 Abb. 1954 *(Bd. 143)*
III: Axonometrie und Perspektive. 127 S., 100 Abb. 1957 *(Bd. 144)*

Analytische Geometrie von *K. P. Grotemeyer.* 201 S., 73 Abb. 1958 *(Bd. 65/65a)*

Sammlung von Aufgaben und Beispielen zur analytischen Geometrie der Ebene von *R. Haussner†.* Mit den vollständigen Lösungen. 139 S., 22 Fig. Neudr. 1949 *(Bd. 256)*

Nichteuklidische Geometrie. Hyperbolische Geometrie der Ebene. Von *R. Baldus*†. 3., verb. Aufl., durchges. und herausgeg. von *F. Löbell.* 140 S., 70 Fig. 1953 *(Bd. 970)*

Differentialgeometrie von *K. Strubecker* (früher Rothe). 3 Bde.
I: Kurventheorie der Ebene und des Raumes. 150 S., 18 Fig. 1955 *(Bd. 1113/1113a)*
II: Flächentheorie. 1958 In Vorb. *(Bd. 1179/1179a)*
III: Theorie der Flächenkrümmung. 1958 In Vorb. *(Bd. 1180/ 1180a)*

Einführung in die konforme Abbildung von *L. Bieberbach.* 5., erw. Aufl. 180 S., 42 Fig. 1956 *(Bd. 768/768a)*

Vektoren und Matrizen von *S. Valentiner.* 8., erw. Aufl. der „Vektoranalysis". Mit Anh.: Aufgaben zur Vektorrechnung von *H. König.* 1958 In Vorb. *(Bd. 354/354a)*

Vermessungskunde von *P. Werkmeister.* 3 Bde.
I: Stückmessung und Nivellieren. 10., völl. neub. Aufl. von *W. Grossmann.* 140 S., 117 Fig. 1958 *(Bd. 468)*
II: Messung von Horizontalwinkeln. Festlegung von Punkten im Koordinatensystem. Absteckungen. 7. Aufl. 151 S., 93 Fig. 1949 *(Bd. 469)*
III: Trigonometrische und barometrische Höhenmessung. Tachymetrie und Topographie. 6. Aufl. 147 S., 64 Fig. 1949 *(Bd. 862)*

Versicherungsmathematik von *F. Böhm.* 2 Bde.
I: Elemente der Versicherungsrechnung. 3., verm. und verb. Aufl. Durchges. Neudr. 151 S. 1954 *(Bd. 180)*
II: Lebensversicherungsmathematik. Einführung in die technischen Grundlagen der Sozialversicherung. 2., verb. Aufl. 205 S. 1953 *(Bd. 917/917a)*

Physik

Einführung in die theoretische Physik von *W. Döring.* 5 Bde.
I: Mechanik. 119 S., 29 Abb. 1954 *(Bd. 76)*
II: Das elektromagnetische Feld. 123 S., 15 Abb. 1955 *(Bd. 77)*
III: Optik. 117 S., 32 Abb. 1956 *(Bd. 78)*
IV: Thermodynamik. 107 S., 9 Abb. 1956 *(Bd. 374)*
V: Statistische Mechanik. 114 S., 12 Abb. 1957 *(Bd. 1017)*

Atomphysik von *K. Bechert* und *Ch. Gerthsen.* 7 Bde. 3., umgearb. Aufl.
I: Allgemeine Grundlagen. 1. Teil. 124 S., 55 Abb. 1955 *(Bd. 1009)*
II: Allgemeine Grundlagen. 2. Teil. 112 S., 48 Abb. 1955 *(Bd. 1033)*
III: Theorie des Atombaus. 1. Teil. 148 S., 16 Abb. 1954 *(Bd. 1123/1123a)*
IV: Theorie des Atombaus. 2. Teil. 170 S., 14 Abb. 1954 *(Bd. 1165/1165a)*

Differentialgleichungen der Physik von *F. Sauter.* 2. Aufl. 148 S., 16 Fig. 1950 *(Bd. 1070)*

Physikalische Formelsammlung von *G. Mahler*† und *K. Mahler.* 9., durchges. Aufl. 153 S., 69 Fig. 1955 *(Bd. 136)*

Physikalische Aufgabensammlung von *G. Mahler*†. Neub. von *K. Mahler.* Mit den Ergebn. 9., durchges. Aufl. 127 S., 1957 *(Bd. 243)*

Chemie

Geschichte der Chemie in kurzgefaßter Darstellung von *G. Lockemann.* 2 Bde.
I: Vom Altertum bis zur Entdekkung des Sauerstoffs. 142 S., 8 Bildn. 1950 *(Bd. 264)*
II: Von der Entdeckung des Sauerstoffs bis zur Gegenwart. 151 S., 16 Bildn. 1955 *(Bd. 265/265a)*

Anorganische Chemie von *W. Klemm.* 10., durchges. und erg. Aufl. 185 S., 18 Abb. 1958 *(Bd. 37)*

Organische Chemie von *W. Schlenk.* 7., erw. Aufl. 269 S., 16 Abb. 1957 *(Bd. 38/38a)*

Allgemeine und physikalische Chemie von *W. Schulze.* 2 Bde. 4., neubearb. Aufl.
I: 139 S., 10 Fig. 1955 *(Bd. 71)*
II: 176 S., 37 Fig. 1956 *(Bd. 698/698a)*

Molekülbau. Theoretische Grundlagen und Methoden der Strukturermittlung von *W. Schulze.* 1958 In Vorb. *(Bd. 786)*

Analytische Chemie von *J. Hoppe.* 2 Bde. 5., verb. Aufl.
I: Reaktionen. 135 S. 1950 *(Bd. 247)*
II: Gang der qualitativen Analyse. 166 S. 1950 *(Bd. 248)*

Maßanalyse. Theorie und Praxis der klassischen und der elektrochemischen Titrierverfahren. Von *G. Jander* und *K. F. Jahr.* 7., erg. Aufl. 303 S., 50 Fig. 1956 *(Bd. 221/221 a)*

Thermochemie von *W. A. Roth.* 2., verb. Aufl. 109 S., 16 Fig. 1952 *(Bd. 1057)*

Stöchiometrische Aufgabensammlung. Mit den Ergebn. von *W. Bahrdt*† und *R. Scheer.* 6., durchges. Aufl. 118 S. 1957 *(Bd. 452)*

Elektrochemie und ihre physikalisch-chemischen Grundlagen von *A. Dassler.* 2 Bde.
I: 149 S., 21 Abb. 1950 *(Bd. 252)*
II: 178 S., 17 Abb. 1950 *(Bd. 253)*

Technologie

Warenkunde von *K. Hassak*† und *E. Beutel*†. 2 Bde.
I: Anorganische Waren sowie Kohle und Erdöl. 8. Aufl. Neubearb. von *A. Kutzelnigg.* 1958 In Vorb. *(Bd. 222)*
II: Organische Waren. 7. Aufl. 143 S., 32 Fig. 1949 *(Bd. 223)*

Die Fette und Öle von *K. Braun*†. 5., völlig neubearb. und verb. Aufl. von *Th. Klug.* 145 S. 1950 *(Bd. 335)*

Die Seifenfabrikation von *K. Braun*†. 3., neubearb. und verb. Aufl. von *Th. Klug.* 116 S., 18 Abb. 1953 *(Bd. 336)*

Textilindustrie
I: Spinnerei und Zwirnerei. Von *A. Blümcke.* 111 S., 43 Abb. 1954 *(Bd. 184)*

Biologie

Einführung in die allgemeine Biologie von *M. Hartmann.* 132 S., 2 Abb. 1956 *(Bd. 96)*

Hormone von *G. Koller.* 2., neubearb. und erw. Aufl. 187 S., 60 Abb., 19 Tab. 1949 *(Bd. 1141)*

Fortpflanzung im Tier- und Pflanzenreich von *J. Hämmerling.* 2., erg. Aufl. 135 S., 101 Abb. 1951 *(Bd. 1138)*

Geschlecht und Geschlechtsbestimmung im Tier- und Pflanzenreich von *M. Hartmann.* 2., verb. Aufl. 116 S., 61 Abb., 7 Tab. 1951 *(Bd. 1127)*

Grundriß der allgemeinen Mikrobiologie von *W. Schwartz.* 2 Bde.
I: 104 S., 17 Abb. 1949 *(Bd. 1155)*
II: 93 S., 12 Abb. 1949 *(Bd. 1157)*

Symbiose der Tiere mit pflanzlichen Mikroorganismen von *P. Buchner.* 2., verb. und verm. Aufl. 130 S., 121 Abb. 1949 *(Bd. 1128)*

Botanik

Entwicklungsgeschichte des Pflanzenreiches von *H. Heil.* 2. Aufl. 138 S., 94 Abb., 1 Tab. 1950 *(Bd. 1137)*

Morphologie der Pflanzen von *L. Geitler.* 3. Aufl. 126 S., 114 Abb. 1953 *(Bd. 141)*

Pflanzengeographie von *L. Diels* †. 5., völl. neub. Aufl. von *F. Mattick.* 196 S., 2 Ktn. 1958 *(Bd. 389/389a)*

Die Laubhölzer. Kurzgefaßte Beschreibung der in Mitteleuropa gedeihenden Laubbäume und Sträucher. Von *F. W. Neger*† und *E. Münch*†. 3., durchges. Aufl. herausgeg. von *B. Huber.* 143 S., 63 Fig. 7 Tab. 1950 *(Bd. 718)*

Die Nadelhölzer (Koniferen) und übrigen Gymnospermen von *F. W. Neger*† und *E. Münch*†. 4. Aufl. Durchges. und erg. von *B. Huber.* 140 S., 75 Fig., 4 Tab., 3 Ktn. 1952 *(Bd. 355)*

Pflanzenzüchtung von *H. Kuckuck* 2 Bde.
I: Grundzüge der Pflanzenzüchtung. 3., völlig umgearb. Aufl. 132 S., 22 Abb. 1952 *(Bd. 1134)*
II: Spez. gartenbaul. Pflanzenzüchtung. 178 S., 27 Abb. 1957 *(Bd. 1178/1178 a)*

Zoologie

Entwicklungsphysiologie der Tiere von *F. Seidel.* 2 Bde.
I: Ei und Furchung. 126 S., 29 Abb. 1953 *(Bd. 1162)*
II: Körpergrundgestalt und Organbildg. 159 S., 42 Abb. 1953 *(Bd. 1163)*

Das Tierreich.
Fische von *D. Lüdemann.* 130 S., 65 Abb. 1955 *(Bd. 356)*
Insekten von *H. von Lengerken.* 128 S., 58 Abb. 1953 *(Bd. 594)*

Lurche (Chordatiere) von *K. Herter*. 143 S., 129 Abb. 1955 *(Bd. 847)*
Spinnentiere (Trilobitomorphen, Fühlerlose) und Tausendfüßler. von *A. Kaestner*. 96 S., 55 Abb. 1955 *(Bd. 1161)*
Würmer. Platt-, Hohl-, Schnurwürmer, Komptozoen, Ringelwürmer, Protracheaten, Bärtierchen, Zungenwürmer von *S. Jaeckel*. 114 S., 36 Abb. 1955 *(Bd. 439)*
Weichtiere. Urmollusken, Schnekken, Muscheln, Kopffüßer von *S. Jaeckel*. 92 S., 34 Abb. 1954 *(Bd. 440)*
Stachelhäuter. Tentakulaten, Binnenatmer u. Pfeilwürmer von *S. Jaeckel*. 100 S., 46 Abb. 1955 *(Bd. 441)*
Schwämme und Hohltiere von *H. J. Hannemann*. 95 S., 80 Abb. 1956 *(Bd. 442)*
Krebse von *H. E. Gruner* und *K. Deckert*. 114 S., 43 Abb. 1956 *(Bd. 443)*
Einzeller, Protozoen von *E. Reichenow*. 115 S., 59 Abb. 1956 *(Bd. 444)*
Vergleichende Physiologie der Tiere von *K. Herter*. 2 Bde. 3. Aufl. der „Tierphysiologie".
I: Stoff- und Energiewechsel. 155 S., 64 Abb. 1950 *(Bd. 972)*
II: Bewegung und Reizerscheinungen. 148 S., 110 Abb. 1950 *(Bd. 973)*

Land- und Forstwirtschaft

Landwirtschaftliche Tierzucht. Die Züchtung und Haltung der landwirtschaftlichen Nutztiere von *H. Vogel*. 139 S., 11 Abb. 1952 *(Bd. 228)*
Kulturtechnische Bodenverbesserungen von *O. Fauser*. 2. Bde. 4., neubearb. Aufl.
I: Allgemeines, Entwässerung. 122 S., 47 Abb. 1947 *(Bd. 691)*
II: Bewässerung, Ödlandkultur, Umlegung. 150 S., 67 Abb. 1949 *(Bd. 692)*
Agrikulturchemie von *K. Scharrer*. 2 Bde.
I: Pflanzenernährung. 143 S. 1953 *(Bd. 329)*
II: Futtermittelkunde. 192 S. 1956 *(Bd. 330/330a)*

Geologie, Mineralogie Kristallographie

Geologie von *F. Lotze*. 176 S., 80 Abb. 1955 *(Bd. 13)*
Mineral- und Erzlagerstättenkunde von *H. Huttenlocher*†. 2 Bde.
I: 128 S., 34 Abb. 1954 *(Bd. 1014)*
II: 156 S., 48 Abb. 1954 *(Bd. 1015/1015a)*
Allgemeine Mineralogie. 9., erw. Aufl. der „Mineralogie" von *R. Brauns*† und *K. F. Chudoba*. 104 S., 107 Fig., 1 Taf., 2 Tab. 1955 *(Bd. 29)*
Spezielle Mineralogie. 9., erw. Aufl. der „Mineralogie" von *R. Brauns*† und *K. F. Chudoba*. 133 S., 105 Fig. 1955 *(Bd. 31)*
Petrographie (Gesteinskunde) von *W. Bruhns*† und *P. Ramdohr*. 4., durchges. Aufl. 104 S., 10 Fig. 1955 *(Bd. 173)*
Kristallographie von *W. Bruhns*† und *P. Ramdohr*. 4. Aufl. 106 S., 163 Abb. 1954 *(Bd. 210)*
Einführung in die Kristalloptik von *E. Buchwald*. 4., verb. Aufl. 138 S., 121 Fig. 1952 *(Bd. 619)*
Lötrohrprobierkunde. Mineraldiagnose mit Lötrohr- und Tüpfelreaktion. Von *M. Henglein*. 3., verb. Aufl. 91 S., 11 Fig. 1949 *(Bd. 483)*

Technik

Graphische Darstellung in Wissenschaft und Technik von *M. Pirani*. 3., erw. Aufl. bearb. von *J. Fischer* unter Benutzung der von *I. Runge* bes. 2. Aufl. 216 S., 104 Abb. 1957 *(Bd. 728/728a)*

Elektrotechnik

Grundlagen der allgemeinen Elektrotechnik von *O. Mohr*. 3 Bde.
I: Die drei Feldformen. 96 S., 41 Abb., 6 Taf. 1956 *(Bd. 196)*
II: Die wichtigsten elektr. und phys. Grunderscheinungen. 95 S., 36 Abb., 7 Taf. 1956 *(Bd. 197)*
III: Schaltvorgänge, Widerstandsformen, Meßtechnik. 91 S., 59 Abb., 1 Taf. 1956 *(Bd. 198)*
Die Gleichstrommaschine von *K. Humburg*. 2 Bde. 2., durchges. Aufl.

I: 102 S., 59 Abb. 1956 *(Bd. 257)*
II: 101 S., 38 Abb. 1956 *(Bd. 881)*
Die synchrone Maschine von *K. Humburg*. Neudr. 109 S., 78 Abb. 1951 *(Bd. 1146)*
Induktionsmaschinen von *F. Unger*. 2., erw. Aufl. 142 S., 49 Abb. 1954 *(Bd. 1140)*
Die komplexe Berechnung von Wechselstromschaltungen von *H. H. Meinke*. 2. Aufl. 180 S., 120 Abb. 1957 *(Bd. 1156/1156a)*
Theoretische Grundlagen zur Berechnung der Schaltgeräte von *F. Kesselring*. 3. Aufl. 144 S., 92 Abb. 1950 *(Bd. 711)*
Einführung in die Technik selbsttätiger Regelungen von *W. zur Megede*. 174 S., 86 Abb. 1956 *(Bd. 714/714a)*
Elektromotorische Antriebe (Grundlagen für die Berechnung) von *A. Schwaiger*. 3., neubearb. Aufl. 96 S., 34 Abb. 1952 *(Bd. 827)*
Technische Tabellen und Formeln von *W. Müller*. 4., verb. und erw. Aufl. von *E. Schulze*. 152 S., 105 Fig. 1951 *(Bd. 579)*
Überspannungen und Überspannungsschutz von *G. Frühauf*. Durchges. Neudr. 122 S., 98 Abb. 1950 *(Bd. 1132)*

Maschinenbau

Metallkunde von *H. Borchers*. 2 Bde. 3. Aufl.
I: Aufbau der Metalle und Legierungen. 120 S., 90 Abb., 2 Tab. 1956 *(Bd. 432)*
II: Eigenschaften, Grundzüge der Form und Zustandsgebung. 154 S., 100 Abb., 8 Tab. 1957 *(Bd. 433)*
Die Werkstoffe des Maschinenbaues von *H. Thum* und *C. M. von Meysenbug*. 2 Bde.
I: Einführung in die Werkstoffprüfung. 2., neubearb. Aufl. 100 S., 7 Tab., 56 Abb. 1956 *(Bd. 476)*
Dynamik von *W. Müller*. 2 Bde. 2., verb. Aufl.
I: Dynamik des Einzelkörpers. 128 S., 48 Fig. 1952 *(Bd. 902)*
II: Systeme von starren Körpern. 102 S., 41 Fig. 1952 *(Bd. 903)*
Technische Schwingungslehre von *L. Zipperer*. 2 Bde. 2., neubearb. Aufl.
I: Allgemeine Schwingungsgleichungen, einfache Schwinger. 120 S., 101 Abb. 1953 *(Bd. 953)*
II: Torsionsschwingungen in Maschinenanlagen. 102 S., 59 Abb. 1955 *(Bd. 961/961a)*
Werkzeugmaschinen für Metallbearbeitung von *K. P. Matthes*. 4 Bde.
I: 100 S., 27 Abb., 11 Zahlentaf., 1 Tafelanh. 1954 *(Bd. 561)*
II: Fertigungstechnische Grundlagen der neuzeitlichen Metallbearbeitung. 101 S., 30 Abb., 5 Taf. 1955 *(Bd. 562)*
Transformatoren von *W. Schäfer*. 3., überarb. u. erg. Aufl. 130 S., 73 Abb. 1957 *(Bd. 952)*
Das Maschinenzeichnen mit Einführung in das Konstruieren von *W. Tochtermann*. 2 Bde. 4. Aufl.
I: Das Maschinenzeichnen. 156 S., 77 Taf. 1950 *(Bd. 589)*
II: Ausgeführte Konstruktionsbeispiele. 130 S., 58 Taf. 1950 *(Bd. 590)*
Die Maschinenelemente von *E. A. vom Ende*. 3., verb. Aufl., 166 S., 175 Fig., 9 Taf. 1956 *(Bd. 3/3a)*
Maschinen der Eisenhüttenwerke von *L. Engel*. 156 S., 95 Abb. 1957 *(Bd. 583/583a)*
Walzwerke von *H. Sedlaczek* unter Mitarbeit von *F. Fischer* und *M. Buch*. 206 S., 157 Abb. 1958 *(Bd. 580/580a)*
Getriebelehre von *P. Grodzinski*. 2 Bde. 2., neubearb. Aufl.
I: Geometrische Grundlagen. 159 S., 142 Fig. 1953 *(Bd. 1061)*
Gießereitechnik von *H. Jungbluth*. 2 Bde.
I: Eisengießerei. 126 S., 44 Abb. 1951 *(Bd. 1159)*
Die Dampfkessel und Feuerungen einschließlich Hilfseinrichtungen in Theorie, Konstruktion und Berechnung von *W. Marcard*†. 2 Bde. 2. Aufl. Neubearb. von *K. Beck*.
I: Die theoretischen Grundlagen, Wärme, Verbrennung, Wärmeübertragung. 150 S., 42 Abb., 16 Tab. 1951 *(Bd. 9)*
II: Dampfkessel. 147 S., 43 Abb. 1952 *(Bd. 521)*
Dampfturbinen, ihre Wirkungsweise, Berechnung und Konstruktion von *C. Zietemann*. 3 Bde. 3., verb. Aufl.

I: Theorie der Dampfturbinen. 139 S., 48 Abb. 1955 *(Bd. 274)*
II: Die Berechnung der Dampfturbinen und die Konstruktion der Einzelteile. 132 S., 111 Abb. 1956 *(Bd. 715)*
III: Die Regelung der Dampfturbinen, die Bauarten, Turbinen für Sonderzwecke, Kondensationsanlagen. 126 S., 90 Abb. 1956 *(Bd. 716)*

Verbrennungsmotoren von *W. Endres.* 3 Bde.
I: Überblick, Motor-Brennstoffe, Verbrennung im Motor allgemein, im Otto- und Diesel-Motor. 153 S., 57 Abb. 1957 *(Bd. 1076/1076a)*

Technische Thermodynamik von *W. Nußelt.* 3 Bde.
I: Grundlagen. 4., verb. Aufl. 144 S., 71 Abb. 1956 *(Bd. 1084)*
II: Theorie der Wärmekraftmaschinen. Neudr. 144 S., 87 Abb., 32 Zahlentaf. 1951 *(Bd. 1151)*

Autogenes Schweißen und Schneiden von *H. Niese.* 5. Aufl. Neubearb. von *A. Küchler.* 136 S., 71 Fig. 1954 *(Bd. 499)*

Die elektrischen Schweißverfahren von *H. Niese.* 2. Aufl. Neubearb. von *H. Dienst.* 136 S., 58 Abb. 1955 *(Bd. 1020)*

Hebezeuge. Entwurf von Winden und Kranen von *G. Tafel.* 2., verb. Aufl. 176 S., 230 Fig. 1954 *(Bd. 414/414a)*

Wasserbau

Wasserkraftanlagen von *A. Ludin* u. Mitarb. v. *W. Borkenstein.* 2 Bde.
I: Planung, Grundlagen und Grundzüge. 124 S., 60 Abb. 1955 *(Bd. 665)*
II: Anordnung und Ausbildung der Hauptbauwerke. 1958 In Vorb. *(666/666a)*

Verkehrswasserbau von *H. Dehnert.* 3 Bde.
I: Entwurfsgrundlagen, Flußregelungen. 103 S., 52 Abb. 1950 *(Bd. 585)*
II: Flußkanalisierung und Schiffahrtskanäle. 94 S., 60 Abb. 1950 *(Bd. 597)*
III: Schleusen und Hebewerke. 98 S., 70 Abb. 1950 *(Bd. 1152)*

Wehr- und Stauanlagen von *H. Dehnert.* 134 S., 90 Abb. 1952 *(Bd. 965)*

Talsperren von *F. Tölke.* 122 S., 70 Abb. 1953 *(Bd. 1044)*

Hoch- und Tiefbau

Die wichtigsten Baustoffe des Hoch- und Tiefbaus von *O. Graf.* 4., verb. Aufl. 131 S., 63 Abb. 1953 *(Bd. 984)*

Baustoffverarbeitung und Baustellenprüfung des Betons von *A. Kleinlogel.* 2., neubearb. und erw. Aufl. 126 S., 35 Abb. 1951 *(Bd. 978)*

Festigkeitslehre. 2 Bde.
I: Elastizität, Plastizität und Festigkeit der Baustoffe und Bauteile von *W. Gehler*† und *W. Herberg.* Durchges. und erw. Neudr. 159 S., 118 Abb. 1952 *(Bd. 1144)*
II: Formänderung, Platten, Stabilität und Bruchhypothesen von *W. Herberg* und *N. Dimitrov.* 187 S., 94 Abb. 1955 *(Bd. 1145/1145a)*

Grundlagen des Stahlbetonbaus von *A. Troche.* 2., neubearb. und erw. Aufl. 208 S., 75 Abb., 17 Bemessungstaf., 20 Rechenbeisp. 1953 *(Bd. 1078)*

Statik der Baukonstruktionen von *A. Teichmann.* 4 Bde.
I: Grundlagen. 100 S., 51 Abb., 8 Formeltaf. 1956 *(Bd. 119)*
II: Statisch bestimmte Stabwerke. 107 S., 52 Abb., 7 Taf. 1957 *(Bd. 120)*
III: Statisch unbestimmte Systeme. 1958 In Vorb. *(Bd. 122)*

Fenster, Türen, Tore aus Holz und Metall. Eine Anleitung zu ihrer guten Gestaltung, wirtschaftlichen Bemessung und handwerksgerechten Konstruktion von *W. Wickop.* 4., überarb. und erg. Aufl. 155 S., 95 Abb. 1955 *(Bd. 1092)*

Heizung und Lüftung von *J. Körting*† und *W. Körting.* 2 Bde. 8., neubearb. Aufl.
I: Das Wesen und die Berechnung der Heizungs- und Lüftungsanlagen. 140 S., 29 Abb., 18 Zahlentaf. 1951 *(Bd. 342)*
II: Die Ausführung der Heizungs- und Lüftungsanlagen. 152 S., 165 Abb., 7 Zahlentaf. 1954 *(Bd. 343)*

Industrielle Kraft- und Wärmewirtschaft von *F. A. F. Schmidt* u. *A. Beckers.* 167 S., 73 Abb. 1957 *(Bd. 318/318a)*

SAMMLUNG GÖSCHEN/BANDNUMMERNFOLGE

1 Langosch, Der Nibelunge Nôt
3/3a v. Ende, Die Maschinenelemente
9 Marcard-Beck, Dampfkessel I
10 Jiriczek-Wisniewski, Kudrun- und Dietrichepen
13 Lotze, Geologie
19 Altheim, Röm. Geschichte I
20 Hofstaetter-Spree, Dt. Sprachl.
29 Brauns-Chudoba, Allg. Mineralogie
30 Eckert-Greifendorff-Kleffner, Kartenkunde
31 Brauns-Chudoba, Spez. Mineralogie
35 Treue, Dt. Geschichte von 1648 bis 1740
37 Klemm, Anorganische Chemie
38/38a Schlenk, Organ. Chemie
39 Treue, Dt. Geschichte von 1713 bis 1806
42 Behn, Vorgeschichte Europas
47 Fischer, Arithmetik
51/51a Ringleb-Bürklen, Mathematische Formelsammlung
59 Krahe, Indogerm. Sprachwiss.
60 Biehle, Stimmkunde
61 Biehle, Redetechnik
65/65a Grotemeyer, Anal. Geom.
66 Berneker-Vasmer, Russische Grammatik
71 Schulze, Allg. u. phys. Chemie I
76 Döring, Einf. i. d. theoret. Physik I
77 Döring, – II
78 Döring, – III
79 Hempel, Gotisches Elementarb.
80 Weigert, Stilkunde I
96 Hartmann, Einf. i. d. allgem. Biologie
99 Hessenberg-Kneser, Ebene und sphär. Trigonometrie
101 v. Wiese, Soziologie
103 Dahrendorf, Industrie- und Betriebssoziologie
104/104a Hofstätter, Sozialpsychologie
111 Hoffmann-Debrunner, Gesch. d. griechischen Sprache I
114 Debrunner, — II
117 Brandenstein, Griechische Sprachwissenschaft I
119 Teichmann, Statik der Baukonstruktionen I
120 Teichmann, - II
122 Teichmann, - III
125 Vossler, Ital. Literaturgesch.
128/128a Lausberg, Romanische Sprachwissenschaft I
136 Mahler, Physikalische Formelsammlung
141 Geitler, Morphol. der Pflanzen
142 Haack, Darst. Geometrie I
143 Haack, — II
144 Haack, — III
145 Weimer, Gesch. der Pädagogik
156/156a Landmann, Philosophische Anthropologie
170 Oehlmann, Musik des 19. Jahrh.
171/171a Oehlmann, Musik des 20. Jahrhunderts
173 Bruhns-Ramdohr, Petrographie
180 Böhm, Versicherungsmath. I
184 Blümcke, Textilindustrie I
196 Mohr, Grundlagen d. Elektrotechnik I
197 Mohr, – II
198 Mohr, – III
200/200a Gottschald, Dt. Rechtschreibungswörterbuch
210 Bruhns-Ramdohr, Kristallographie
220/220a Moser, Allg. Musiklehre
221/221a Jander-Jahr, Maßanalyse
222 Hassak-Beutel, Warenkunde I
223 Hassak-Beutel, – II
226 Hofmann, Geschichte der Mathematik I
228 Vogel, Landw. Tierzucht
231/231a Ehrlich, Geschichte Israels
238 Krahe, German. Sprachwiss. I
243 Mahler, Physikal. Aufgabenslg.
247 Hoppe, Analytische Chemie I
248 Hoppe, – II
250 Lausberg, Roman. Sprachwissenschaft II
252 Dassler, Elektrochemie I
253 Dassler, – II
256 Haussner, Aufgabensamml. zur analyt. Geometrie der Ebene
257 Humburg, Die Gleichstrommaschine I
264 Lockemann, Geschichte der Chemie I
265/265a Lockemann, – II
270 Kirn, Einführung in die Geschichtswissenschaft

274 Zietemann, Dampfturbinen I
280 Jacob, Quellenkunde der deutschen Geschichte II
281 Leisegang, Einführung in die Philosophie
284 Jacob-Weden, Quellenkunde der deutschen Geschichte III
318/318a Schmidt, Industrielle Kraft- und Wärmewirtschaft
319 Krug, Australien und Ozeanien
329 Scharrer, Agrikulturchemie I
330/330a Scharrer, — II
335 Braun-Klug, Fette und Öle
336 Braun-Klug, Seifenfabrikation
342 Körting, Heizung und Lüftung I
343 Körting, — II
344 Moser, Musikästhetik
354/354a Valentiner, Vektoren
355 Neger-Münch, Nadelhölzer
356 Lüdemann, Fische
374 Döring, Einf. in die theoret. Physik IV
375 Preller, Geschichte Englands I
389/389a Diels-Mattick, Pflanzengeographie
394/394a Schilling, Von der Renaissance bis Kant
414/414a Tafel, Hebezeuge I
422 Gottschald, Deutsche Personennamen
423 Adler, Fünfstell. Logarithmen
432 Borchers, Metallkunde I
433 Borchers, — II
439 Jaeckel, Würmer
440 Jaeckel, Weichtiere
441 Jaeckel, Stachelhäuter
442 Hannemann, Schwämme und Hohltiere
443 Gruner-Deckert, Krebse
444 Reichenow, Einzeller
452 Bahrdt-Scheer, Stöchiometrische Aufgabensammlung
468 Werkmeister, Vermessungskunde I
469 Werkmeister, — II
476 Thum-Meysenbug, Die Werkstoffe des Maschinenbaus I
483 Henglein, Lötrohrprobierkunde
492 Stolz-Debrunner, Geschichte der lateinischen Sprache
499 Niese, Autogen. Schweißen
500 Simmel, Hauptprobleme der Philosophie
521 Marcard-Beck, Dampfkessel II
536 Lehmann, Kant
538 Rumpf, Archäologie I
539 Rumpf, — II
557 Nestle, Griechische Literaturgeschichte II
561 Matthes, Werkzeugmaschinen I
562 Matthes, — II
564 Behn, Kultur der Urzeit I
565 Behn, — II
566 Behn, — III
571 Lehmann, Philosophie des 19. Jahrhunderts I
576/576a Moser, Gesangskunst
579 Müller-Schulze, Techn. Tabellen
580/580a Sedlaczek, Walzwerke
583/583a Engel, Maschinen der Eisenhüttenwerke
585 Dehnert, Verkehrswasserbau I
589 Tochtermann, Maschinenzeichnen I
590 Tochtermann, — II
594 Lengerken, Insekten
597 Dehnert, Verkehrswasserbau II
601 Mutschmann, Engl. Phonetik
619 Buchwald, Kristalloptik
665 Ludin, Wasserkraftanlagen I
666/666a Ludin, — II
668 Knopp, Funktionentheorie I
677 Altheim, Röm. Geschichte II
691 Fauser, Kulturtechn. Bodenverbesserungen I
692 Fauser, — II
698/698a Schulze, Allgemeine und physikalische Chemie II
703 Knopp, Funktionentheorie II
709 Lehmann, Philosophie des 19. Jahrhunderts II
711 Kesselring, Berechnung der Schaltgeräte
714/714a zur Megede, Einf. in die Technik selbsttät. Regelungen
715 Zietemann, Dampfturbinen II
716 Zietemann, — III
718 Neger-Münch, Laubhölzer
728/728a Pirani, Graph. Darstellung
735 Ekwall, Historische neuengl. Laut- und Formenlehre
763/763a Beer-Meyer, Hebräische Grammatik I
764/764a Beer-Meyer, — II
768/768a Bieberbach, Einführung in die konforme Abbildung
780 Krahe, Germ. Sprachwiss. II
781 Weigert, Stilkunde II
786 Schulze, Molekülbau
807 Kropp, Erkenntnistheorie I
809 Moser, Harmonielehre I
826 Koch, Philosophie des Mittelalters

827 Schwaiger, Elektromotorische Antriebe
831 Erismann, Allg. Psychologie I
845 Lehmann, Philosophie im ersten Drittel des 20. Jahrh.
847 Herter, Lurche
851/851a Moede, Psychologie des Berufs- und Wirtschaftslebens
857 Capelle, Griech. Philosophie I
858 Capelle, — II
859 Capelle, — III
862 Werkmeister, Vermessungskunde III
863 Capelle, Griech. Philosophie IV
875 Hofmann, Gesch. d. Math. II
877 Knopp, Aufgabensammlung zur Funktionentheorie I
878 Knopp, — II
881 Humburg, Gleichstrommaschine II
882 Hofmann, Gesch. d. Math. III
902 Müller, Dynamik I
903 Müller, — II
910 Jaeger, Afrika I
911 Jaeger, — II
915 Sperber-Fleischhauer, Gesch. der deutschen Sprache
917/917a Böhm, Versicherungsmathematik II
920 Hoheisel, Gewöhnliche Differentialgleichungen
921 Jantzen-Kolb, W. v. Eschenbach. Parzival
929 Schirmer, Dt. Wortkunde
930 Krull, Elementare und klassische Algebra I
931 Hasse, Höhere Algebra I
932 Hasse, — II
952 Schäfer, Transformatoren
953 Zipperer, Techn. Schwingungslehre I
961/961a Zipperer, — II
965 Dehnert, Wehr- und Stauanl.
970 Baldus-Löbell, Nichteuklid. Geometrie
972 Herter, Tierphysiologie I
973 Herter, — II
978 Kleinlogel, Baustoffverarb. u. Baustellenprüf. des Betons
984 Graf, Die wichtigsten Baustoffe des Hoch- u. Tiefbaus
999/999a Kamke, Mengenlehre
1000 Jaspers, Geistige Situation
1003 Hoheisel, Partielle Differentialgleichungen
1008 Mellerowicz, Allgemeine Betriebswirtschaftslehre I
1009 Bechert-Gerthsen, Atomphysik I
1014 Huttenlocher, Mineral- und Erzlagerstättenkunde I
1015/1015a Huttenlocher, — II
1017 Döring, Einf. i. d. theoret. Physik V
1020 Niese-Dienst, Elektr. Schweißverfahren
1031/1031a Apel, Philosophisches Wörterbuch
1033 Bechert-Gerthsen, Atomphysik II
1034 Kranefeldt, Therapeutische Psychologie
1035 Altheim, Röm. Religionsgeschichte I
1039 Dovifat, Zeitungslehre I
1040 Dovifat, — II
1044 Tölke, Talsperren
1045 Schubert, Technik des Klavierspiels
1051/1051a Stolberg-Wernigerode, Gesch. der Verein. Staaten von Amerika
1052 Altheim, Röm. Religionsgeschichte II
1057 Roth, Thermochemie
1059 Hoheisel, Aufgabensammlung zu den gewöhnl. und partiellen Differentialgleichungen
1061 Grodzinski, Getriebelehre I
1065 Haller, Von den Karolingern zu den Staufern
1070 Sauter, Differentialgleichungen der Physik
1076/1076a Endres, Verbrennungsmotoren I
1078 Troche, Stahlbetonbau
1082 Hasse-Klobe, Aufgabensamml. zur Höheren Algebra
1084 Nußelt, Technische Thermodynamik I
1085 Lietzmann, Zeitrechnung
1086 Müller, Dt. Dichten u. Denken
1088 Preller, Geschichte Englands II
1092 Wickop, Fenster, Türen, Tore
1094 Hernried, System. Modulation
1096 Viëtor, Dt. Dichten und Denken
1099 Hoheisel, Integralgleichungen
1105 Hartung, Dt. Geschichte im Zeitalter der Reformation
1108 de Boor-Wisniewski, Mittelhochdeutsche Grammatik

1109 Knopp, Elemente der Funktionentheorie
1111 Naumann-Betz, Althochdeutsches Elementarbuch
1113/1113a Strubecker, Differentialgeometrie I
1114 Schubel, Englische Literaturgeschichte I
1115 Ranke, Altnord. Elementarb.
1116 Schubel, Englische Literaturgeschichte II
1117 Haller, Eintritt der Germanen in die Geschichte
1121 Naumann, Dt. Dichten und Denken
1122 Feist, Sprechen u. Sprachpflege
1123/1123a Bechert-Gerthsen, Atomphysik III
1124 Meissner, Englische Literaturgeschichte III
1125 Lehnert, Altengl. Elementarb.
1127 Hartmann, Geschlecht und Geschlechtsbestimmung im Tier- und Pflanzenreich
1128 Buchner, Symbiose der Tiere mit pflanzl. Mikroorganismen
1130 Dibelius, Jesus
1131 Scholz-Schoeneberg, Einführung in die Zahlentheorie
1132 Frühauf, Überspannungen und Überspannungsschutz
1134 Kuckuck, Pflanzenzüchtung I
1135 Lehnert, Beowulf
1136 Meissner, Englische Literaturgeschichte IV
1137 Heil, Entwicklungsgeschichte des Pflanzenreichs
1138 Hämmerling, Fortpflanzung im Tier- und Pflanzenreich
1140 Unger, Induktionsmaschinen
1141 Koller, Hormone
1142 Meissner-Lehnert, Shakespeare
1144 Gehler-Herberg, Festigkeitslehre I
1145/1145a Herberg-Dimitrov, - II
1146 Humburg, Synchrone Maschine
1147 v. Waltershausen, Kunst des Dirigierens
1148 Pepping, Der polyphone Satz I
1151 Nußelt, Technische Thermodynamik II
1152 Dehnert, Verkehrswasserbau III
1153 Mellerowicz, Allgem. Betriebswirtschaftslehre II
1154 Mellerowicz, — III
1155 Schwartz, Mikrobiologie I
1156/1156a Meinke, Komplexe Berechn. der Wechselstromschaltungen
1157 Schwartz, Mikrobiologie II
1158 Mayrhofer, Sanskrit-Grammatik
1159 Jungbluth, Gießereitechnik I
1160 Dibelius-Kümmel, Paulus
1161 Kaestner, Spinnentiere
1162 Seidel, Entwicklungsphysiolog. der Tiere I
1163 Seidel, — II
1164/1164a Pepping, Der polyphone Satz II
1165/1165a Bechert-Gerthsen, Atomphysik IV
1169 Paulsen, Allgemeine Volkswirtschaftslehre I
1170 Paulsen, — II
1178/1178a Kuckuck, Pflanzenzüchtung II
1179/1179a Strubecker, Differentialgeometrie II
1180/1180a Strubecker, — III

AUTORENREGISTER

Printed in Germany

FSC
www.fsc.org
MIX
Papier | Fördert
gute Waldnutzung
FSC® C083411

Zeitfracht Medien GmbH
Ferdinand-Jühlke-Straße 7
99095 Erfurt, Deutschland
produktsicherheit@kolibri360.de